KB092940

첨단자동차핵심소자 이론과 실무

자동차센서백과

이용주 · 성백규 · 이종춘 ◈ 共著

Prologue

현재의 자동차뿐만 아니라 미래의 자동차는 전기와 전자를 어떻게 운용하느냐에 따라 자동차 메이커나 이 업계의 종사자들의 생사여부가 달려 있다고 해도 과언이 아니다. 특히, 선진 안전 자동차(ASV)와 컨비니언스를 달성하기 위하여 많은 센서와 액추에이터가 도입되고 있다.

따라서 자동차를 공부하려는 학생들은 전자제어 특히, 센서와 액추에이터를 모르고서는 자동차를 이해할 수 없다는 결론에 다다르게 된다.

따라서 이 책의 주안점은,

1. 기초적인 센서의 이론적인 설명은 두말할 나위없이 센서의 구조와 원리를 자세한 그림을 통하여 이해를 도왔다.
2. 종전에 늘 사용하였던 센서 장치들은 빠짐없이 수록하였으며, 현재 또는 미래에 쓰여질 센서 시스템에 대해서도 많은 지면을 할애하였다.
3. 센서의 점검·정비 분야까지 수록하여 현장실무에 활용토록 엮었다.

끝으로 많은 선배 제현들의 충고를 귀담아 들어 좋은 책이 될 수 있도록 계속 보완할 것을 약속드린다.
작지만 출간을 해준 도서출판 골든벨 임직원 여러분께 진심으로 감사를 드린다.

2004년 새해에

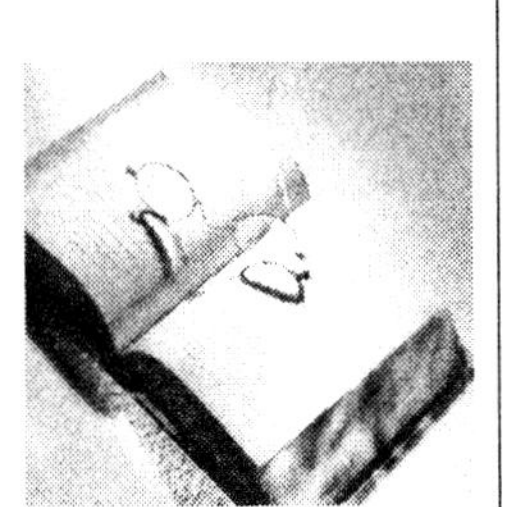

Contents

01 자동차 센서의 개요 /13

02 엔진 제어용 센서 /19

Contents

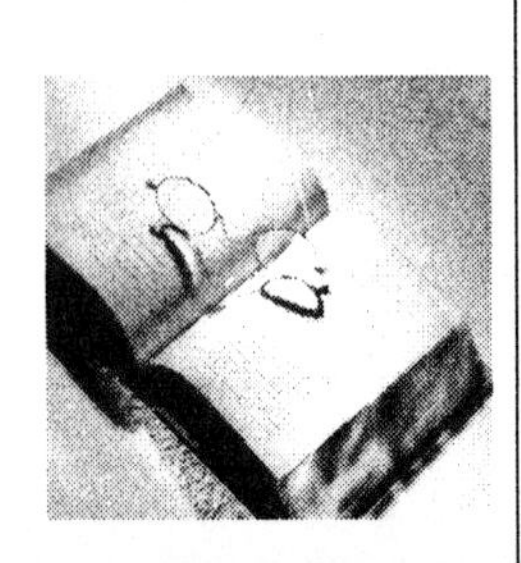

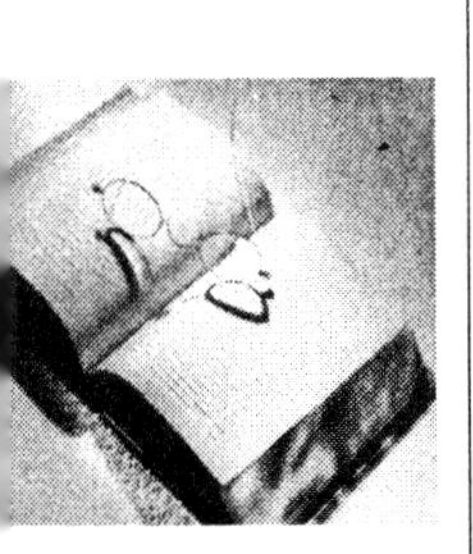

Contents

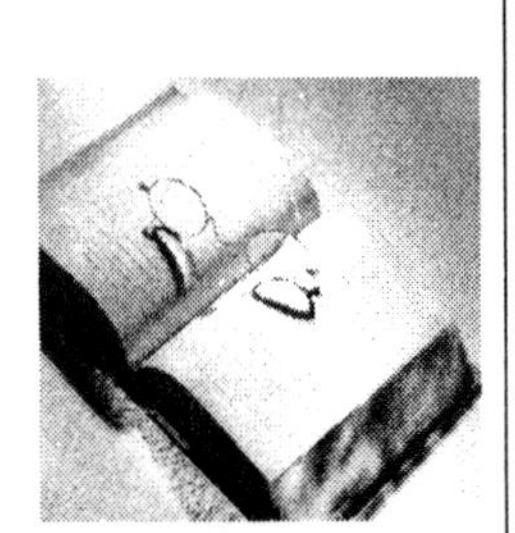

Contents

05 하이스캔 사용방법 /209

01

자동차센서의 개요

P•A•R•T

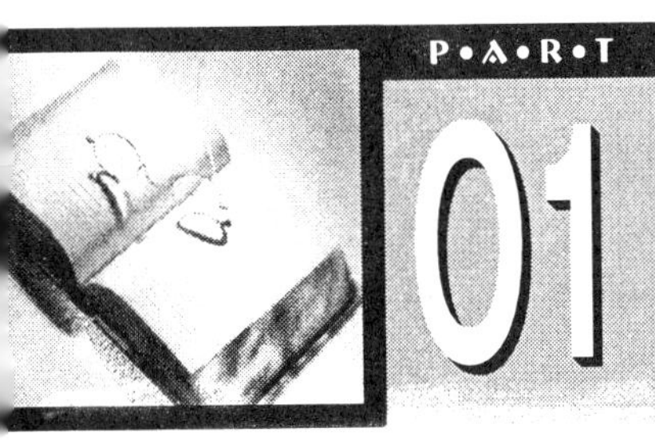

01 자동차 센서의 개요

자동차의 전자 제어 계통은 일반적으로 센서(sensor), 컴퓨터(computer), 액추에이터(actuator)의 3개의 요소로 구성되어 있으며 즉, 센서나 스위치를 매개로 외부의 정보, 자동차의 상태, 운전자의 지시를 전기 신호로 받아들이고 그 신호를 컴퓨터(ECU, Electronic Control unit)로 연산 처리한 후 필요한 제어를 액추에이터로 실행하는 장치이다.

여기서 컴퓨터로 정보를 보내는 센서란 인간의 감각 기관과 같은 것이다. 센서에는 기본적인 광(光)센서, 온도 센서, 자기 센서 이외에도 압력센서, 습도 센서, 가스 센서 등의 센서가 있다. 이중에서 자동차에 사용되고 있는 센서는 약 50종류이며, 앞으로도 그 수가 계속 증가하고 있다.

따라서 센서는 무엇인가를 감지하여 전기 신호를 발생시키는 것이며, 그 전기 신호의 발생은 전압의 변화, 저항값의 변화, 스위치 작용 등에 의한 것이다. 이러한 전기 신호를 컴퓨터가 받아들여 판단한 후 액추에이터를 작동시키는 것이다. 그림 1-1에 인간의 오감과 센서의 역할을 비교해 놓았으며, 〔표1-1〕에는 인간의 감각에 어떤 식의 반도체 센서가 대응하고 있는가의 대표적인 관계를 나타내고 있다.

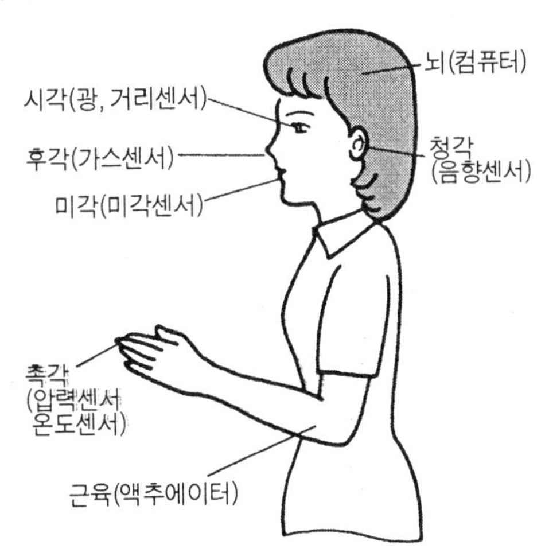

그림1-1 인간의 오감과 전자제어의 관계

표1-1 인간의 감각과 센서의 관계

인간의 감 각	인간의 기 관	관계 현상	반도체 센서
시 각	눈	광(光)	광전(光電)변환소자 : 광전지, 광도전 소자, 포토트랜지스터, 포토다이오드,
청 각	귀	음 파	압전(壓電)변환소자 : 압전 소자, 피에조 저항소자, 감압다이오드
촉 각	피부	변위압력	위치 변환 소자, 갭 센서
온 도 감 각	피부	온 도	열전(熱電)변환소자 : 서미스터, 열전대
후 각	코	분 자 흡 착	가스 센서, 습도 센서
미 각	혀		이온 검출 FET

센서라는 말이 사용되기 이전에는 센서라는 용어 대신에 트랜스듀서(transducer) 라고 하는 말이 사용되었다. 본래 센서는 감지기를 의미하고 트랜스듀서는 변환기를 의미하지만 요즈음에는 센서는 외부의 빛이나 음 등을 감지하여 전기 신호로 바꾸어주는 것을 의미하고 트랜스듀서는 태양 전지와 같은 서로 다른 에너지 사이의 변환기의 의미로 사용되고 있다.

센서는 인간의 감각 기관과는 다르게 하나의 센서가 시각과 청각을 동시에 감지하는 것은 불가능하다. 거의 대부분의 센서는 오직 하나의 역할만 가능하게 되어 있다. 온도 센서는 온도만을 감지하고 압력 센서는 압력만을 감지한다. 그 때문에 그 하나의 능력을 충분히 발휘할 수 있도록 센서는 만들어진다.

예를 들면 광 센서에서는 렌즈, 반사경, 광파이버, 색 필터 등으로 효과를 높게 하기도 하고 온도 센서에서는 열을 잘 전달하기 위해서 히트 파이프(heat pipe)를 사용하며 자기 센서에서는 자기 유도 율이 높은 자성체로 센서의 효과를 높이고 있다. 그밖에, 그 센서가 측정하고 싶은 정보 이외의 정보가 혼합되지 않도록 설계하고 있다.

자동차에는 50종류나 되는 센서가 사용되고 있으나 주요한 시스템에 따라서 정리하면 [표 1-2]와 그림1-2와 같이 된다.

표1-2 센서와 시스템의 예

계 통	센 서	시스템
엔 진	대기 압력, 공연비, 크랭크 각, 노크, 엔진 회전속도, 흡기 온도, 냉각수온 밸브, 냉각수 양, 부압 밸브, 냉각수 온도,	연료 분사, EGR율, 점화시기의 프로그램제어, 냉각수 온도 안정화, 공전 안정화제어, 공연비 보정의 피드백 제어, 노크제어, 정차할 때 엔진 정지
변속기	변속 위치 스위치, 스로틀 열림 정도 스위치	
차체주행	차속, 휠 속도, 차고, 빙결 방지 스위치, 외기 스위치, 내기 스위치, 대기온도, 내기 온도, 일사량, 습도, 냉각수온도 스위치, 냉매 압력 스위치	정속 주행 제어, 차고(車高) 안정화 제어,ABS, 빙결 방지 창, 변속 로크 업 제어, 현가장치 제어, 차 실내공조, 헤드라이트 점등, 감광 제어, 빗방울 검출 와이퍼
표시진단	엔진회전수, 차속, 연료 잔량, 냉각수 온도, 유압, 위치, 주행거리, 대기 압력, 연료량, 배기 온도 스위치, 연료 잔량 스위치, 냉각수양 스위치, 브레이크 오일량 스위치, 워셔액 양 스위치, 배터리 전해액양 스위치, 문(door) 스위치, 안전벨트 스위치, 트렁크 스위치, 유온(油溫) 스위치	• 계측표시 : 주행속도, 타코미터, 연료 잔량, 냉각수 온도 ,연료소비율 대기 압력, 주행 지도상의 위치, 항속 가능거리, • 진단표시 : 엔진 오일압력, 고속감, 배기 온도, 냉각수 양, 브레이크 오일 양, 워셔액 면 양, 배터리 전해액 양

엔진제어 관계

매니폴드 부압 , 대기압 , 연소실압 , 배기압 , 연소압 , 과급압 , 흡기온 ,연소 가스온도 ,실린더벽 온도 , 배기온도 , 촉매온도 ,냉각수온도 ,연소속도 , 착화 시기 온도 ,대기밀도 ,습도 ,공연비 , 각종 가스 온도 ,흡기 공연비 ,옥탄가 , 습기 균일도 ,연료 노화상태 ,촉매열 화도 ,크랭크각 ,스로틀 개도 ,밸브 리프트량 ,흡입공기량 ,연료 분사량 , EGR 율 ,시프트레버위치 ,노킹 ,연소 안정도 ,점화에너지 ,연비율 등

스티어링 제어 관계

조타각 ,조타력 ,실타각 ,차량가속도 , 요레이트 ,대지 차속 , 노면상황 ,차축 회전속도 ,제어유압 ,장해물 ,횡풍 , 차량 중심 ,운전자의 조작의도 ,각부 변위량 등

공조제어 관계

외기온도 ,차실내 온도 ,온도분포 ,일사량 습도 ,결로 ,연기 ,가스 ,냄새 ,불결 지수 , 냉각수 온도 ,풍량 등

계기 ,경보 ,진단 관계

차속 ,엔진 최전 ,연료 잔량 ,냉각수온도 , 배터리 축전량 ,배터리 액량 ,엔진 유압 , 촉매온도 ,브레이크 액량 ,램프 절환 , 단선 ,타이어 압력 ,팬벨트 장력 ,라이트 광량 ,라이닝 마모 ,클러치면 마모 ,오일 열화도 ,누전 등

트랜스미션 제어 관계

스로틀 개도 ,차속 , 엔진회전 ,AT 출력 회전수 , 엔진 토오크 ,각부 전달축 토오크 ,제어유압 , 유온 ,시프트레버 위치 ,가속도 등

네비게이션 관계

자동차 위치 ,방위 ,주행 거리 ,대지 차속 , 요레이트 ,실제 조향각 등

브레이크 제어 관계

차륜속도 ,대지 차속 ,전후 가속도 , 슬립율 , 노면상황 ,차간 거리 ,장해물 ,브레이크력 , 구동 토오크 ,제동력 ,적재량 ,브레이크액 압력 ,액 온도 ,마모재 마모량 ,제어 유압 , 각종 변위량 등

서스펜션 제어 관계

차속 ,차고 ,조타속도 ,조타각 ,차량 가속도 , 스로틀 개도 ,제동력 ,브레이크 ,페달력 , 제어 유공압 ,댐퍼 감쇄력 ,노면 입력 , 서스펜션 신장량 ,전방 노면 상황 ,롤링 , 피칭 ,요일 ,횡풍

안전 관계

피로 ,음주 운전 ,차간 거리 ,전방후방 장해물 ,가속도 ,차속 ,안전 벨트 ,강우 , 라이트 조도 ,노면상태 ,촛점 ,이상 감지 , 고장 감지 등

그림1-2 센서와 각종 제어 시스템

또한 각 제어 시스템에서 사용하고 있는 센서들을 분류하면 다음과 같다.

① 온도를 감지하는 센서
② 압력을 감지하는 센서
③ 공기유량을 감지하는 센서
④ 위치·각도를 감지하는 센서
⑤ 가스 농도를 감지하는 센서
⑥ 회전수를 감지하는 센서
⑦ 가속도·진동을 감지하는 센서
⑧ 광량(光量)을 감지하는 센서
⑨ 액체의 레벨을 감지하는 센서,
⑩ 거리를 감지하는 센서
⑪ 전류를 감지하는 센서
⑫ 각속도를 감지하는 센서
⑬ 하중을 감지하는 센서

이 뿐만 아니라 소재나 특성에 따라서 사용되는 시스템이 달라지기도 한다. 또한 정밀도(情密度)향상을 위해 제조업체가 센서의 개량을 위해서 노력을 하고 있으므로 자동차 센서의 기술은 급속하게 발전해오고 있다.

02

엔진제어용 센서

SENSOR

P•A•R•T 02

엔진 제어용 센서

2-1 온도 검출용 센서

엔진 제어에 사용되는 온도 검출용 센서에는 수온 센서(WTS ; Water Temperature Sensor)와 흡기 온도 센서(ATS ; Air Temperature Sensor)가 대표적이며, 그밖에 서모 센서, 배기가스 온도 센서, EGR 가스 온도 센서, 페라이트형 서모 스위치 등이 있다. 여기서 수온 센서와 흡기 온도 센서는 주로 부 특성(NTC ; Negative Temperature Coefficient) 서미스터(thermistor)를 사용한다. 부 특성 서미스터의 출력 특성은 그림 2-1에 나타낸 바와 같이 온도가 증가함에 따라 저항값이 감소하는 경향을 나타내며, 서미스터를 구성하는 물질에 따라 측정 가능한 온도 범위와 특성이 변화한다.

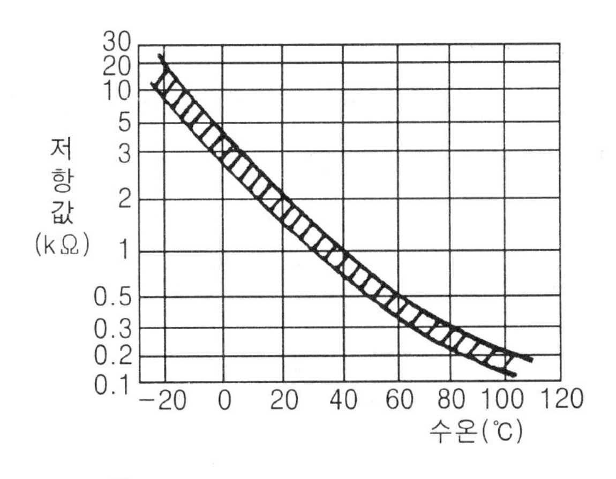

그림2-1 부 특성 서미스터 출력 특성

수온 센서는 냉각수가 흐르는 실린더 헤드의 물 재킷에 서미스터 부분이 냉각수와 접촉할 수 있도록 설치되며, 흡기 온도 센서는 서미스터가 흡입 공기와 접촉할 수 있도록 설치된다.

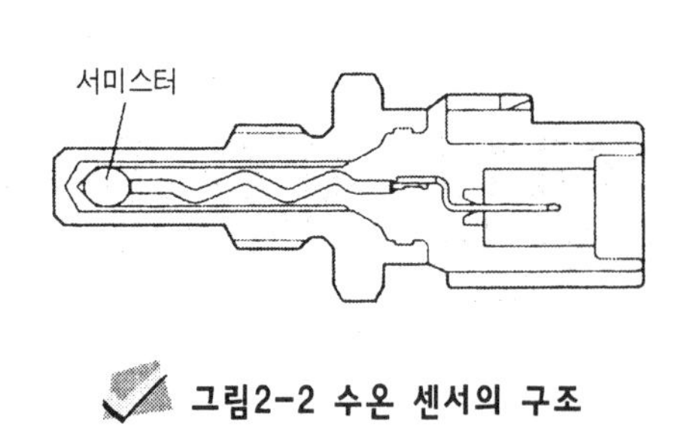

그림2-2 수온 센서의 구조

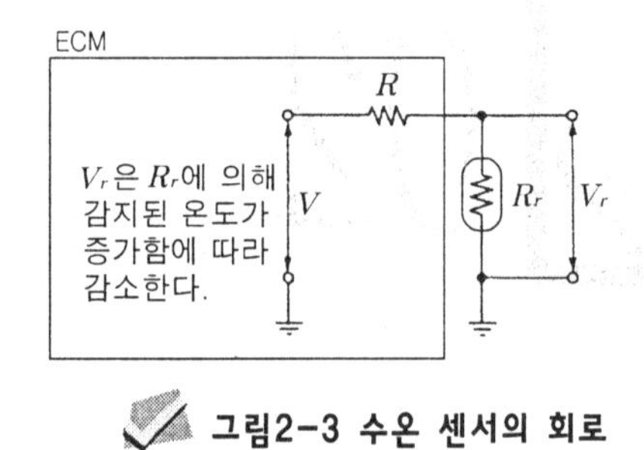

그림2-3 수온 센서의 회로

수온(水溫) 센서

수온 센서는 엔진의 실린더 헤드 물 재킷 출구 부분에 설치되어 냉각수의 온도를 검출하는 것이며, 냉간 상태에서 공전 속도 보상, 엔진 온도에 따른 연료 분사량 보정 및 점화 시기 제어 등의 기능을 수행하는 데이터로 이용된다.

(1) 수온 센서의 검출 원리

수온 센서는 온도에 따라 저항값이 변화하는 부특성 서미스터를 이용한다. 즉, 온도가 상승하면 저항값이 작아지고, 온도가 내려가면 저항값이 커지는 특성이 있다. 따라서 낮은 냉각수 온도에서는 출력 전압이 높아지고, 높은 냉각수 온도에서는 낮은 출력 전압을 나타낸다.

(2) 수온 센서의 회로 구성 및 단자

그림 2-4는 수온 센서의 회로 및 단자를 나타낸 것이다. 1번은 접지 단자이고, 2번이 출력 신호 단자이다. 또한 2번 단자의 컴퓨터 쪽에는 저항이 들어 있으며, 센서의 전원을 공급한다.

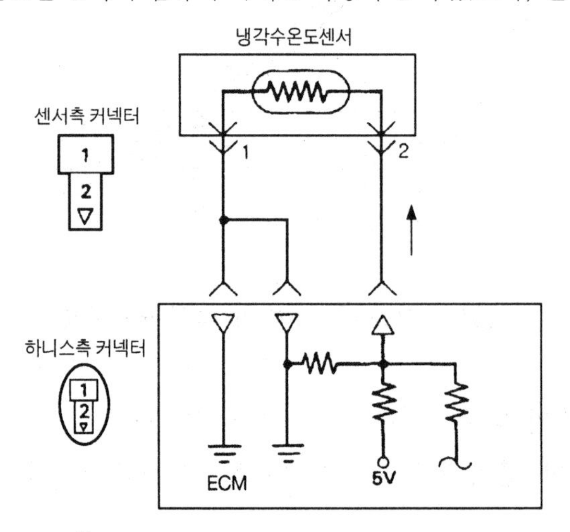

그림2-4 수온 센서의 회로 및 단자 구성

(3) 수온 센서의 점검 방법

공전 속도가 규정 값에 미치지 못하거나 엔진을 난기 운전을 할 때 검은 배기가스를 배출한다면 수온 센서의 결함을 점검하여야 한다. 또한 커넥터의 접촉 상태, 배선의 단선 및 단락을 점검하고, 온도 변화에 따른 저항값의 변화 또는 전압을 점검한다.

표 2-1 온도에 따른 수온센서의 저항값 및 전압값

냉각수 온도(℃)	저항값(kΩ)	전압 값(V)
0	5.18~6.6	4.05
20	2.27~2.73	3.44
40	1.06~1.30	2.72
80	0.29~0.35	1.25

그림 2-5는 수온 센서의 출력 파형 분석이다. 수온 센서는 부 특성 서미스터 형식이므로 온도가 높으면 저항값이 작아지고 출력 전압도 낮아진다. 그림에서 A 부분은 엔진 냉각수 온도가 낮은 상태로 높은 출력 전압을 나타내고 있다. B 부분은 냉각수 온도가 상승하면서 출력 전압이 감소하고 있음을 나타낸다. C 부분은 냉각수 온도가 정상에 도달하여 일정하게 제어되고 있음을 나타낸다.

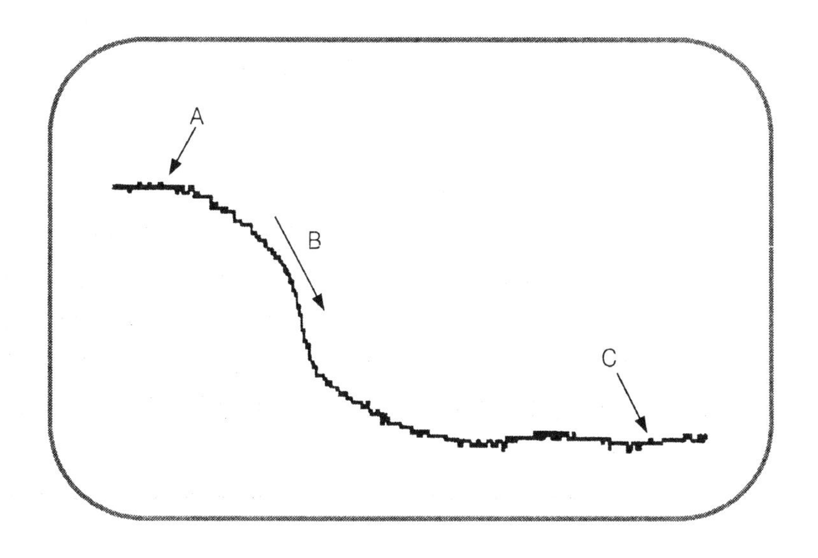

그림2-5 수온 센서의 파형 분석

(4) 수온 센서가 고장일 때 나타나는 현상

① 엔진 시동 성능 불량 및 시동 후 공회전할 때 부조가 발생한다.

② 공전 또는 주행중 엔진의 작동이 갑자기 중지된다.

③ 연료 소모가 많으며, 일산화탄소 및 탄화수소의 발생량이 증가한다.

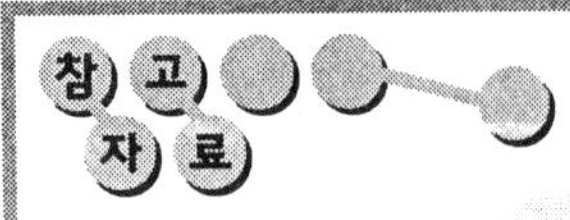

서미스터(thermistor)란?

서미스터란 세라믹 반도체의 한 종류로서 온도계수가 큰 저항체를 말한다. 온도 변화에 대하여 그 저항값이 크게 변화하는 특징에 따라서 NTC, PTC 및 CRT의 3종류가 있다. NTC(Negative Temperature Coefficient)는 온도 상승에 따라 저항값이 감소하는 서미스터로 음(-)의 온도 계수 서미스터라고도 한다. PTC(Positive Temperature Coefficient)는 온도 상승에 따라서 저항값이 지수 함수적으로 증가하는 서미스터로 양(+)의 온도 계수 서미스터라고도 한다. CRT(Critical Temperature Coefficient)는 온도 상승에 따라서 저항값이 지수 함수적으로 감소하는 서미스터로 임계 온도 계수 서미스터라고도 한다. 서미스터의 특징은 여러 가지의 형상이나 크기로 하는 것이 가능하고 저항값의 선택 범위가 수Ω~수MΩ 정도로 넓으며 저항값의 온도 계수가 큰 미소 온도변화의 측정이 가능하다. 또한 저항 소자의 저항값이 커서 리드 선이 도선 저항의 영향을 받지 않기 때문에 리드 선을 길게 할 수 있다.

자동차용 센서로서는 NTC서미스터가 주로 사용되고 있고, PTC 서미스터는 자동 초크 등의 발열소자로서 많이 사용되고 있다. 서미스터는 니켈, 동, 아연, 망간, 마그네슘 등의 금속의 산화물을 적당하게 혼합하여 고온에서 용도에 맞는 형상으로 소결하여 만든다. 더욱이 각종 산화물의 비율이나 소결 온도 등에 따라 넓은 범위의 특성을 가져올 수 있다. 일반적으로 수온 센서나 대기 온도 센서에는 -20℃~130℃정도의 것이 사용되고 있으며 촉매 컨버터 과열 검출용에는 600℃~1000℃정도의 고온 검출용의 서미스터가 사용되고 있다.

2 흡기 온도(吸氣溫度) 센서

흡입 공기의 온도를 검출하기 위한 것이며, 체적 공기 유량계에서 흡입 공기의 온도에 따른 공기의 밀도 변화를 보정하기 위해 사용한다. 일반적으로 공기 유량 센서에 함께 설치되는 경우가 많으며, 공기 청정기 또는 흡기다기관에 설치되는 경우도 있다.

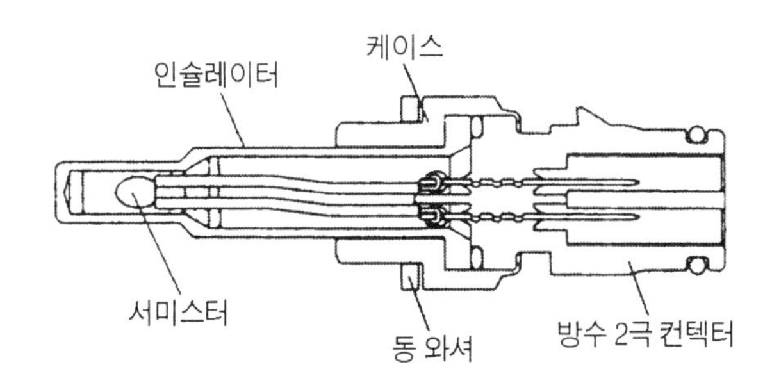

그림2-6 흡기 온도 센서의 구조

(1) 흡기 온도 센서의 검출 원리

흡기 온도 센서도 수온 센서와 마찬가지로 부 특성 서미스터를 사용하며, 온도 변화에 따른 저항값의 변화를 검출하는 것으로 온도가 상승함에 따라 저항값이 작아지는 특성을 이용한다.

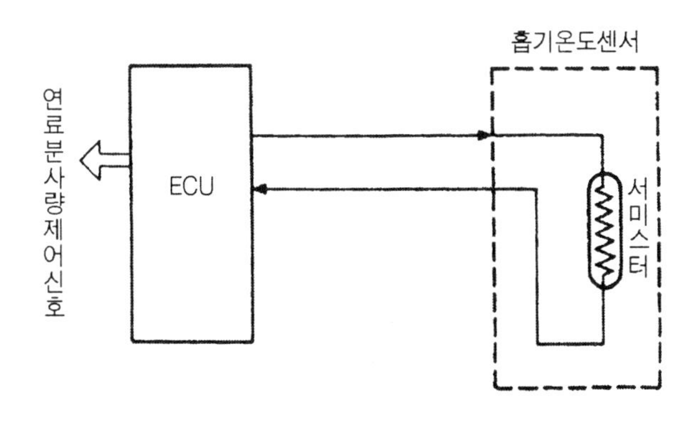

그림2-7 흡기 온도 센서와 ECU와의 연결

(2) 흡기 온도 센서의 회로 구성 및 단자

그림 2-8은 흡기 온도 센서의 회로 및 단자를 나타낸 것이며 1번 단자에 5V의 입력 전원이 작용하며 컴퓨터 내부에 저항 R이 설치되어 있다.

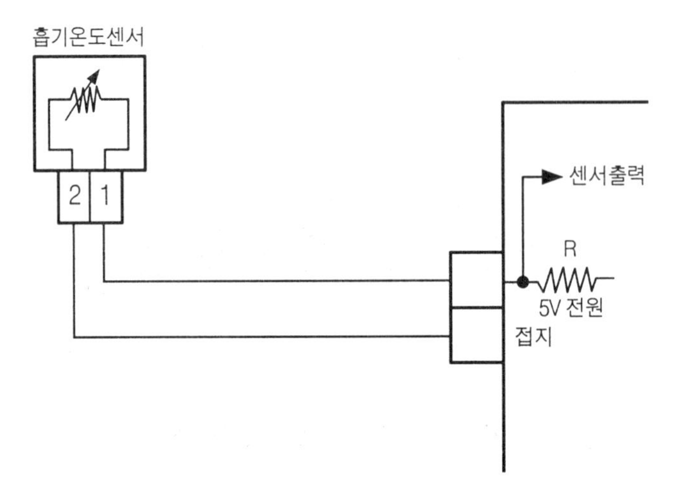

그림2-8 흡기 온도 센서의 회로 및 단자

(3) 흡기 온도 센서의 점검 방법

전압계를 이용한 방법은 점화 스위치 ON 상태에서 전압을 측정하여 규정 값에 따라서 점검한다. 부 특성 서미스터 형식이므로 온도간 높을수록 출력 전압은 낮아진다. 또한 커넥터를 분리한 후 하니스 쪽에서 5V의 전원이 정상적으로 작용하는지를 점검한다. 그밖에 단선 및 단락 유무를 점검한다.

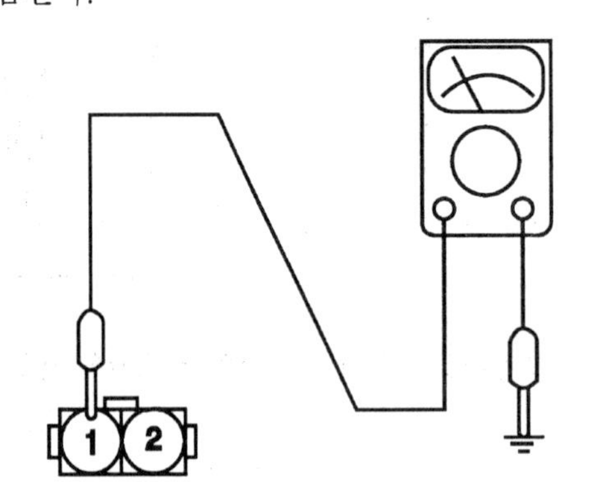

그림2-9 전압계를 이용한 흡기 온도 센서 점검

표2-2 흡기온도센서의 출력전압의 예

점검 조건	온도(℃)	출력 전압(V)
점화 스위치 ON	0	3.3~3.7
	20	2.4~2.8
	40	1.6~2.0
	80	0.5~0.9

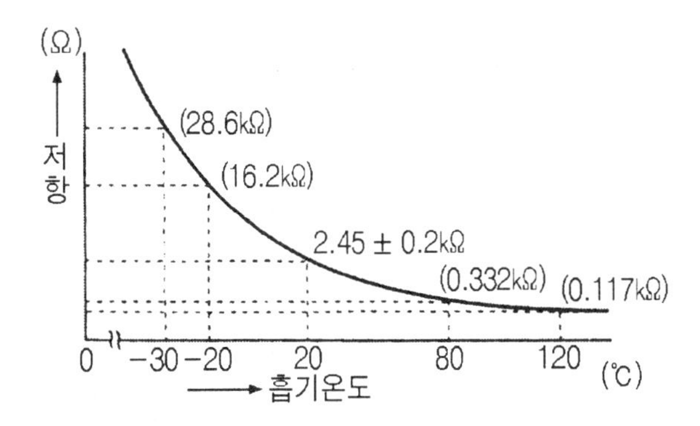

그림2-10 흡기 온도 센서의 특성 예

그림 2-11은 파형 측정기를 이용하여 센서의 출력 파형을 측정한 것이다. 파형 측정기로부터는 출력 신호의 시간에 따른 변화를 관찰하며, 순간적인 단선 또는 단락 현상을 점검한다.

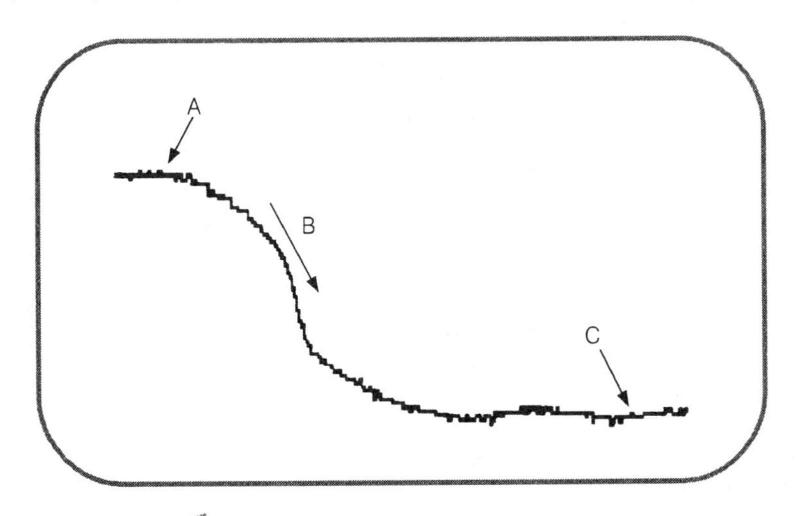

그림2-11 흡기 온도 센서 출력 파형 분석

그림 2-11에서 A부분은 온도가 낮은 경우이며, B부분은 온도가 상승함에 따라 출력 전압이 낮아지고 있음을 나타낸다. C부분은 흡기 온도가 높을 경우를 나타낸다.

흡입 공기의 온도는 짧은 시간에 큰 변화가 없으므로 비교적 긴 시간 동안 파형을 점검하는 것이 요구된다. 그림 2-12는 상온(常溫)에서 엔진을 시험할 때 흡기 온도 센서의 출력을 측정한 것이다.

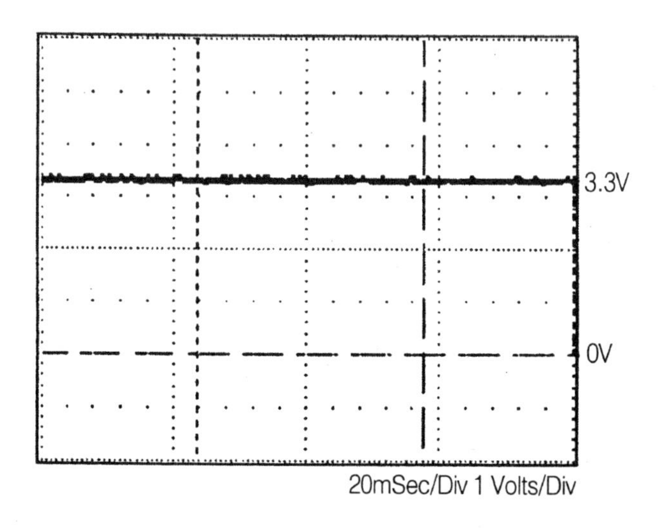

그림2-12 흡기 온도 센서의 출력 파형 예

(4) 흡기 온도 센서의 고장 진단

흡기 온도 센서의 고장 진단은 온도 변화에 따른 저항값 또는 출력 전압으로 진단하며, 커넥터의 접촉 상태와 단선 및 단락 유무를 점검한다. 단품(單品)으로 점검을 하는 경우 헤어 드라이어(hair dryer)등을 이용하여 온도 변화에 따라 저항값 또는 출력 전압을 측정한다. 이때 온도 변화에 따라 저항값 등이 변화하지 않으면 센서 자체의 고장으로 교환한다.

(5) 흡기 온도 센서가 고장일 때 일어나는 현상

① 점화 시기 보정이 안되어 노크(knock)가 발생할 수 있다.

② 주행할 때 가속력이 떨어진다.

③ 연료 소비가 많다.

3 서모 센서(thermo Sensor)

이것도 전자 제어 연료 분사 장치에서 사용되며 흡입 공기 온도를 검출하는 것이다. 검출 소자로서는 서미스터를 사용하고 있다. 이 센서는 에어 클리너 케이스에 고무 그로밋(grommet)을 사이에 두고 설치된다. 최근의 자동차의 흡기 온도 센서는 대부분 이런 형식으로 되어있다. 그림 2-13에 구조를, 그림 2-14에 설치도를 나타냈다. 또한 그림 2-15에는 서모 센서의 흡기 온도 검출 개념도를 나타내고 있다.

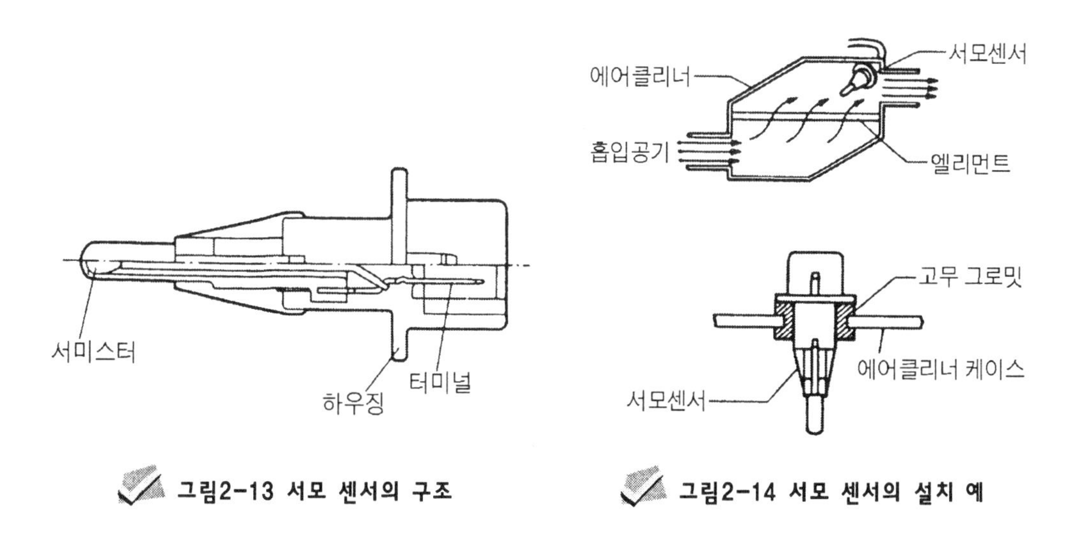

그림2-13 서모 센서의 구조

그림2-14 서모 센서의 설치 예

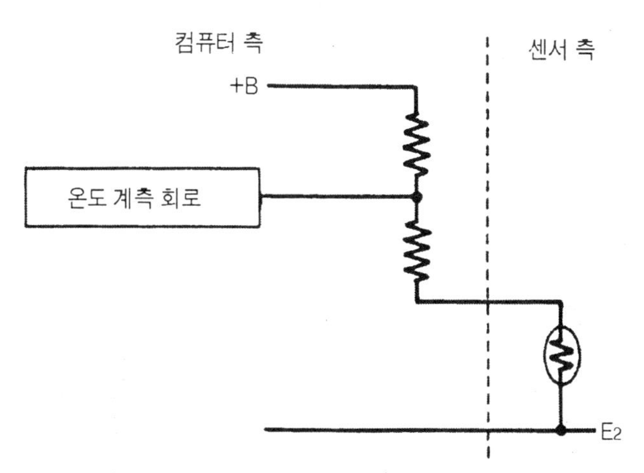

그림2-15 연료 분사 장치의 흡기 온도 검출 개략도

배기가스 온도 센서

(1) 배기가스 온도 센서의 작용

그림 2-16은 배기가스 온도 센서의 구조이다. 검출 소자로 서미스터를 사용한다. 온도의 변화를 저항값의 변화로서 검출하는데 저항값이 온도의 상승에 의해 내려가고, 온도가 내려가면 높아지는 특성을 이용하고 있다.

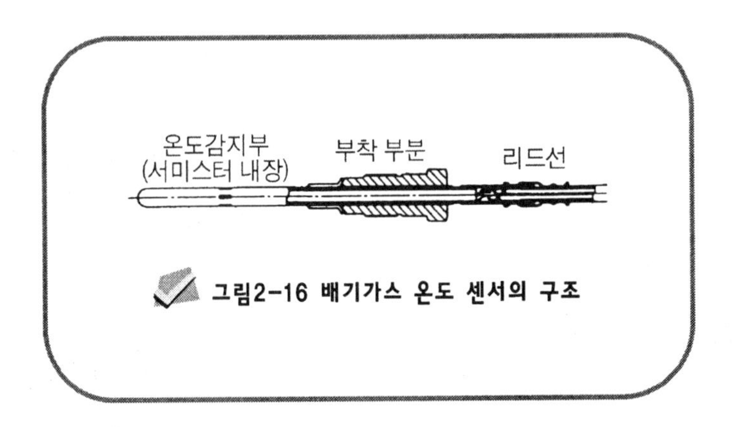

그림2-16 배기가스 온도 센서의 구조

배기가스 온도 센서는 자동차의 배기 촉매 컨버터에 설치되어 배기가스 온도를 검출한다. 배기 온도 센서에서 보내지는 온도 신호를 컴퓨터(ECU)가 판단하여 이상이 있다고 판단하면 배기 온도 경고등을 점등 시켜 운전자에게 이상이 있음을 알려주는 경보 장치로 사용되고 있다. 촉매 컨버터는 약 250℃부터 촉매 작용을 시작해서 400℃~800℃에서 촉매 작용이 가장 활발하게 일어나며 이 온도 범위에서 촉매 컨버터의 수명도 최대로 유지된다. 또한 800℃~1000℃가 되면 촉매 층과 산화알루미늄 층이 녹기 시작하는 등 열적 노화가 증대되며 1000℃ 이상이 되면 촉매 기능을 완전히 상실하게 된다.

일반적으로 자동차가 무 부하 급가속을 할 때 촉매 컨버터 내의 온도는 약 1400℃까지 상승하기도 하므로 이러한 조건이 오래 지속되면 촉매 컨버터가 파괴되므로 배기 온도 이상 고온 경보 장치가 필요하다.

그림 2-17은 이 장치의 간이 구성도를 나타낸 것이다. 촉매 컨버터의 과열에 의한 열화(劣化)손상이나 자동차 등에 미치는 폐해를 미연에 방지하기 위해 설치되어 있으므로 정상 상태에서는 작동하지 않는다. 그림 2-18은 배기 온도 센서의 특성 예를 나낸 것이다.

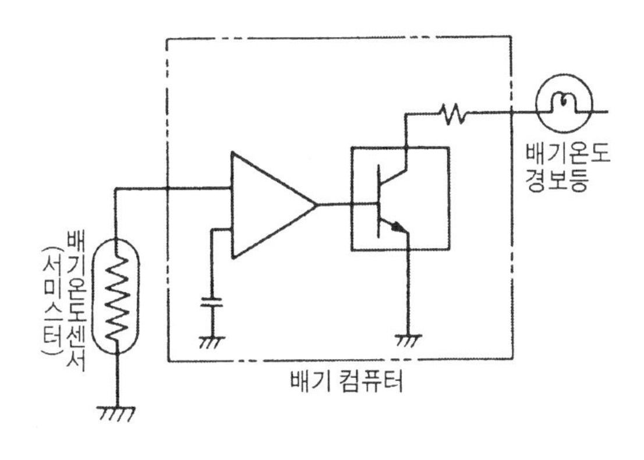

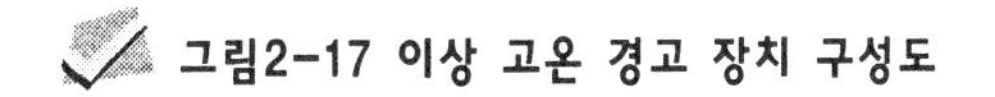
그림2-17 이상 고온 경고 장치 구성도

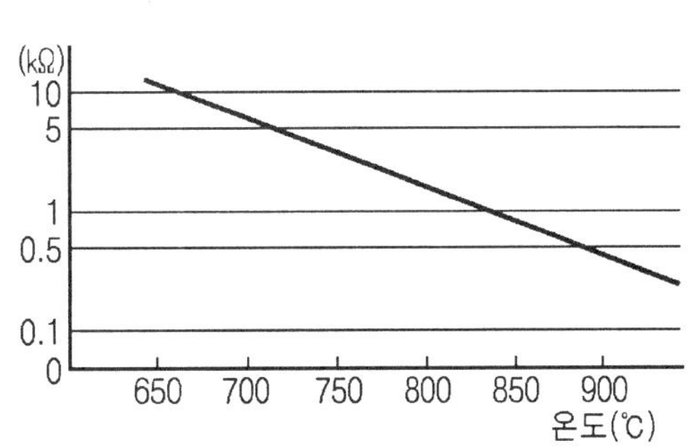

그림2-18 배기가스 온도 센서의 특성 예

(2) 배기가스 센서의 점검

배기 온도센서는 촉매 컨버터 과열 경보장치에 설치되어 있다. 실제 자동차에서의 점검은 점화 스위치를 ON으로 하고 배기 온도 경고등이 점등하는 것을 확인한다. 그리고 엔진을 시동하면 경고등 소등하는 것을 확인하면 정상이다.

그림2-19 또 그림2-20 진단 커넥터의 CCo 단자와 E1 단자를 단락할 때 배기 온도 경고등 점등하면 정상이다.

그림2-19 배기온도 과열 경보장치의 경고등

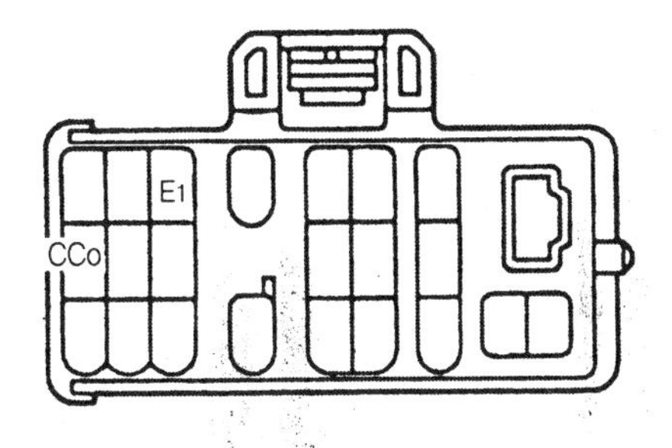

그림2-20 자기진단 커넥터의 E1-CCo에서 점검

배기 온도 센서를 단품으로 점검하는 방법은 저항 점검을 하는 것이다. 그림 2-21과 같이 가스버너 등으로 센서를 끝에서 약 40cm 사이 부분을 불꽃의 중앙에 넣고서 빨갛게 달아오를 때까지 가열한다. 가스버너를 끄고 커넥터 단자 사이의 저항을 측정한다.

시간이 경과함에 따라서 저항이 커지면 정상이다. 기준 값은 900℃에서 0.38~0.48kΩ, 상온에서 약 100kΩ정도이다. 또한 빨갛게 달아오른 센서는 약 15분 이상 경과해야 상온으로 온도가 낮아지기 때문에 접촉하지 않도록 주의해야 한다.

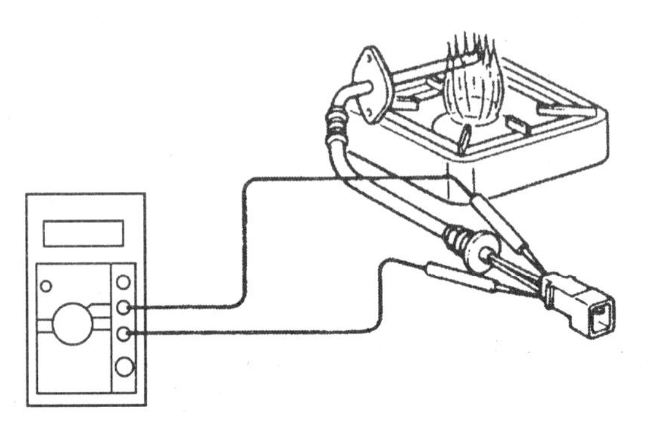

그림2-21 배기 온도 센서의 단품 점검

5 EGR가스 온도 센서

EGR(Exhaust Gas Recirculation System, 배기가스 재순환 장치)은 혼합기의 약 15%정도를 연소실에 재 공급하여 배기가스 연소온도를 낮추어 질소 산화물(N0x)의 발생량을 감소시키기 위한 목적으로 사용한다. EGR은 질소 산화물 발생이 적을 때, 큰 출력이 필요한 경우에는 사용하지 않으며 이론 공연비(14.7:1)의 경우, 중속(中速)에서 주로 사용된다.

EGR 가스 온도 센서는 EGR 밸브 흡입 포트에 설치되어 EGR 가스의 온도를 검출하는 센서이다. 이 센서도 검출 소자로서 서미스터를 사용하며 온도 변화를 저항값의 변화로서 검출한다. 그림 2-22는 그 구조이다.

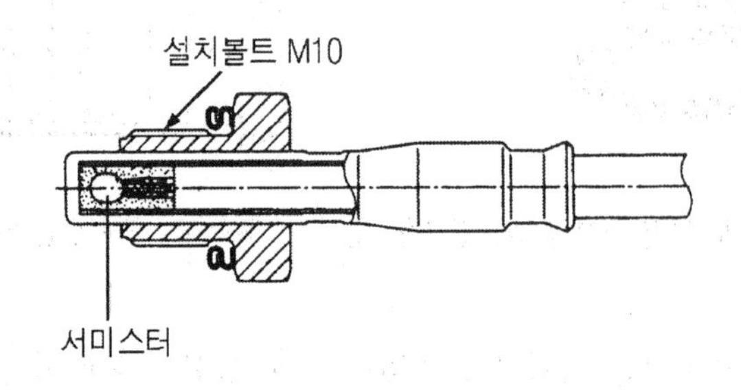

그림2-22 EGR 가스 온도 센서의 구조

육각 나사로 EGR밸브의 흡입 포트에 설치되며 끝 부분에 서미스터가 삽입되어 있으며 감열부의 내열성은 약 500℃로 설계되어 있다. 이 센서는 EGR의 작동과 비 작동에서의 온도 차이를 이용하여 EGR장치의 고장을 판단하는 목적으로 사용한다. 그림 2-23은 장치의 구성도이다. 컴퓨터에서는 EGR밸브가 작동할 때, EGR 가스 온도 센서에서 검출한 온도(t)가 최소 작동온도(T)보다 적으면 고장으로 판단하고 크게 되면 정상으로 판정한다. 그림 2-24는 EGR가스 온도 센서의 특성 예를 나타내고 있다.

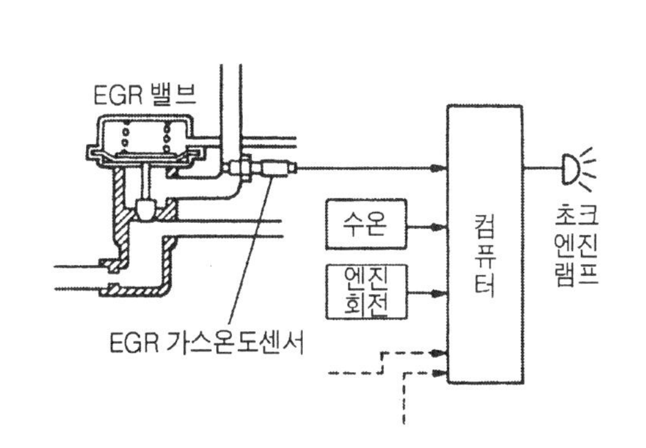

그림2-23 EGR 밸브 고장진단장치 구성도

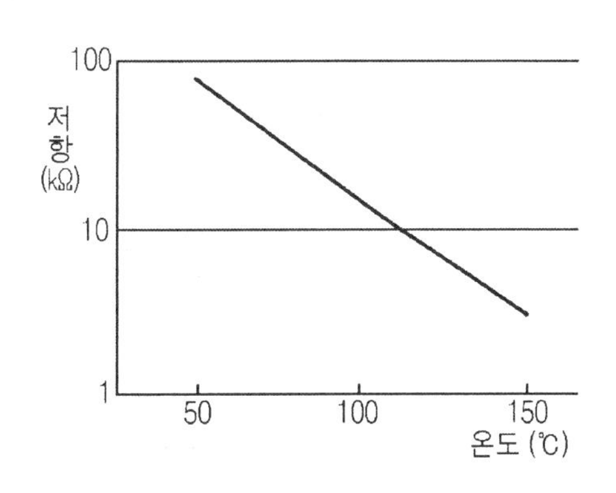

그림2-24 EGR 가스 온도센서의 특성 예

 페라이트형 서모 스위치-온도 조절용 스위치

이것은 서모 페라이트, 리드 스위치 및 영구 자석으로 구성되어 있다. 설정 온도 이상이 되면 서모 페라이트의 투자율이 급속하게 저하되어 리드 스위치를 ON, OFF시키게 된다. 전동 냉각 팬의 작동용으로 사용되는 것으로 냉각수의 온도를 검출하여 저온에서는 리드 스위치를 ON시키고 냉각 팬 작동용 릴레이를 OFF시키기 때문에 냉각 팬 전동기는 작동하지 않는다. 그밖에 엔진 오일 경고등을 점등시키는 데 이용되기도 한다. 그림 2-25에는 서모 페라이트형 온도 조절 스위치의 구조이다.

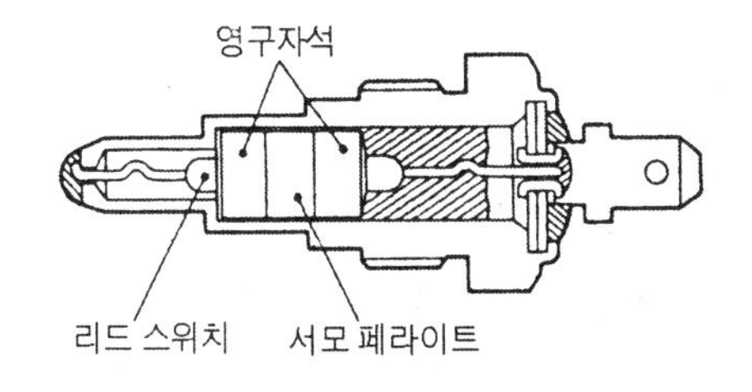

그림2-25 서모 페라이트형 서모 센서의 구조도

그림 2-26과 그림2-27은 서모 페라이트 스위치의 동작을 나타낸 것이다. 그림2-26은 설정 온도 이하의 상태로 서모 페라이트는 강자성체로 되어 리드 스위치의 접점에는 직렬로 자력선이 통과하기 때문에 흡입력이 발생하여 접점이 접촉하고 리드 스위치는 ON으로 된다. 또한, 그림 2-27은 설정 온도 이상의 상태로 리드 스위치의 접점에는 자력선이 평행으로 통과하기 때문에 반발력이 발생하여 접점은 OFF로 된다.

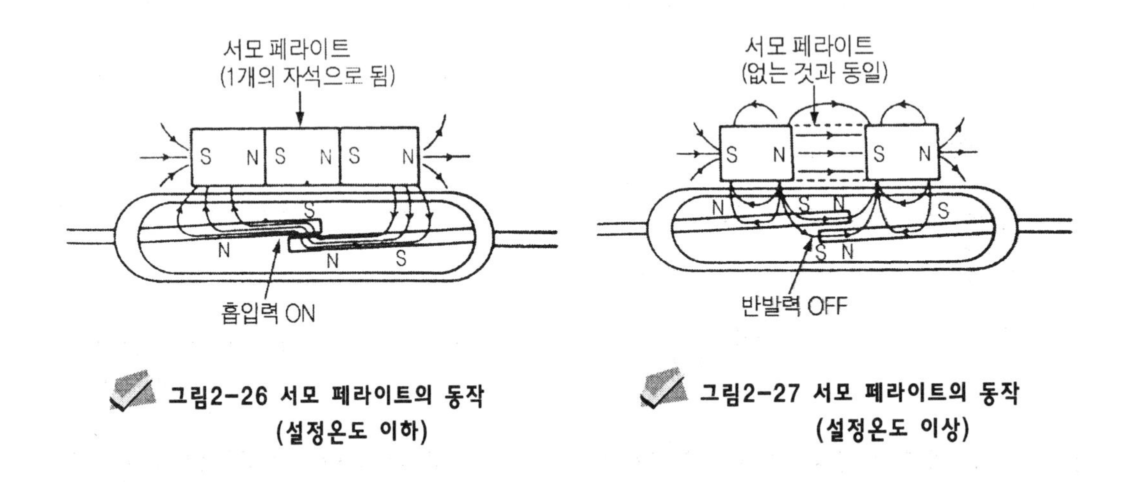

그림2-26 서모 페라이트의 동작 (설정온도 이하)

그림2-27 서모 페라이트의 동작 (설정온도 이상)

그림 2-28은 전동 냉각 팬의 구성의 그림을, 그림 2-29는 서모 스위치 동작 모드를 나타내고 있다.

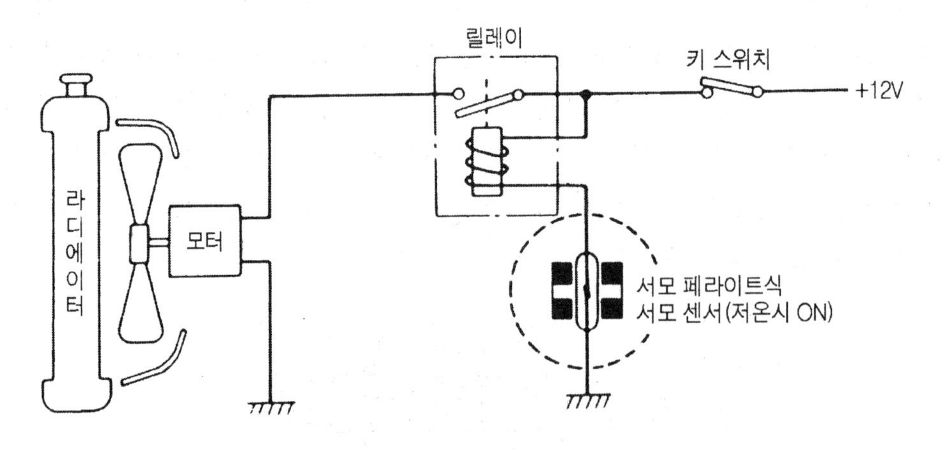

그림2-28 서모 페라이트형 서모 스위치를 이용한 전동 냉각 팬

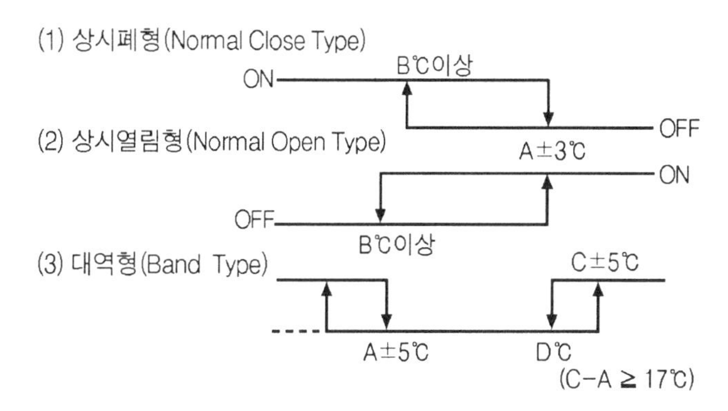

그림2-29 서모 페라이트형 서모 스위치의 동작 모드

서모 페라이트는 상시 닫힘형(normal closed type), 상시 열림형(normal open type) 및 대역형(band type)으로 나눠지며 0℃~130℃의 사이에서 광범위하게 설정 온도를 선택할 수 있다.

 바이메탈형 온도 조절 스위치

이 스위치는 엔진의 냉각수 온도를 검출하여 전동 냉각 팬을 작동시키기 위해 사용된다.

바이메탈이라는 것은 2장의 열 팽창률이 서로 다른 금속을 맞대어 붙여서 만든 소자로 온도 변화에 의한 두 금속의 열팽창에 차가 생겨 열팽창이 작은 금속편으로 휘어지는 현상을 이용하는 장치로서 주로 인바(invar)와 청동의 조합으로 된 것이 사용되고 있다. 온도 조절 스위치에는 디스크형의 바이메탈이 사용되며 순간 동작으로 전기 신호를 단속한다. 그림 2-30에 구조를 나타내었다.

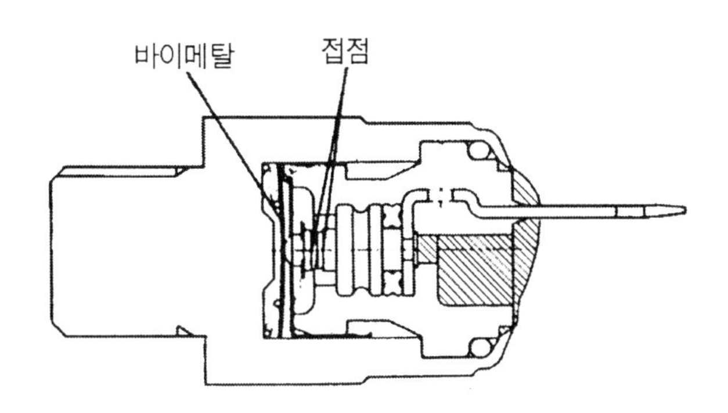

그림2-30 서모스위치의 구조도

그림 2-31과 같이 전동 냉각 팬의 계통은 서모 페라이트형 온도 조절 스위치를 이용했을 경우와 마찬가지로 작동한다. 그림 2-32는 바이메탈형 온도 조절 스위치의 동작 모드를 나타내고 있다. 상시 닫힘 형(normal closed type)과 상시 열림 형(normal open type)이 있으며 오일 온도 경고등 점등용으로도 이용된다.

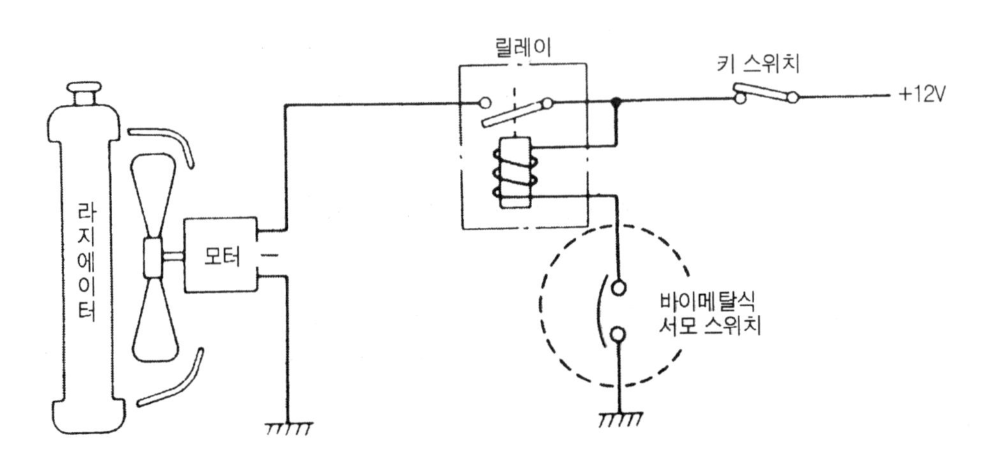

그림2-31 바이메탈형 서모 스위치를 이용한 전동 냉각 팬

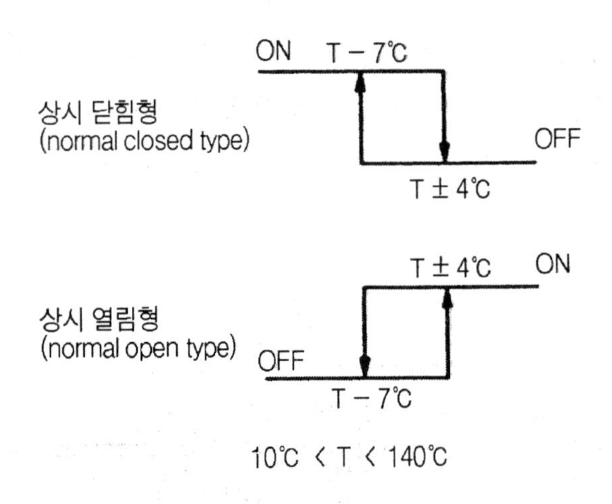

그림2-32 바이메탈형 서모 스위치의 동작

2-2 압력 검출용 센서

흡기다기관 압력의 특성

그림 2-33은 흡입 계통을 간략하게 나타낸 것이다. 흡기다기관은 실린더에 공기나 공기와 연료의 혼합기가 들어오는 통로이며, 엔진은 흡기다기관으로 공기를 흡입하는 펌프(pump)로 볼 수 있다.

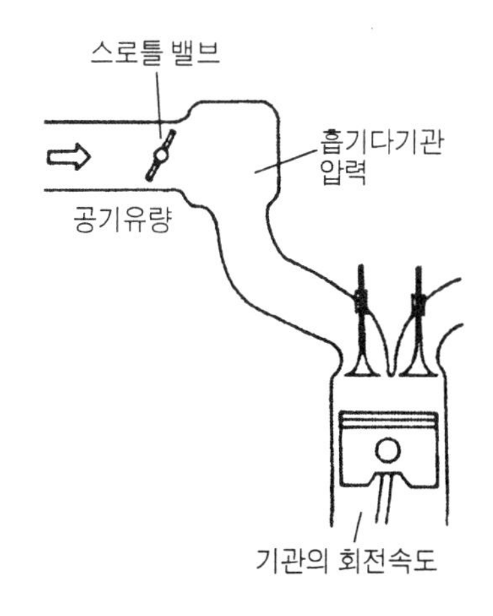

그림2-33 흡입 계통의 개략도

엔진이 작동되지 않을 때에는 공기가 흐르지 않으며, 흡기다기관의 압력은 대기 압력과 같다. 엔진이 작동할 때 흡기다기관 중의 스로틀 밸브는 부분적으로 공기 흐름을 방해하는 요소가 된다. 이것은 흡기다기관 내의 압력을 감소시켜 대기 압력보다 낮게 하여 흡기다기관 내에 부분 진공(부압〔負壓〕)을 형성하도록 한다. 그러나 실제 엔진은 완벽한 진공 펌프(vacuum pump)가 아니며, 또한 완전 진공 상태가 되지 못하므로 흡기다기관 절대 압력(대기 압력+진공 압력)은 0보다 약간 높다. 그러나 스로틀 밸브가 완전히 열리면 흡기다기관 내의 압력은 대기 압력에 가깝게 된다. 따라서 엔진이 작동될 때 흡기다기관 절대 압력은 비교적 적은 값에서 대기 압력 가까이 변화하게 된다.

스로틀 밸브의 위치가 일정할 때 흡기다기관 내의 압력 변화 상태를 보면 각각의 실린더가 순차적으로 공급을 흡입하기 때문에 상승 및 하강을 한다. 각각의 실린더는 흡입 밸브가 열리고 피스톤이 상사 점(top dead center)에서 하사 점(bottom dead center)으로 내려갈 때 공기를 흡입하며 흡기다기관 내의 압력은 이때 감소한다. 이 실린더의 공기 흡입은 흡입 밸브가 닫히면 완료되며, 흡기다기관의 압력은 다른 실린더가 공기를 흡입하기 전까지는 계속 증가한다.

이와 같은 과정이 반복적으로 진행되므로 흡기다기관 내의 압력은 각 실린더의 행정 사이에서 상승 및 하강으로의 펌프 작용(pumping)은 한 실린더로부터 다음 실린더로 변화된다. 각 실린더의 흡입 행정은 크랭크축 2회전 당1회씩 발생하므로 N개의 실린더에 의한 회전에서 흡기다기관 내의 압력 변화 주파수는 다음과 같으며, 그림 2-34와 같다.

$$Fp = \frac{N \times rpm}{120}$$

여기서, Fp : 흡기다기관 내의 압력변화 주파수　　N : 실린더 수
rpm : 엔진 회전속도

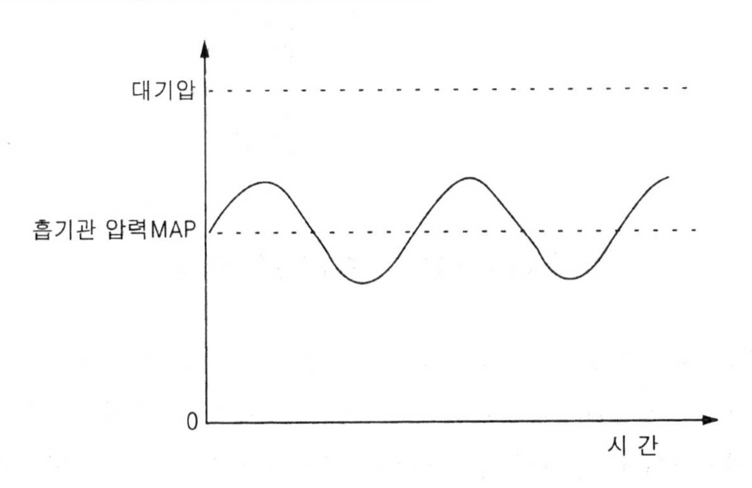

그림2-34 흡기다기관 내의 압력 변화(스로틀 밸브 열림 정도가 일정한 경우)

실제의 엔진 제어 계통에서는 흡기다기관 내의 평균 압력이 필요하며, 일정한 엔진 회전속도에서 생성되는 회전력(torque)은 근사적으로 흡기다기관 압력의 평균값에 비례한다. 즉, 순간적인 흡기다기관 압력의 빠른 변화는 엔진 제어에서 불필요하므로 흡기다기관 압력 측정 방법은 압력 진동 성분은 제거하고 평균값만을 측정한다. 엔진 제어 계통에서 이와 같은 흡기다기관 내의 절대 압력을 측정하는 센서가 MAP(Manifold Absolute Pressure)센서이다.

압력 측정용 센서의 구조

일반적으로 압력 측정용 센서로 사용되고 있는 압전 저항 스트레인 게이지(piezoresistive strain gauge)의 반도체 압력 센서이다. 기본 구조는 그림 2-35에 나타내었다. 이 센서는 약 3mm²의 실리콘 칩(silicon chip)을 사용하고 있으며, 이 칩의 가장자리 두께는 약 250μm이고 중앙의 두께는 25μm 정도이며, 이 부분이 압력을 검출하는 다이어프램(diaphragm, 막)이다. 또한 칩의 아래 부분은 내열 유리판으로 밀봉되어 있으며, 내부는 진공 상태로 되어 있다.

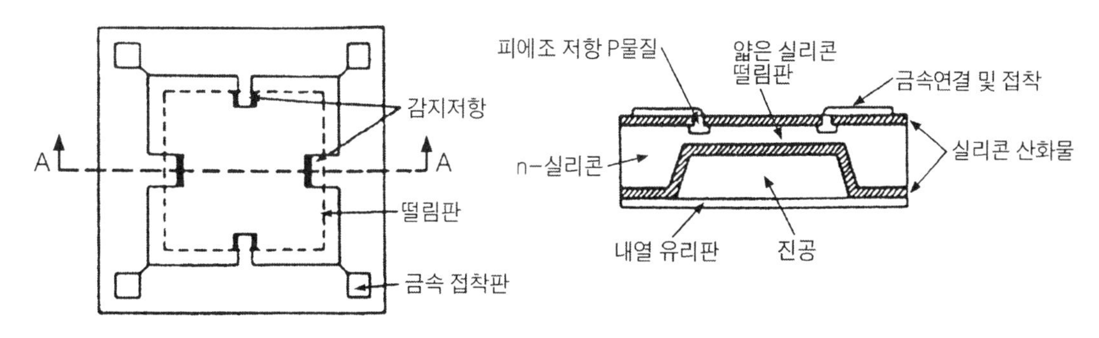

그림2-35 압전 저항 스트레인 게이지형 압력 센서의 구조

압전 저항은 다이어프램 가장자리에 위치하며, 다이어프램 표면에 작용한 압력에 따라 각 저항값은 비례하여 변화한다. 압력에 비례하는 전기 신호는 휘스톤 브리지(wheat stone bridge)회로를 이용하여 얻는다.

그림 2-36은 엔진에 사용되고 있는 MAP 센서의 외형이다.

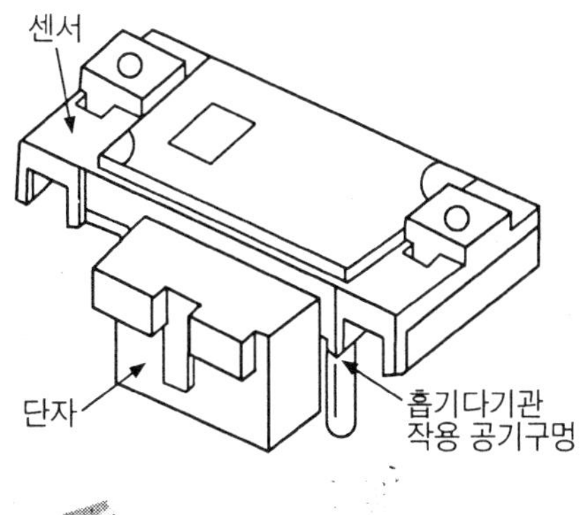

그림2-36 MAP 센서의 외형

(1) 대기 압력 센서(BPS ; Barometric Pressure Sensor)

대기 압력은 공기의 밀도(密度)를 나타내는 하나의 지표이다. 고도(高度)가 높아짐에 따라 공기 밀도가 낮아지므로 실린더로 흡입되는 공기량이 적어진다. 따라서 일정한 공연비(Air/Fuel ratio ; 혼합비)를 유지하기 위하여 필요한 연료량은 고도가 높아질수록 작아진다. 이와 함께 점화 시기도 공기 밀도에 따라 조정이 필요하며, 일부의 자동차에서는 배기가스 재순환(EGR ; Exhaust Gas Recirculation)밸브의 작동 및 공전 속도(idle speed) 조정을 보정하기 위하여 사용되기도 한다.

또한 고도 또는 기후에 따라 변화하는 공기의 밀도를 보정하기 위하여 대기 압력 측정이 요구되는데, 이를 위한 장치가 대기 압력 센서이다.

대기 압력 센서는 대기 압력을 계측하기 위한 것으로 흡입 공기의 대기 압력 변화에 따른 밀도 보정 및 연료 분사량과 점화 시기 보정에 사용된다. 설치 위치는 공기 유량 센서에 함께 부착되거나 컴퓨터 내에 설치되기도 한다.

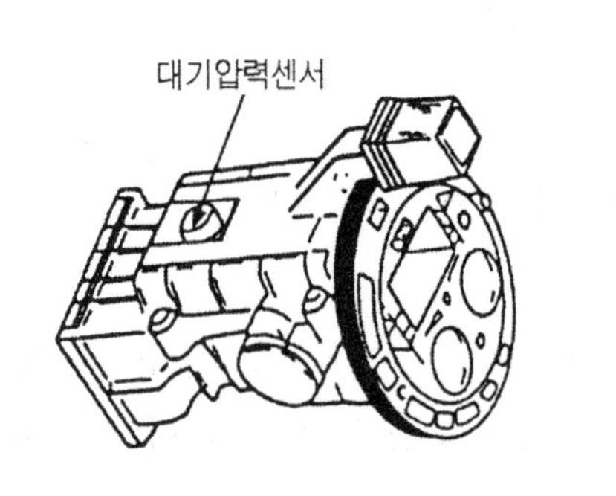

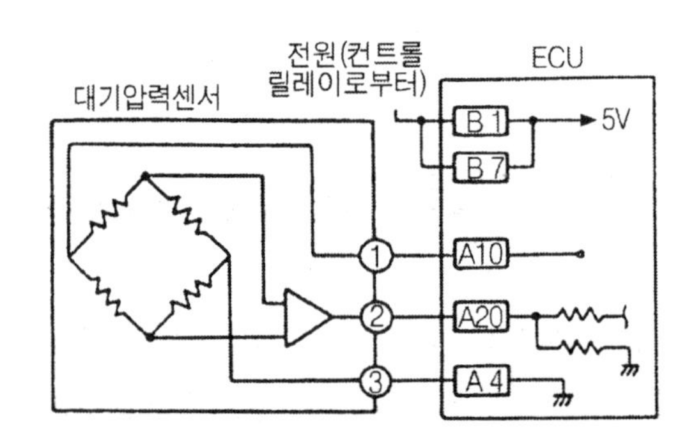

그림2-37 대기 압력 센서 부착 위치와 회로도

① 대기 압력 센서의 검출 원리

일반적으로 압전 효과(piezo electric effect)를 이용하여 절대 압력을 측정한다.

② 대기 압력 센서의 회로 구성 및 단자

그림 2-38은 칼만 와류형 공기 유량 센서에 함께 설치된 대기 압력 센서의 회로 및 단자를 나타낸 것이다. 1번 단자가 센서 전원이고, 5번 단자는 센서의 출력 단자이다.

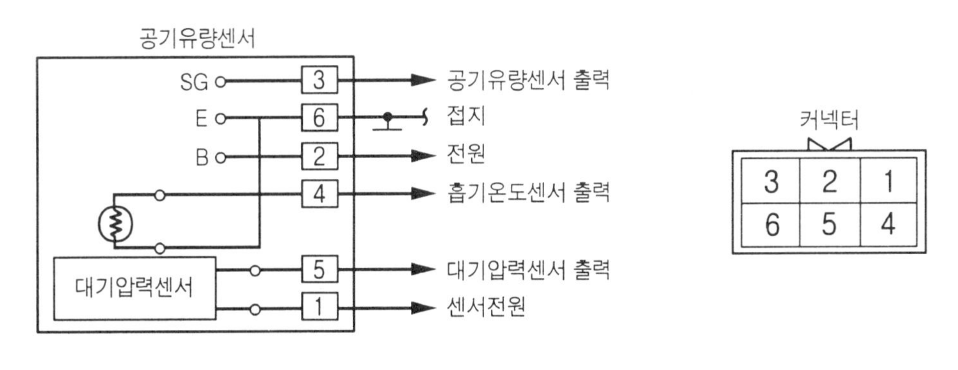

그림2-38 대기 압력 센서의 회로 및 단자의 예

③ **대기 압력 센서 점검 방법**

디지털 전압계를 사용하여 센서의 전원을 점검한다. 즉, 점화 스위치 ON 상태에서 1번 단자의 출력 전압을 측정하여 규정 입력 전압과 비교한다. 센서의 출력 전압은 5번 단자에서 측정하며, 규정 값은 평지에서 약 3.8~4.8V이면 정상이다. 그밖에 접촉 상태 및 단선・단락 유무를 점검한다. 하이스캔(Hi Scan)을 이용하여 대기 압력 센서의 출력 파형을 측정할 경우는 측정할 때 대기 압력의 변화가 거의 없으므로 시간에 따라 일정한 값(규정 값을 나타내는 것이 정상이며, 순간적인 단선 또는 단락 등을 점검한다.

④ **고장일 때 나타나는 현상**

㉮ 공전할 때 엔진 부조 현상(대기 압력의 차이가 매우 클 때)이 발생한다.

㉯ 높은 지역을 운행할 때 엔진 부조 현상이 발생한다.

(2) MAP 센서

MAP 센서(Manifold Absolute Pressure Sensor ; 흡기다기관 절대 압력 센서)는 흡기다기관 내의 절대 압력을 측정하여 실린더로 흡입되는 공기량을 간접적으로 검출하는 것이며, MAP 센서는 절대 압력에 비례하는 아날로그 출력 신호를 컴퓨터로 전달하고, 이 출력 신호는 컴퓨터 내의 기억 장치(memory) 내에 미리 저장된 데이터에 따라 실린더로 흡

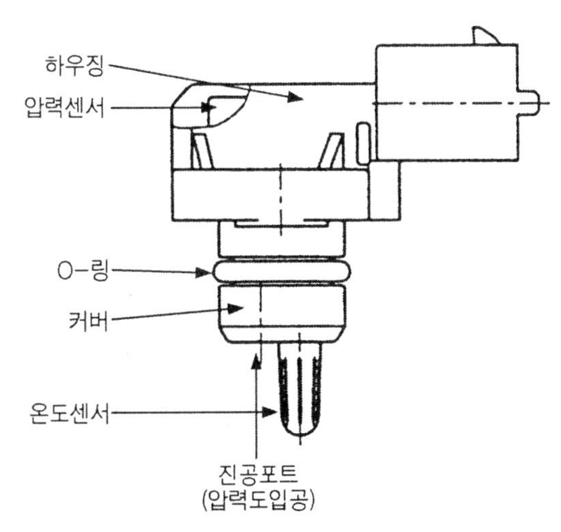

그림2-39 MAP 센서의 구조

입되는 공기량으로 환산하여 흡입 공기량에 대응하는 인젝터 구동 시간의 제어에 이용된다.

① MAP 센서의 검출 원리

압력 측정은 MAP 센서 내부에 설치된 센서 칩에 의해 이루어진다. 센서 칩의 압력 도입 구멍으로 인가된 압력은 압력에 따라 저항값이 변화하는 실리콘 다이어프램 뒤쪽에 작용한다. 실리콘 다이어프램 상에는 4개의 저항으로 구성된 휘스톤 브리지가 형성되어 압력이 인가되면 다이어프램에 변형이 발생하며 이때 피에조 저항 효과에 의해 4개의 저항값들에 변화가 발생하게 되어 압력에 비례하는 선형(線型)적인 출력 전압을 얻는다.

이 출력 전압은 실리콘 다이어프램의 주위 회로 부분에서 증폭 작용 및 특성 조정을 거친 후 출력 단자를 통하여 컴퓨터로 전달된다. 컴퓨터로 전달된 출력 전압은 다시 압력으로 환산된 후 미리 내장되어 있는 엔진 회전속도(rpm)와 압력에 따른 공기량 환산 방식에 따라 흡입 공기량으로 환산하고, 컴퓨터는 이 흡입 공기량에 대응하는 연료 분사를 위해 인젝터 구동 시간을 제어한다.

즉, MAP 센서는 흡기다기관의 압력 변화에 따라 흡입 공기량을 간접적으로 검출하여 연료의 기본 분사량과 분사 시간 및 점화시기를 결정하는데 사용된다. MAP 센서와 서지 탱크 사이를 진공 호스로 연결하여 흡기다기관 절대 압력을 계측하며, 엔진이 작동되고 있을 때 흡기다기관 내의 압력은 엔진 상태에 따라 변화한다. 스로틀 밸브가 열려 엔진 부하 및 회전속도가 증가하면 흡기다기관 내의 절대 압력은 증가하고(부압은 작아짐), 스로틀 밸브가 닫혀 엔진 부하 및 회전속도가 낮아지면 흡기다기관 내의 절대 압력도 작아진다(부압이 커진다). 일부 차량에서는 MAP 센서를 대기 압력을 측정하는데도 사용하므로 고도(高度)변화에 따른 제어 요소로 이용하기도 한다.

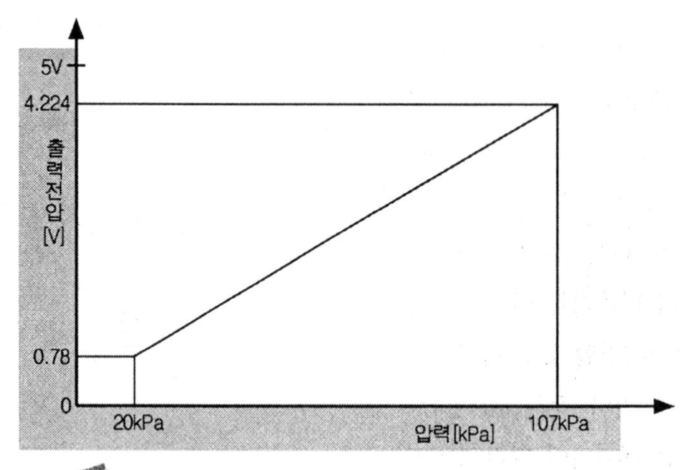

그림2-40 MAP 센서의 회로와 출력 곡선

② MAP 센서의 특징

㉮ 흡입 계통의 손실이 없다.

㉯ 흡입 공기 통로의 설계(lay out)가 자유롭다.

㉰ 가격이 싸다.

㉱ 공기 밀도 등에 대한 고려가 필요하다.

㉲ 고장이 발생하면 엔진 부조 또는 작동이 정지된다.

③ MAP 센서의 회로 구성 및 단자

그림 2-41은 MAP 센서의 회로 및 단자 구성의 예를 나타내고 있다. 1번 단자는 센서의 입력 전원으로 5V가 작용하고 있으며, 2번은 센서의 출력 단자이며, 3번은 접지 단자이다.

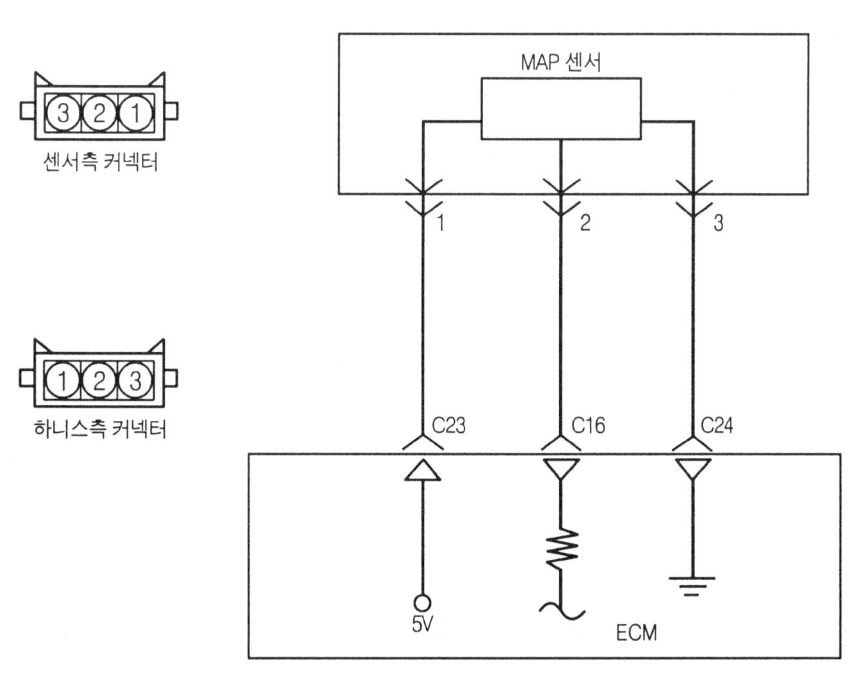

그림2-41 MAP 센서의 회로 및 단자 구성의 예

④ MAP센서 점검 방법

㉮ 디지털 전압계(digital voltage meter)를 이용하여 센서의 공급 전원을 점화 스위치 ON 상태에서 1번 단자의 출력 전압을 측정하여 규정의 입력 전압(5V)이 공급되는지를 점검한다.

㉯ 센서의 출력 신호는 1번 단자에서 측정한다. 이때 점화 스위치 ON 상태(엔진의 시동을 걸지 않은 상태)에서 출력 전압은 약 3.9~4.1V정도이며, 엔진이 공 회전할 때에는 0.8~1.6V 정도의 출력 전압이 측정된다.

㉰ 커넥터의 접속 상태, 전원 공급 쪽과 접지 쪽의 단선 및 단락 유무를 점검한다.

㉱ 엔진의 작동이 가끔 정지되는 경우에는 크랭킹(cranking) 상태에서 MAP 센서의 하니스를 흔들어 본다. 이때 작동이 정지되면 커넥터의 접촉 불량으로 판단할 수 있다.

㉲ 점화 스위치 ON 상태에서 출력 값이 규정 값을 벗어나면 MAP센서나 컴퓨터의 결함으로 판단할 수 있다.

㉳ MAP 센서의 출력 전압이 규정 값을 벗어나더라도 엔진이 공 회전을 하면 MAP 센서를 제외한 다음과 같은 결함을 고려한다.

- 서지 탱크와 진공 호스의 연결 불량
- 연소실 내에서의 불완전 연소
- 흡기다기관에서의 공기 누출

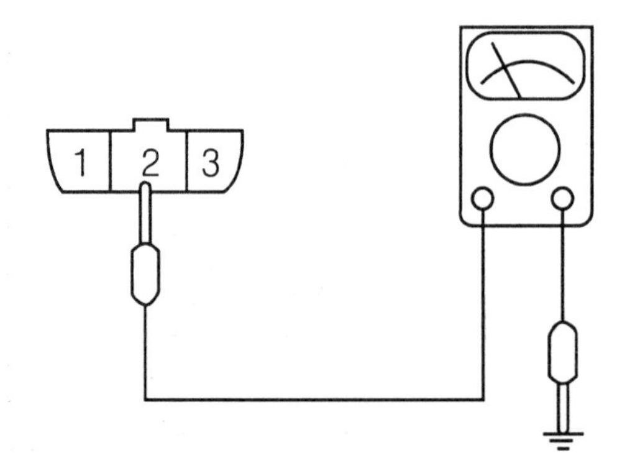

그림2-42 전압계를 이용한 MAP 센서 점검

㉴ 그림 2-43은 엔진이 공전할 때 MAP 센서의 출력 파형을 측정한 예이다. 공전할 때 스로틀 밸브의 열림 정도의 변화가 없으면 MAP 센서의 출력 전압도 일정하게 나타나지만, 스로틀 밸브의 열림 정도를 변화시키면 이에 대응하여 MAP 센서의 출력 값도 변화한다. 센서의 출력 값이 작은 경우는 엔진의 부하가 작은 경우이고, 흡기다기관 내에는 큰 부압이 형성된다.

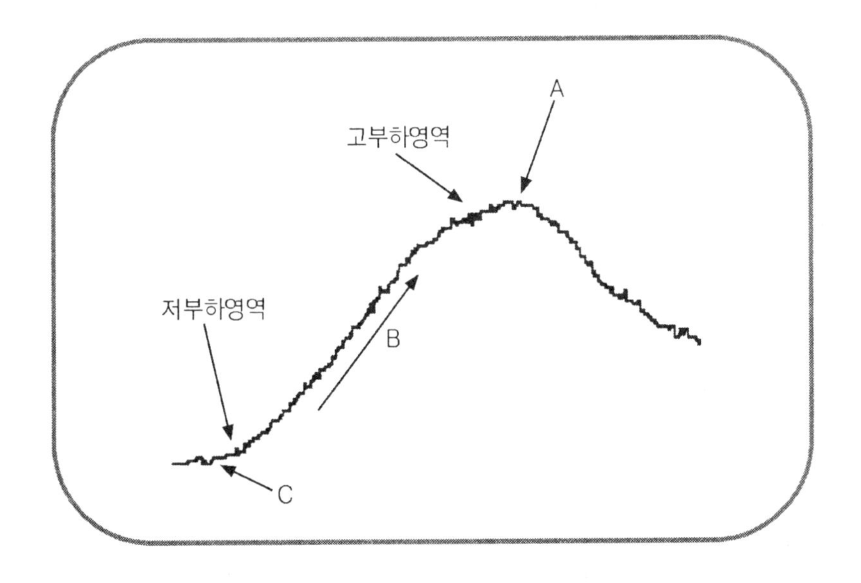

그림2-43 MAP 센서의 출력 파형 분석

위 그림 2-43에서 A 부분은 흡기다기관 내의 절대 압력이 높은 부분으로 높은 출력 전압을 나타내며, 낮은 부압을 표시한다. B 부분은 스로틀 밸브가 열림에 따라 흡기다기관 내의 절대 압력이 상승하고 있음을 알 수 있다. C 부분은 낮은 출력 전압으로 흡기다기관 내의 절대 압력이 낮고, 높은 부압을 나타낸다.

⑤ **고장일 때 나타나는 현상**

㉮ 크랭킹은 가능하지만 엔진의 시동이 어렵다.
㉯ 공전할 때 엔진 부조 현상이 발생한다.
㉰ 과다한 연료 분사로 연료 소비량이 증가한다.
㉱ 촉매 컨버터의 열화가 촉진된다.

(3) 과급 압력 센서

① 과급 압력 센서의 구조와 작용

실리콘을 가공한 얇은 다이어프램에 확산 저항을 형성한 센서 소자를 이용하여 터보 충전기(charger)의 과급 압력(supercharging pressure)을 검출하여 분사 순간 파동(pulse)의 보정이나 과급 압력 제어에 이용되고 있다.

그림 2-44는 과급 압력 제어 장치의 예로 엔진이 공전할 때, 보통 가솔린 사용할 때, 냉각수 온도 약 115°이상 일 때, 수온 센서에 이상이 있을 경우에는 과급 압력 제어 솔레

노이드를 OFF한다. 이 때 스윙 밸브 컨트롤러의 다이어프램에 실제로 과급 압력이 걸리고 배기가스의 바이패스(by-pass)량이 증가되어 과급 압력이 낮아진다.

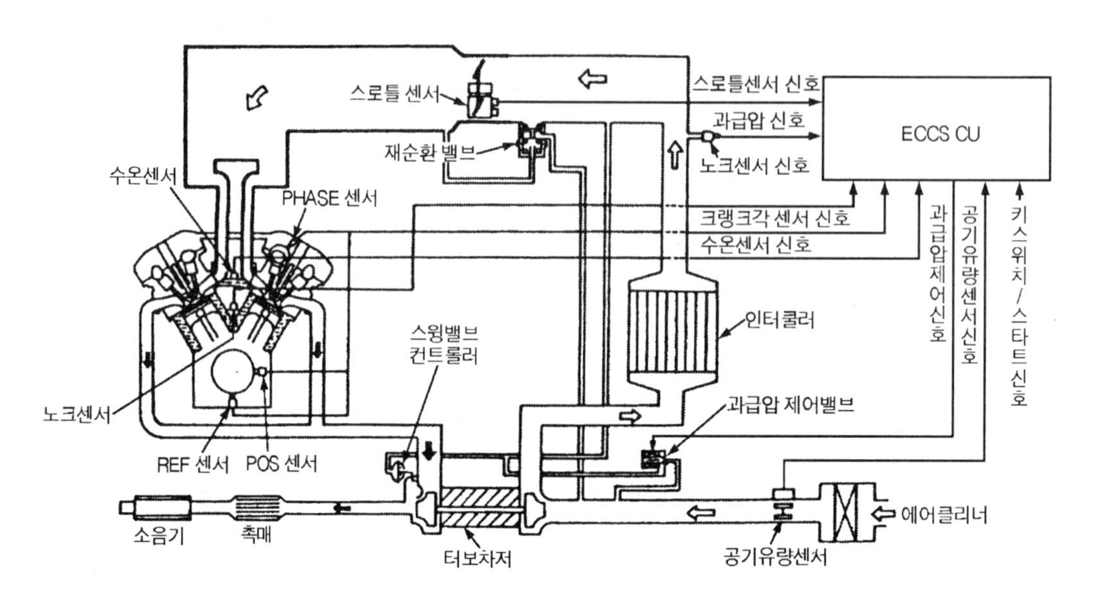

그림2-44 과급 압력 제어 장치

한편 과급 압력 솔레노이드를 ON시키면 스윙 밸브 컨트롤러의 다이어프램에 걸리는 과급 압력에 대기를 입력시켜서 배기가스의 바이패스량을 감소되고 과급 압력이 상승된다. 과급 압력이 과도하게 상승하여 과급 압력 센서의 출력 전압이 일정 값 이상이 되었을 경우는 연료를 공급을 정지시킨다.

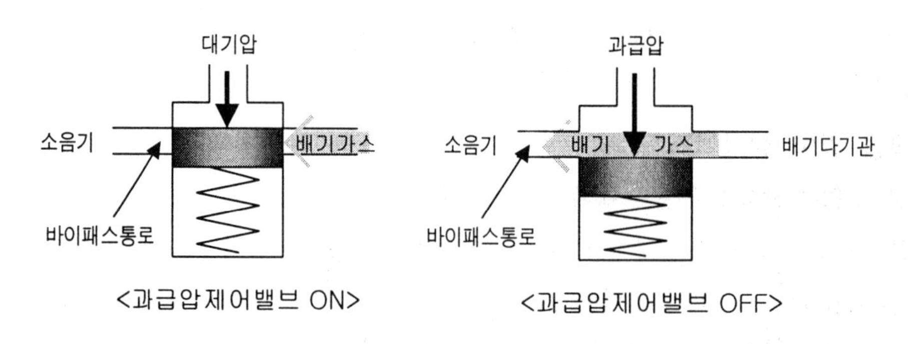

그림2-45 스윙 밸브 컨트롤러의 작동

② 과급 압력 센서의 점검

과급기가 부착된 엔진에서는 유량계와 실린더 사이에서 공기 누설이 없는 것이 중요하다. 또 오일 레벨 게이지, 오일 캡, PCV 호스 등에 누설이 있으면 과급기가 작동을 하여도 과급 압력이 상승하지 못한다.

과급 압력 센서의 점검은 점화(키) 스위치를 ON으로 하고 과급 압력 센서의 진공 호스를 빼내어 대기 개방 상태로 하여 ECU의 PIM-E2 단자 사이의 전압을 측정한다. 이 때 1.5~1.7V 정도가 되면 정상이다. 다음으로 과급 압력 센서에 과급기 압력 게이지를 그림 2-46과 같이 접속하여 1kgf/cm²의 압력이 될 때 ECU의 PIM-E2 단자 사이의 전압이 되는 것을 확인한다. 이 때 기준 값은 약 0.6~1.0V가 되면 정상이다.

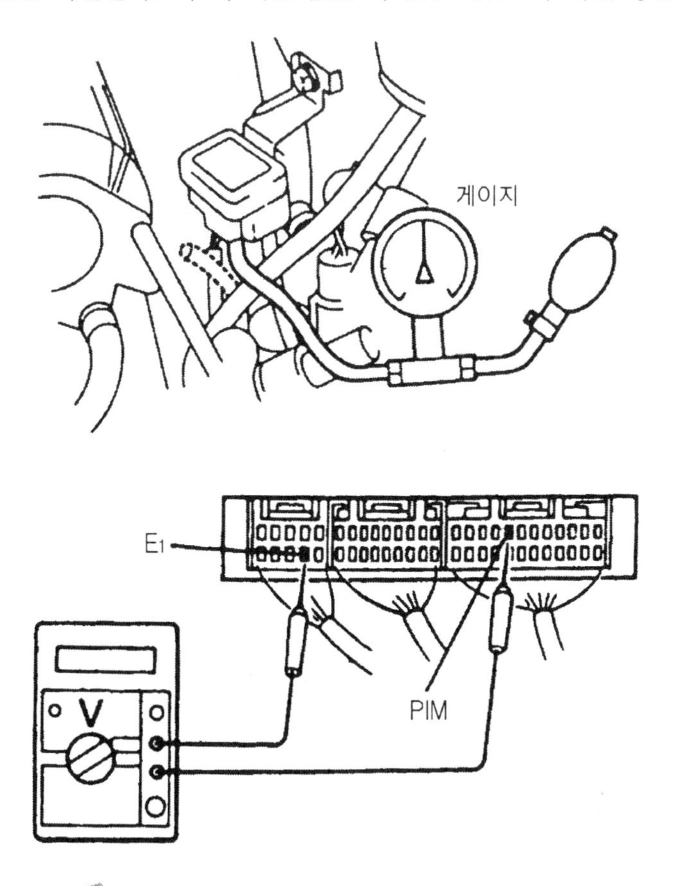

그림2-46 과급 압력 센서는 전용 게이지로 점검

이 전압 점검에서 고장이 나는 경우는 ECU~과급 압력 센서 사이의 와이어 하니스와 커넥터를 점검한다. 정상이면 다음 그림 2-47과 같이 과급 압력 센서의 커넥터를 분리하고 점화(키) 스위치를 ON로 한다. 과급 압력 센서의 커넥터의 와이어 하니스 측 Vc-E2 단자 사이의 전압을 측정한다. 이 때 4.5~5.5 V의 전압이 나오면 센서는 정상이며 ECU에 문제가 있는 것이다. 이 때, 방수 고무가 커넥터에 접착시킨 경우에는 커넥터 뒷부분에서 테스터 봉이 들어가야 하기 때문에 단자를 변형시키지 않도록 주의해야 한다.

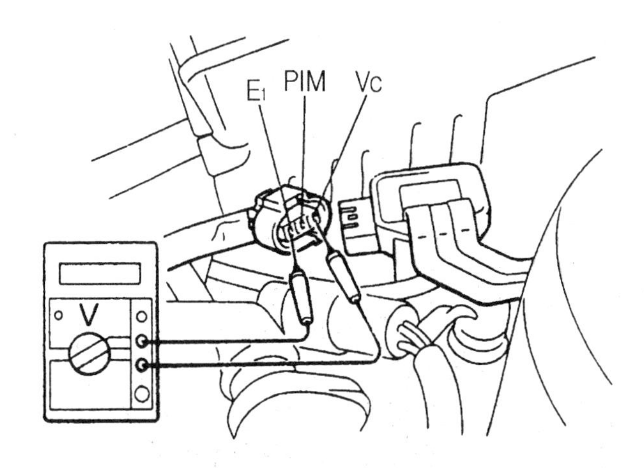

그림2-47 ECU의 고장여부도 판정하여 센서인가 ECU인가를 판단

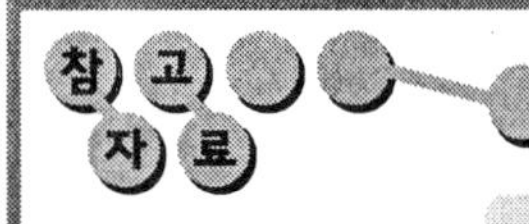

과급기(charger)의 원리

과급기는 대기 압력 상태의 공기나 혼합기의 전부 또는 일부를 실린더 밖에서 미리 압축시켜 밀도가 높은 상태로 변환시킨 후 실린더에 공급하는 것을 말한다. 과급기는 엔진 출력을 증대시키기 위한 것으로 일정한 연소실에 혼합기의 밀도를 증가시켜 보다 큰 폭발력을 얻기 위해서 사용한다. 공기압축기는 배기가스가 배출되면서 터빈을 회전시켜서 동력을 얻게 된다.

2-3 유량 검출용 센서

공기 유량 센서의 개요

유량(流量)은 단위 시간 당 흐르는 공기의 양으로 정의되며, 공기의 양이 체적인 경우에는 체적 유량(體積流量)이고, 질량인 경우에는 질량 유량(質量流量)이 된다. 따라서 유량의 단위는 체적 유량의 경우는 〔ℓ/min〕 또는 〔㎥/s〕이고, 질량 유량인 경우에는 〔kgf/s〕이다. 엔진 제어 장치에서 흡입 공기의 유량은 엔진의 성능, 운전 성능, 연료 소비율 등에 직접적인 영향을 미치는 요소이다. 특히 연료 분사 장치에서는 기화기와 달리 흡입 공기량을 계측하여야만 이에 알맞은 연료량을 공급할 수 있으므로 흡입 공기량을 정확하고, 빠르게 측정하는 것이 매우 중요하다.

② 엔진 제어에서의 유량 측정

엔진 제어에서 측정되는 유량은 흡입 공기의 질량 유량이며, 측정 범위는 대략 10~1000kgf/h 정도이다. 유량 측정 방법에는 간접 계측 방식과 직접 계측 방식의 2가지로 나눌 수 있다.

간접 계측 방식은 스피드-덴시티(speed-density)방식과 스로틀-스피드(throttle-speed) 방식이 있으며, 스피드-덴시티 방식은 흡기다기관 내의 압력(MAP 센서 사용)과 엔진 회전속도로부터 유량을 간접적으로 계측하는 방식이며 D-제트로닉에서 사용하는 흡입 공기량 계측 방법이다. 따라서 엔진 회전속도와 흡기다기관 내의 압력을 알면 흡입 공기의 질량 유량을 알 수 있다(스로틀-스피드 방식은 스로틀 밸브의 열림량과 엔진 회전속도로부터 흡입 공기량을 간접 계측하는 방법이며 많이 사용되지는 않는다.).

직접 계측 방법은 유량계를 이용하여 질량 유량을 직접 계측하는 방법이며, 매스 플로(mass flow) 방식이라고도 하며, L-제트로닉에서 사용한다. 직접 계측 방식에서는 흡기다기관에 흐르는 공기의 속도와 단면적으로부터 체적 유량을 구하고, 온도와 압력을 보상하여 질량 유량을 구하는 방법과 직접 질량 유량을 구하는 방법이다. 흡입 공기의 체적 유량을 측정하는 방법은 베인 방식(vane type), 칼만 와류 방식(karman type)등이 있고, 질량 유량을 검출하는 방식에는 열선 및 열막 방식(hot wire type 또는 hot film type) 등이 있다.

공기 유량 센서의 종류와 특성 및 점검 방법

(1) 칼만 와류 방식(Karman Vortex Type)

① 칼만 와류 방식의 계측 원리

칼만 와류 방식 공기 유량계의 계측 원리는 균일하게 흐르는 유동 부분에 와류(渦流 ; vortex) 발생 장치를 놓으면 칼만 와류라는 와류 열(vortex street ; 渦流列)이 발생하는데 이 칼만 와류의 발생 주파수와 흐름 속도(流速)와의 관계로부터 유량을 계측한다. 따라서 칼만 와류의 발생 주파수를 측정하려면 흐름 속도(w)를 알 수 있고, 흐름 속도와 공기 통로의 유효 단면적의 곱으로부터 체적 유량을 구할 수 있다. 칼만 와류 방식에는 발생 주파수를 검출하는 방식에 따라 거울(mirror) 검출 방식, 초음파 검출 방식, 압력 검출 방식 등이 있다.

그림 2-48은 거울 검출 방식으로 와류 발생 장치 양쪽의 압력 변화를 얇은 금속제의 거울 표면에 압력 유도 구멍을 통하여 유도하여 거울을 진동시킨다. 이 진동하는 거울에 한쌍의 수, 발광 소자를 근접시켜 그 반사광을 신호로 하여 와류를 검출한다.

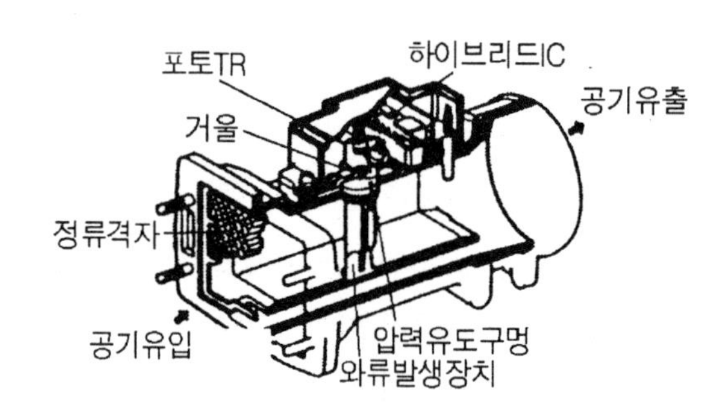

그림2-48 칼만 와류 방식(거울 검출 방식)

그림 2-49는 초음파 검출 방식으로 와류에 의한 공기의 밀도 변화를 이용하여 관로 내에 연속적으로 발신되는 일정한 초음파를 수신할 때 밀도 변화에 의해 수신 신호가 와류의 수만큼 흩어지는 것으로 와류의 발생 주파수를 검출한다.

그림 2-50은 압력에 의한 검출 방식이다. 이 방식은 칼만 와류가 발생할 때 공기량에 따라 발생하는 압력 진동을 압력 센서로 감지하여 칼만 와류와의 발생 주파수를 측정하는 것이다.

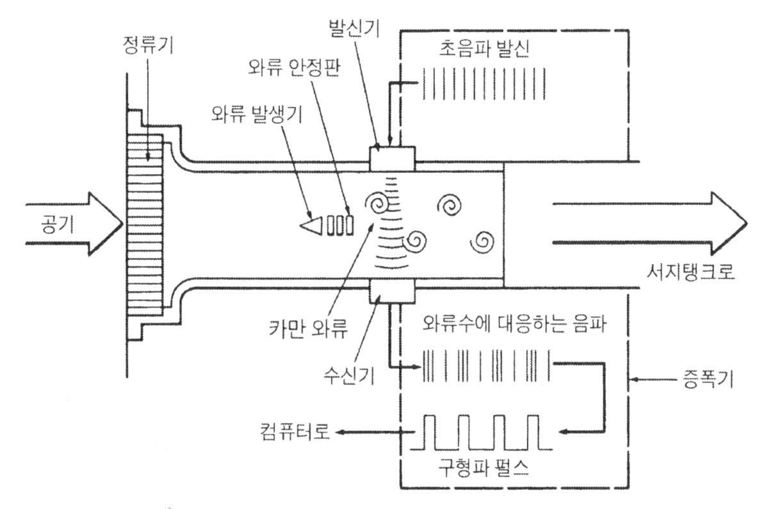

그림2-49 칼만 와류 방식(초음파 검출 방식)

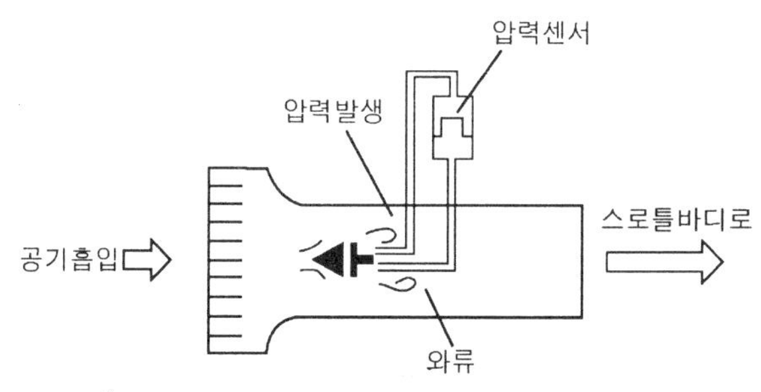

그림2-50 칼만 와류 방식(압력 검출 방식)

그림 2-51은 칼만 와류 방식 공기 유량계의 출력 신호이다. 그림에서와 같이 출력 신호는 디지털(digital)신호이기 때문에 마이크로 프로세서(micro processer)에서 처리하기에 매우 유리한 장점을 지니고 있다. 또한 출력 신호는 흡입 공기량에 비례하는 주파수 신호를 나타낸다. 즉, 공기량이 적을 경우는 주파수가 낮고, 공기량이 증가하면 주파수가 높아지는 특성이 있다.

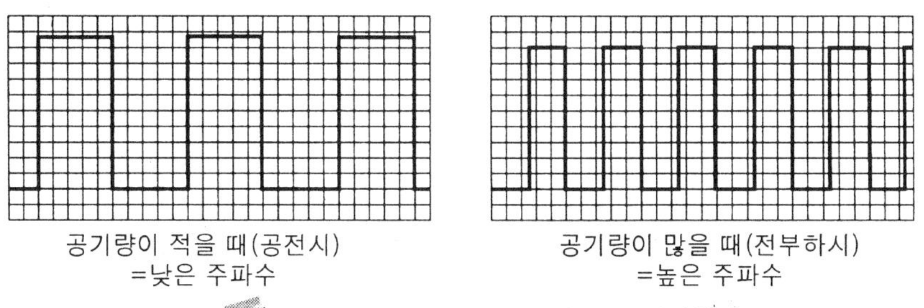

공기량이 적을 때(공전시)
=낮은 주파수

공기량이 많을 때(전부하시)
=높은 주파수

그림 2-51 칼만 와류 방식의 출력 신호

그러나 측정하는 유량이 체적 유량이므로 질량 유량으로 변환하기 위하여 흡입 공기 온도 및 대기 압력에 따른 보정이 필요하다. 그림 2-52는 칼만 와류 방식 공기 유량계의 형상이며, 흡기 온도 센서와 대기 압력 센서가 함께 설치된 것을 볼 수 있다.

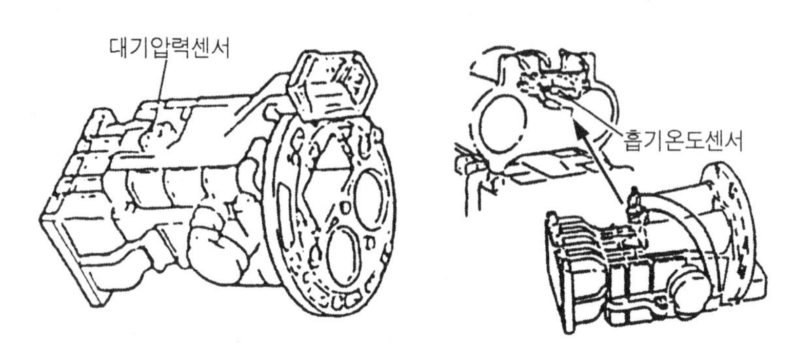

그림2-52 칼만 와류 방식 공기 유량계의 형상

② 칼만 와류 방식의 점검 방법

그림 2-53은 칼만 와류 방식 공기 유량 센서의 회로와 단자를 나타낸 것이다. 이 센서에는 흡기 온도 센서와 대기 압력 센서가 함께 설치되어 있으므로 단자를 확인할 때 주의하여야 한다.

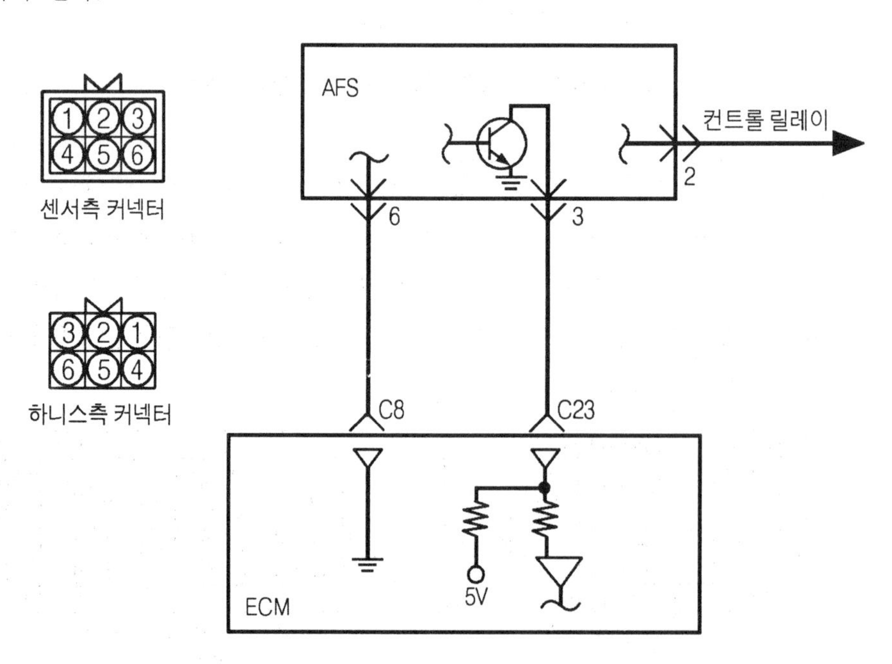

그림2-53 칼만 와류 방식의 회로도 및 단자

㉮ 전압계를 이용하는 방법

그림 2-54는 전압계를 이용하여 출력 전압을 측정하는 방법을 나타내었다. 센서의 입력 전원은 5V이지만 출력 신호가 주파수 특성을 나타내므로 약 2.7~3.2V 정도의 값을 나타낸다. 또한 전원 전압이나 접지 회로의 단선 및 단락 여부를 점검한다.

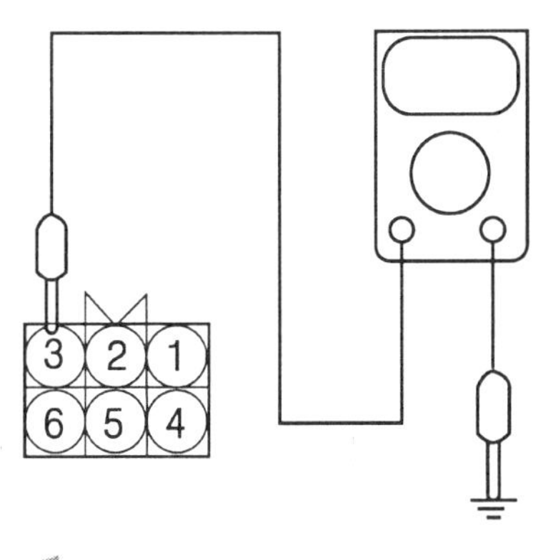

그림2-54 전압계를 이용한 점검

㉯ 하이스캔(Hi Scan)을 이용하는 방법

칼만 와류 방식은 주파수 형태의 출력을 나타내므로 출력 신호를 검출하기 위해서는 파형 시험기를 이용하는 것이 좋다. 그림 2-55는 엔진이 공전할 때의 출력 파형이다. 이 출력 파형에서 주파수를 측정하여 규정 값과 비교하고, 파형의 변화 상태를 점검한다.

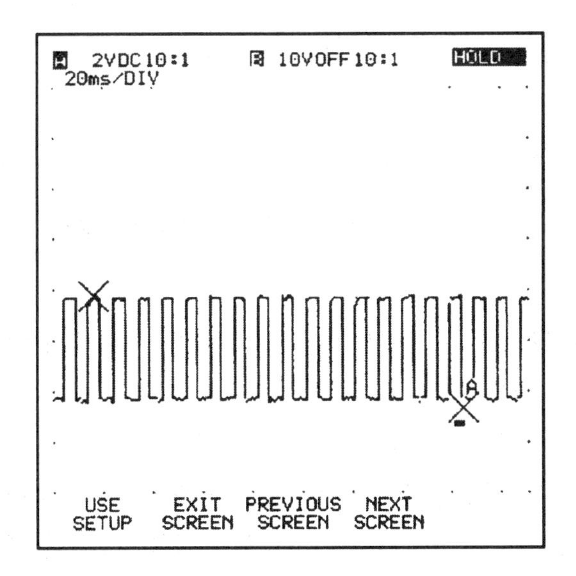

그림2-55 칼만 와류 방식의 출력 파형(공전할 때)

표 2-3 칼만와류방식 공기 유량계의 출력 규정값

점검 항목	점검 조건	엔진 작동 상태	규정값
출력 주파수	• 엔진 냉각수 온도 : 80~95℃ • 각종 등화 장치, 냉각 팬 및 전장 부품 모두 OFF • 변속 레버 중립 • 조향 핸들 직진 위치	750rpm	30~50Hz
		2000rpm	70~130Hz
		주행할 때	주행 상태에 따라 변함

그림 2-56은 칼만 와류 방식의 출력 파형을 의미한다. A부분은 기준 전압을 나타내는 수평선 형태를 이루며, B 부분은 피크-피크 전압(peak to peak)을 나타내는 것으로 기준 전압의 크기와 같다. C는 거의 접지 상태를 나타내는 수평선이다. 이때 접지로의 전압 강하는 0.4V를 초과하지 않아야 한다. 만약, 전압 강하량이 0.4V이상을 초과하는 경우는 센서 또는 컴퓨터에서 접지 불량을 점검한다.

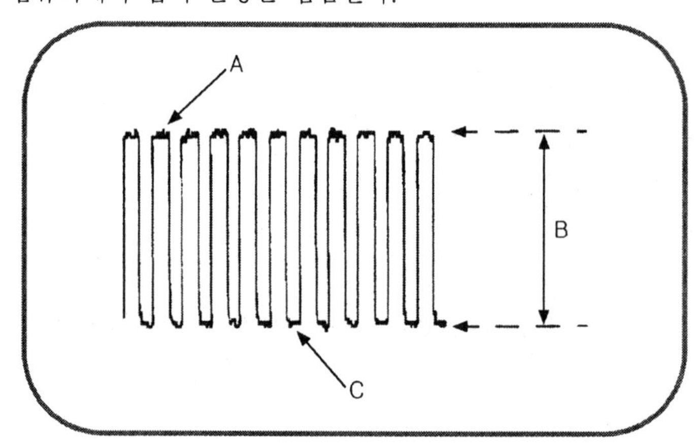

그림2-56 칼만 와류 방식의 출력 파형 분석

(2) 열선 및 열막 방식(hot wire type & hot film type)

① 열선 및 열막 방식의 검출 원리

그림 2-57은 열선 방식 공기 유량 센서의 구조를 나타낸 것이다. 열선(hot wire)은 지름 70㎛의 가는 백금(Pt)선이며, 원통형의 계측 튜브(measuring tube)내에 설치된다. 계측 튜브 내에는 정밀 저항기, 온도 센서 등도 설치되어 있다. 계측 튜브 바깥쪽에는 하이브리드(hybrid)회로, 출력 트랜지스터, 공전 전위차계(idle potentio meter) 등이

설치된다. 하이브리드 회로는 몇 개의 브리지 회로 저항을 포함하고 있으며, 제어 회로와 크린 버닝(clear burning)기능을 한다. 공전 전위차계는 공전할 때 공연비를 조정하기 위해 사용되며, 온도 센서는 흡입 공기의 온도를 보상하기 위해 사용한다.

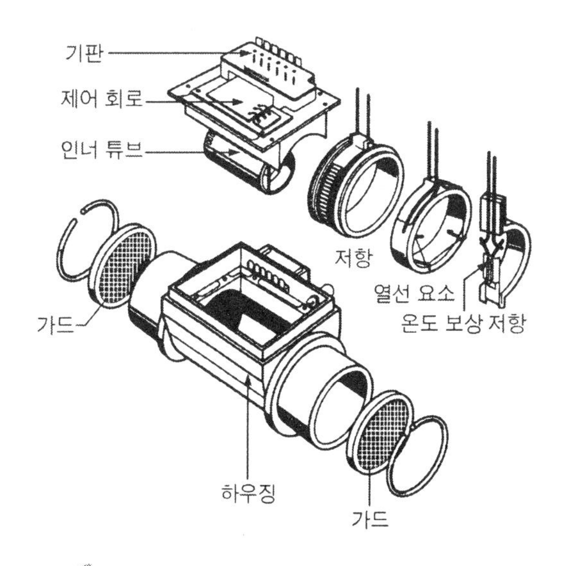

그림2-57 열선 방식 공기 유량계의 구조

즉, 같은 유량의 공기가 공급되더라도 공기가 차가울 때에는 따뜻할 때보다 열선의 발열량이 커지게 되므로 전류가 많이 공급되어 오류가 발생할 수 있다. 따라서 온도 센서를 이용하여 흡입 공기의 온도가 변화하더라도 정확하게 계측하기 위하여 사용된다. 그리고 공기의 흐름 중에 발열체를 놓으면 공기에 열을 빼앗기게 되므로 발열체는 냉각되고, 발열체 주위를 통과하는 공기량이 많으면 그 만큼 빼앗기는 열량(熱量)도 증가한다. 열선 방식 공기 유량계는 이와 같이 발열체와 공기와의 사이에서 일어나는 열 전달 현상을 이용한 것이다. 그림 2-58은 열선 방식 공기 유량계의 계측 원리를 나타낸 것이다.

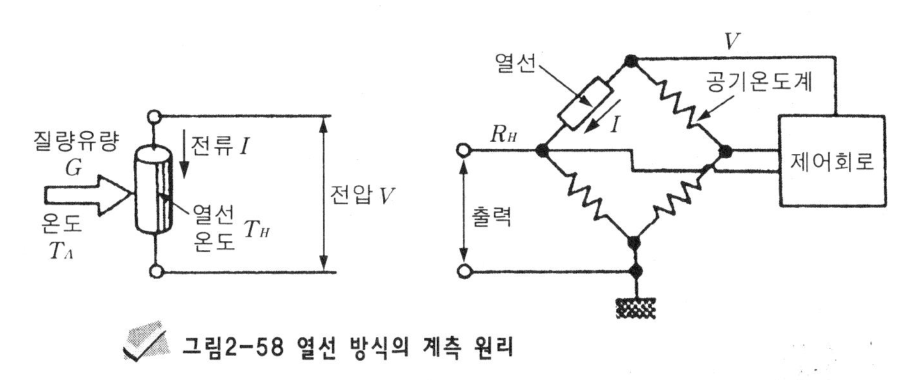

그림2-58 열선 방식의 계측 원리

열선 방식 공기 유량계에서 열선은 브리지 회로의 일부를 구성하며, 제어 회로는 흡입 공기의 온도와 열선의 온도 차이를 일정하게 유지할 수 있도록 제어한다. 즉, 공기 유량이 증가하면 열선은 냉각되고 저항은 감소한다. 이에 따라 브리지 회로의 전압 관계가 변화하며, 제어 회로는 전류를 증가시켜 열선의 온도가 원래의 설정 온도가 되도록 한다. 출력 전압은 질량 유량의 함수이므로 공기 밀도의 변화에 따른 보정이 필요 없다. 또한 출력 신호는 아날로그 신호이며, 그림 2-59와 같다.

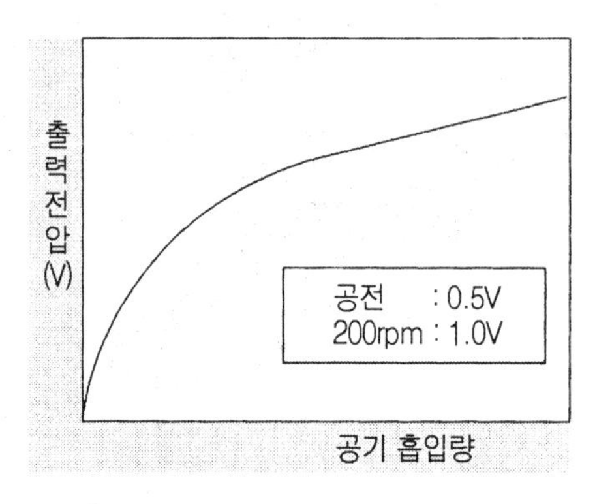

그림2-59 열선 방식의 출력 특성

열선 방식 공기 유량계의 특성은 흡입 공기의 질량 유량을 직접 정확하게 계측할 수 있으며, 응답 성능이 빠르고 고도(高度)의 변화나 흡입 공기의 변화에 대한 보정이 필요 없는 장점이 있다. 그러나 열선에 오염 물질이 부착되면 측정 오차가 발생할 수 있는 단점이 있다. 이를 방지하기 위하여 엔진의 작동이 정지될 때마다 일정 시간 동안 높은 온도로 가열하여 청소를 하며 이를 크린 버닝이라 한다. 열선 방식의 단점을 보완하여 등장한 것이 열막 방식 공기 유량계(Hot Film type Air Flow Sensor)이다. 열막 방식은 열선 방식의 백금 열선, 온도 센서, 정밀 저항기 등을 세라믹(ceramic) 기판(基板)에 층저항(層 抵抗)으로 집적(集積)시킨 것이며, 계측 원리는 열선 방식과 같다. 열막 방식은 열선 방식에 비하여 열 손실이 적기 때문에 작게 하여도 되며, 오염 정도가 낮다.

② 열막 방식의 회로 구성 및 단자

그림 2-60은 열막 방식 공기 유량 센서의 회로도 및 단자 구성을 나타낸 것이다. 1번 단자가 센서의 출력 신호를 나타내며, 2번 단자는 센서 전원 단자이며, 3번 단자는 센서의 접지이다. 그러나 차종에 따라 단자의 기능이 변화할 수 있으므로 해당 차량의 정비 지침서를 반드시 확인하여야 한다.

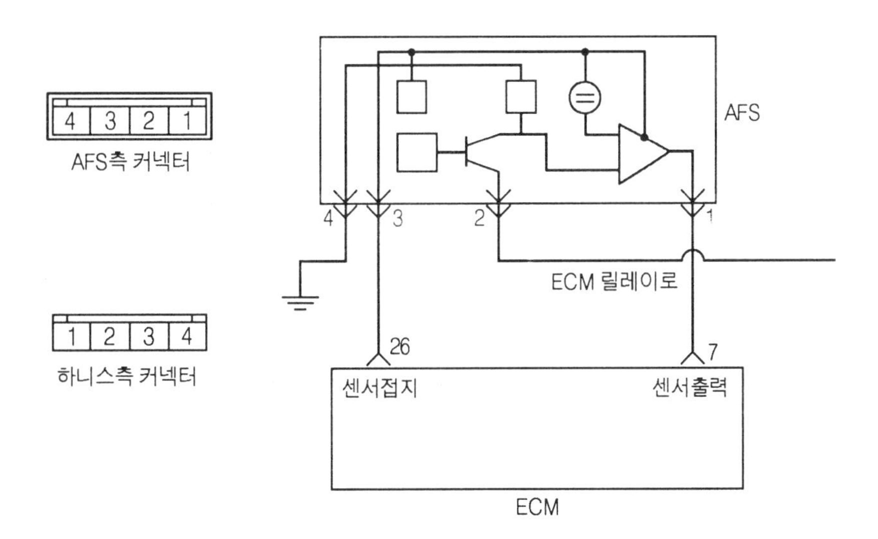

그림2-60 열막 방식의 회로도 및 단자의 구성

③ 열막 방식의 점검 방법

㉮ 전압계를 이용하는 방법

그림 2-61은 전압계를 이용하여 센서의 출력 전압을 측정하는 것을 나타낸 것이다. 이때 하니스 쪽의 2번 단자에서 센서 전원 점검을, 3번 및 4번 단자에서 접지 회로의 단선을 점검한다.

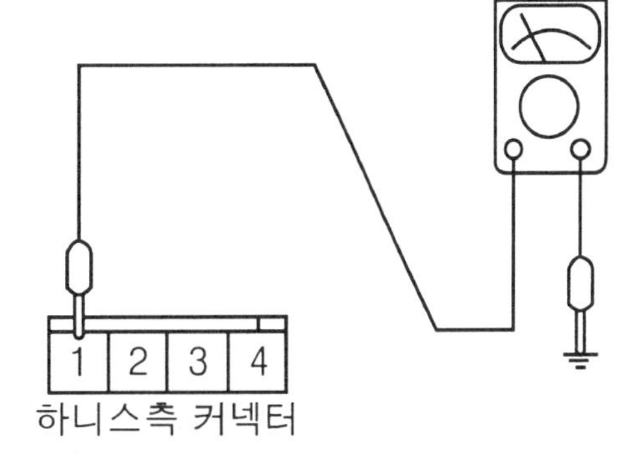

그림2-61 열막 방식의 출력 전압 측정 예

표 2-1 열막방식 공기유량센서의 출력 전압 규정값

점검 항목	엔진 종류	규정 값(공전할 때)
출력 전압	α 1.5 DOHC 엔진	0.7~1.1V(At 800rpm)
	δ 2.5 V6 DOHC 엔진	0.5±0.5V(At 700rpm)
	σ 3.0 V6 DOHC 엔진	0.5±0.5V(At 700rpm)

㈏ 하이스캔을 이용하는 방법

그림 2-62는 엔진이 공전할 때 출력 파형을 측정한 예이다.

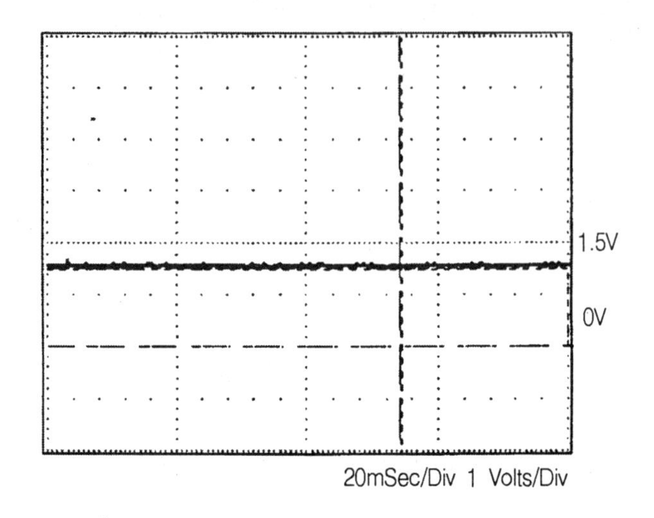

그림2-62 열막 방식의 출력 파형(2000rpm)

흡입 공기량의 변화가 없는 경우 출력은 일정한 전압을 나타낸다. 그림 2-63은 흡입 공기량이 변화하는 경우를 측정한 것이다.

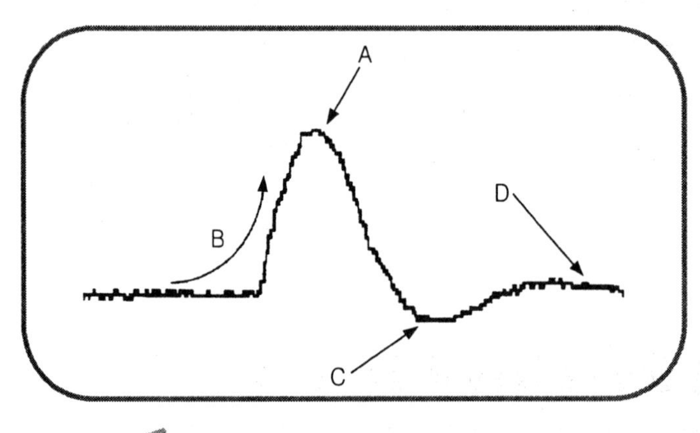

그림2-63 열막 방식의 출력 파형 분석

그림 2-63에서 A는 스로틀 밸브가 완전히 열린 상태(WOT)로 최대 가속을 나타낸다. B는 흡기다기관으로 들어오는 공기량이 증가하고 있음을 나타내며, C는 공회전할 때 들어오는 공전 보상 흡입 공기의 흐름을 나타내며, D는 공기 플랩의 움직임에 의한 감쇠 작용이다. 일반적으로 흡입 공기가 증가함에 따라 출력 전압이 증가한다.

④ 열선 및 열막 방식의 고장 진단

열선 및 열막 방식 공기 유량 센서는 다음과 같은 내용을 점검하도록 한다.

㉮ 엔진의 작동이 가끔 정지하는 경우에는, 작동하는 상태에서 센서의 하니스를 흔들어본다. 이때 작동을 멈추면 공기 유량 센서 커넥터의 접촉 불량으로 판단할 수 있다.

㉯ 점화 스위치가 ON(엔진의 시동이 걸리지 않은 상태)에서 공기 유량 센서의 주파수가 OHz가 아니면 공기 유량 센서 또는 컴퓨터의 결함으로 판단할 수 있다.

㉰ 공기 유량 센서의 주파수(또는 센서 출력 전압)가 규정 값을 벗어난 경우라도 엔진이 공회전을 한다면 센서 자체를 제외한 다음과 같은 결함을 고려한다.

- 공기 흡입 호스의 분리 또는 공기 청정기 엘리먼트의 막힘 등에 의한 공기 유량 센서 내의 공기 흐름이 방해를 받는 경우
- 점화 플러그, 점화 코일, 인젝터의 결함, 불완전한 압축 압력 등에 의한 실린더 내의 불완전 연소
- 흡기다기관에서 공기 누출
- 배기가스 재 순환(EGR) 밸브의 밀착 불량

⑤ 열선 및 열막 방식의 고장일 때 나타나는 현상

㉮ 크랭킹은 가능하나 엔진 시동 성능이 불량하다.

㉯ 공전할 때 엔진의 회전 상태가 불안정하다.

㉰ 공전을 하거나 주행 중에 시동이 꺼진다.

㉱ 주행 중 가속력이 떨어진다.

㉲ 공기 유량 센서의 출력 값이 부정확할 때 자동 변속기에서 변속할 때 충격이 발생할 수 있고, 완전히 고장이 나면 변속 지연이 발생할 수 있다.

(3) 베인 방식 공기 유량 센서

① 베인 방식의 구조와 검출 원리

베인 방식 공기 유량 센서는 가솔린 분사 장치의 에어 클리너와 스로틀 밸브의 사이에 설치되며 흡입 공기량을 계측하여 전기신호로 바꾸어 컴퓨터에 보내고 컴퓨터가 연료의 분사량을 결정하는 방식으로 되어 있다. (L 제트로닉) 이 센서를 흔히 에어 플로 미터(air flow meter)라 부른다. 이 센서는 베인(메저링 플레이트(majoring plate라고도 함)과 포텐쇼미터(potentiometer)로 구성되어 있다.

그림 2-64는 베인 방식 센서의 베인 부분의 절단 모델과 구조도이다. 또한 그림 2-65는 베인 방식 센서의 포텐쇼미터의 절단 모델과 구조도이다.

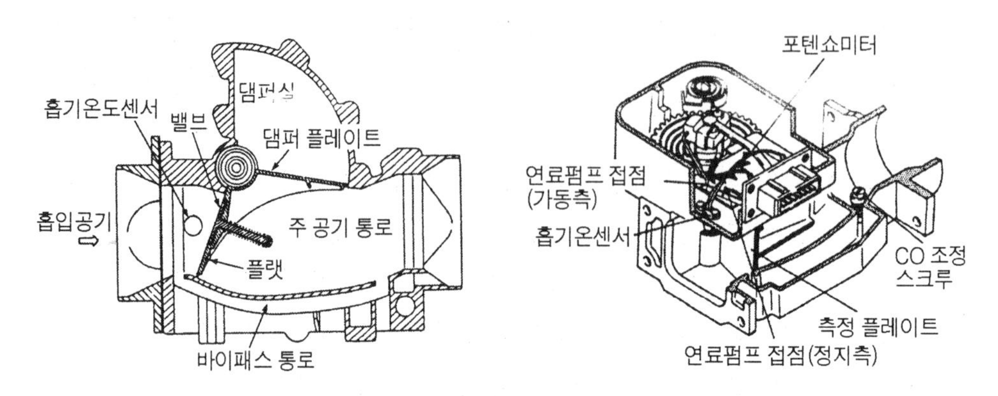

그림2-64 베인방식의 베인 부분의 구조

그림2-65 베인 방식의 포텐쇼미터의 구조

에어클리너를 통과한 공기가 베인을 눌러 열고 베인은 흡입 공기량과 리턴 스프링이 균형을 유지한 각도까지 회전한다. 즉 베인이 열리는 각도는 흡입 공기량에 비례한다. 그림 2-66은 베인과 같은 축으로 연결된 포텐쇼미터로 베인의 열림 정도를 슬라이딩 저항을 사용하여 전기 신호로 변환하여 컴퓨터에 보낸다. 그리고 엔진 정지한 경우 연료 펌프용 접점은 떨어져서 연료 펌프는 작동하지 않는다. 한편 엔진이 시동되어 베인이 어느 정도의 각도에 다다르면 접점은 닫히게 되고 연료 펌프는 작동한다.

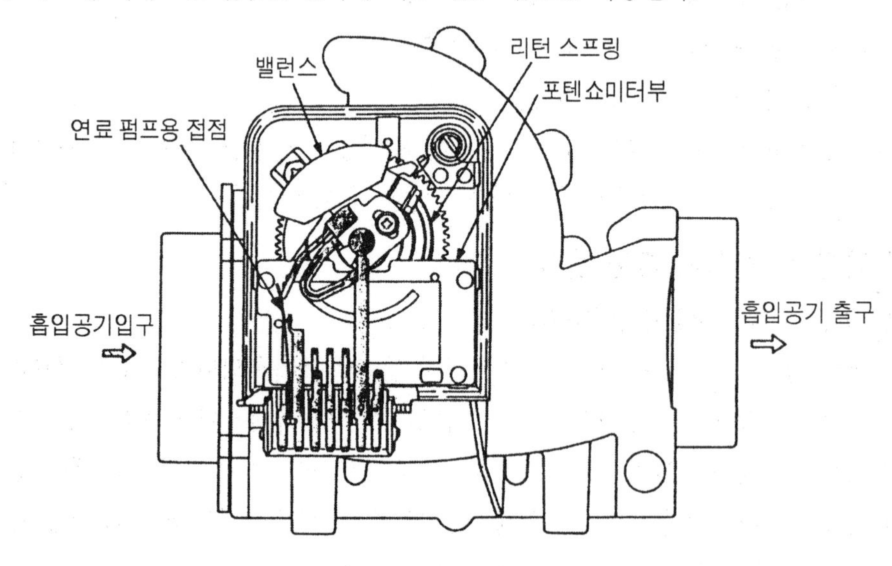

그림2-66 포텐쇼미터 정면도

그림 2-67은 포텐쇼미터의 내부 회로를 나타낸 것이다. 포텐쇼미터는 공기 흐름의 중간에 베인(vane)을 설치하고 이 베인의 위치 변화 상태를 포텐쇼미터로 검출하여 전압으로 변환하는 장치이다. 이 경우 전압 비는 흡입 공기량에 역 비례하여 변화한다. 초기의 EGI나 EFI는 이 전압 비에 의한 제어를 수행하였으나 그 후 전압 값 검출에 의한 제어로 변경되고 있다. 전압 값의 검출은 그림 2-68(1)에서 V_B에 배터리 전압이 걸려 있기 때문에 V_C를 설치하여 V_B-E_2 사이와 V_C-V_S 사이의 전압 비로 검출하고 있다. 즉, 다음과 같다.

$$\text{흡입 공기량} = U_S \quad (V_C-V_S)/\ U_B(V_B-E_2)$$

또한 포텐쇼미터의 움직임에 의해 변화하는 전압을 흡입 공기량으로서 검출하고 있는 것이 전압 값 검출이다. 그림 2-68(2)에서 V_C에 일정한 전압 (+5V)을 가하면 흡입 공기량의 변동에 의해 슬라이더가 움직여 V_S -E_2 사이의 전압 변화가 직접 흡입 공기량 값이 되고 슬라이더 전압은 컴퓨터에서 AD변환되어 디지털 신호로서 검출된다. 슬라이더 전압과 흡입 공기량은 비례하고 있기 때문에 직선적으로 검출되는 것이 이 검출법의 특징이다. 그림 2-69에 전압 비례 검출과 전압 값 검출을 비교하고 있다.

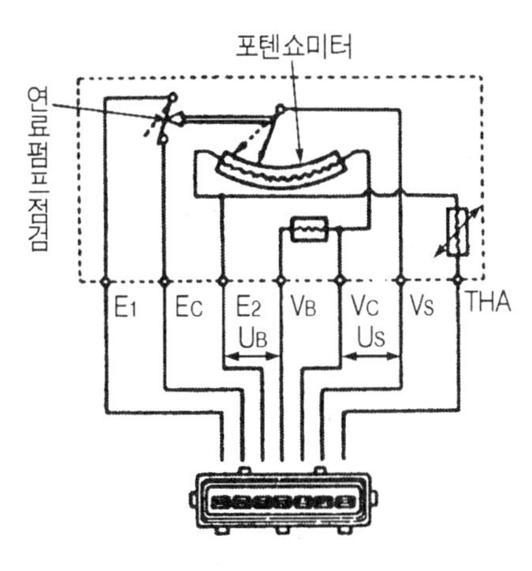

그림2-67 포텐쇼미터의 내부 회로

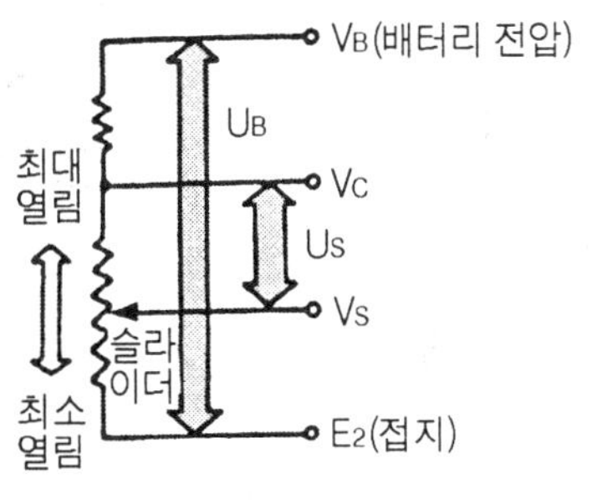

(1) 전압비 검출

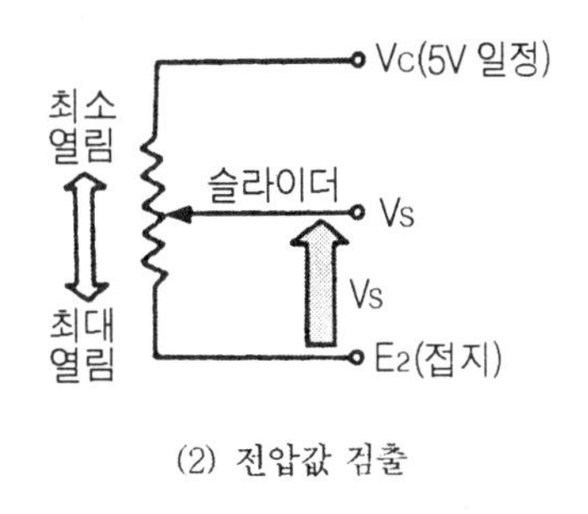

(2) 전압값 검출

그림2-68 전압비와 전압의 검출

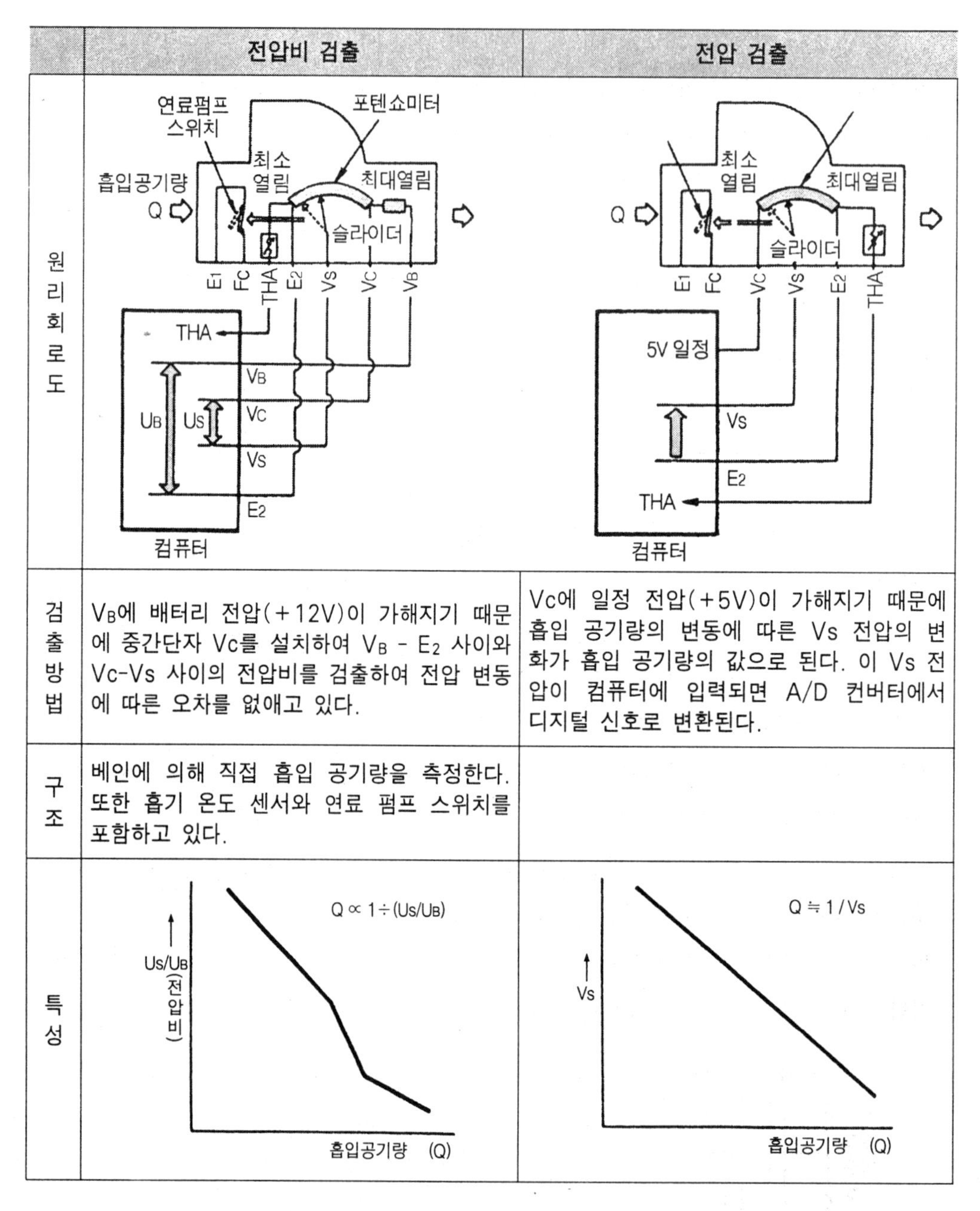

	전압비 검출	전압 검출
원리회로도		
검출방법	VB에 배터리 전압(+12V)이 가해지기 때문에 중간단자 Vc를 설치하여 VB - E2 사이와 Vc-Vs 사이의 전압비를 검출하여 전압 변동에 따른 오차를 없애고 있다.	Vc에 일정 전압(+5V)이 가해지기 때문에 흡입 공기량의 변동에 따른 Vs 전압의 변화가 흡입 공기량의 값으로 된다. 이 Vs 전압이 컴퓨터에 입력되면 A/D 컨버터에서 디지털 신호로 변환된다.
구조	베인에 의해 직접 흡입 공기량을 측정한다. 또한 흡기 온도 센서와 연료 펌프 스위치를 포함하고 있다.	
특성		

그림2-69 전압비 검출과 전압 검출의 비교

② 베인 방식 센서의 점검

EFI의 공기 유량계에 사용되고 있는 센서이다. 공기 유량계 Vc 신호계통이 단선, Vs-E2 계통이 단락, E_2 계통 단선, Vc-Vs 계통 사이의 단락 등을 고려해야 한다.

이 들의 점검은 점화(키) 스위치를 ON으로 하고 그림 2-70과 같이 ECU의 Vs-E_2 단자의 전압을 측정한다. 베인을 조금씩 열면서 전압을 측정한다. 이 때의 기준 값은 베인이 완전히 닫힌 때는 4.0~5.5V, 베인이 완전히 열린 때는 1.0V이하로 된다. 베인의 열림 정도가 커짐에 따라서 전압이 감소한다.

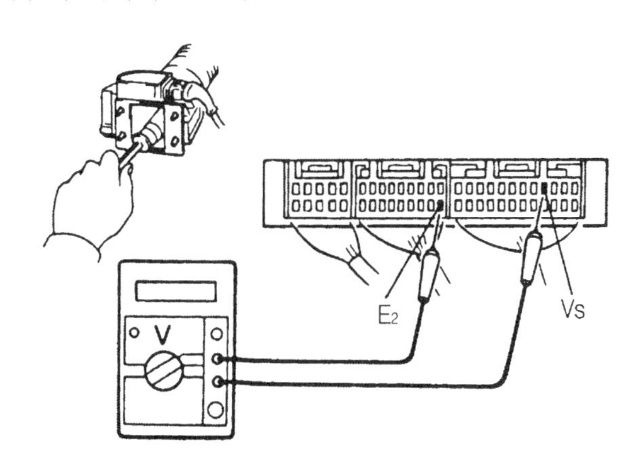

그림2-70 베인 방식 센서는 베인을 움직이면서 점검

고장은 ECU~공기유량계 사이의 와이어 하니스, 커넥터를 점검하고 잘못된 부분은 수정하거나 교환한다. 이것에 문제가 없으면 그림 2-71과 같이 공기유량계의 커넥터를 빼고 점화(키) 스위치를 ON로 한다. 그리고 ECU와 Vc-E_2 단자 사이의 전압을 측정한다. 이 때의 기준 값은 4.5~5.5V 이다. 이것이 정상이 아니면 공기 유량계 어셈블리를 교환한다.

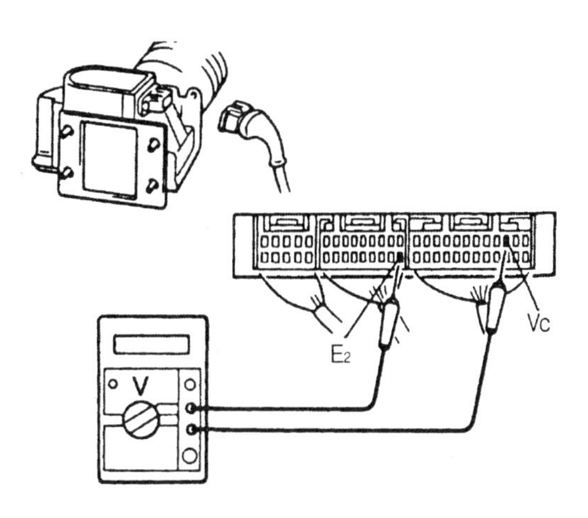

그림2-71 ECU 고장여부를 확인하여 판정

공기 유량 센서의 특성 비교

그림 2-72는 공기 유량 센서의 출력 신호를 비교한 것이다. 베인 방식(vane type)은 출력 전압이 흡입 공기 체적에 반비례하며 아날로그 신호이다. 칼만 와류 방식은 출력 신호가 흡입 공기 체적에 비례하는 주파수 신호이며 디지털 신호이다. 또한 열선 방식은 흡입 공기 질량의 4승근에 비례하는 아날로그 신호이다.

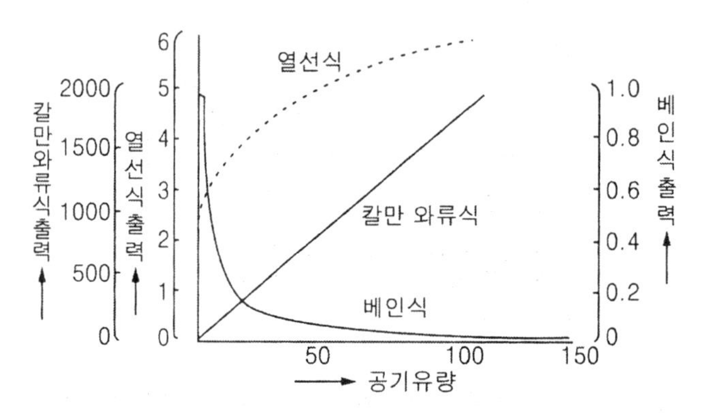

그림2-72 공기 유량 센서의 출력 신호 비교

2-4 위치 및 회전각도 검출용 센서

엔진 제어에서의 위치 및 회전각 센서

엔진 제어에서의 위치 정보를 제공하는 센서는 스로틀 밸브의 열림 정도를 나타내는 스로틀 위치 센서(TPS ; Throttle Position Sensor), 일부 공전 속도 제어장치에서의 모터 위치 센서(MPS ; Motor Position Sensor), 배기가스 재순환 장치에서 EGR 밸브 위치 센서, 크랭크 각 위치 센서(CPS ; Crank shaft Position Sensor), 캠축 위치 센서(phase sensor) 등이 사용된다. 이와 같은 센서는 엔진 제어에서 엔진 부하 상태에 대한 정보를 제공하고, 연료 분사 및 점화 시기의 결정, 공전 속도 조정과 배기가스 재순환 제어 등에서 매우 중요한 역할을 한다. 위치를 검출하기 위한 계측 원리는 일반적으로 전위차계(電位差 計 ; potentio meter), 저기 저항 홀(hall)효과, 전자 유도, 광학적인 방법 등이 사용된다.

(1) 전위차계(Potentio meter)

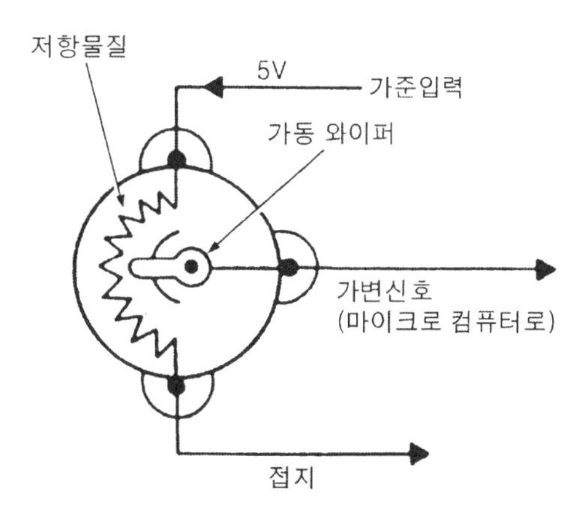

그림2-73 전위차계의 구조

전위차계는 저항선이나 저항 물질로 만든 일종의 가변 저항기이다. 그림 2-73은 전위차계의 구조를 나타낸 것이다. 전원 공급 단자와 접자 단자, 미끄럼 운동을 하는 와이퍼에 연결된 신호 단자로 구성되어 있다.

전원 공급 단자와 접지 단자 사이의 저항은 전위차계 전체의 저항이 되며 변화지 않는다. 그러나 신호 단자와 접지 단자 사이의 저항은 미끄럼 운동하는 와이퍼가 움직임에 따라 변화되며, 이것은 공급된 일정한 전압을 분압된 형태로 신호를 발생한다. 이러한 전위차계를 이용한 센서는 스로틀 위치 센서, 모터 위치 센서, EGR 밸브 위치 센서 등이 있으며, 베인 방식 공기 유량계도 전위차계를 이용한다.

그림 2-74는 스로틀 위치 센서의 작동 예를 나타낸 것이다. 스로틀 밸브의 열림 정도는 전위차계의 미끄럼 운동 기구를 움직이고, 미끄럼 운동 기구의 움직임에 따라 신호 단자에서 출력 전압이 발생한다. 즉 스로틀 밸브가 완전히 열리면 높은 전압(공급 전압 가까이)이 나오고, 완전히 닫히면 낮은 전압(0V 가까이)이 나온다. 스로틀 밸브가 이들 사이에 있으면 공급 전압과 0V사이의 값을 출력한다.

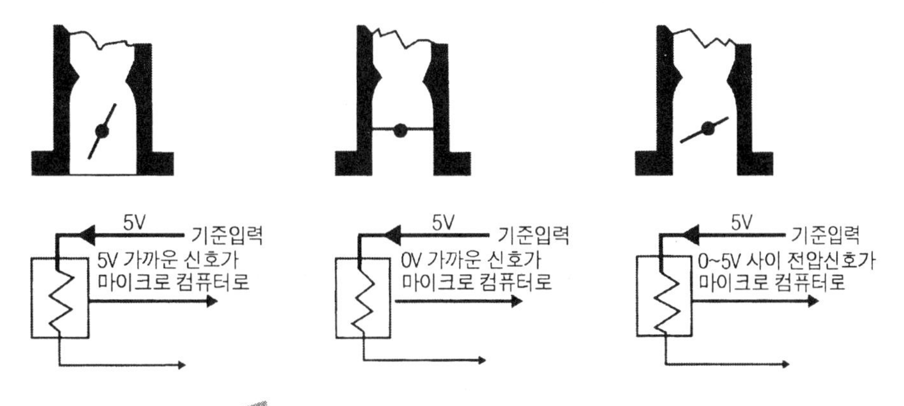

그림2-74 스로틀 위치 센서의 작동 예

스로틀 위치 센서에는 선형 방식(linear type)과 스위치 방식(switch type)이 있다. 그림 2-75는 선형 방식의 구조와 회로를 나타내었다. 이 방식은 스로틀 밸브와 연동(連動)하여 움직이는 2개의 브러시가 있고, 1개의 접점이 저항 물체 위를 미끄럼 운동하여 움직이는데 따라 스로틀 밸브의 열림 정도 대응하는 선형(線型)적인 출력 전압을 얻을 수 있다. 또한 스로틀 밸브의 완전 닫힘 상태를 검출하기 위한 공전 접점이 있다. 그림 2-75는 선형 방식 스로틀 위치 센서의 출력 특성을 나타낸 것이다.

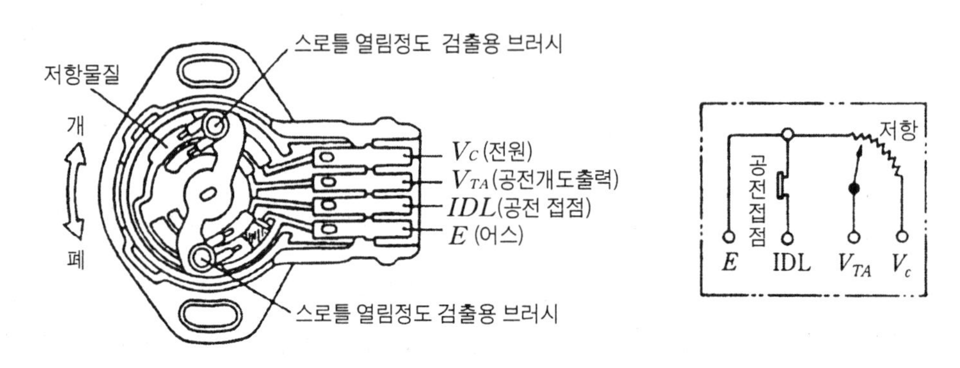

그림2-75 선형 방식 스로틀 위치 센서의 구조

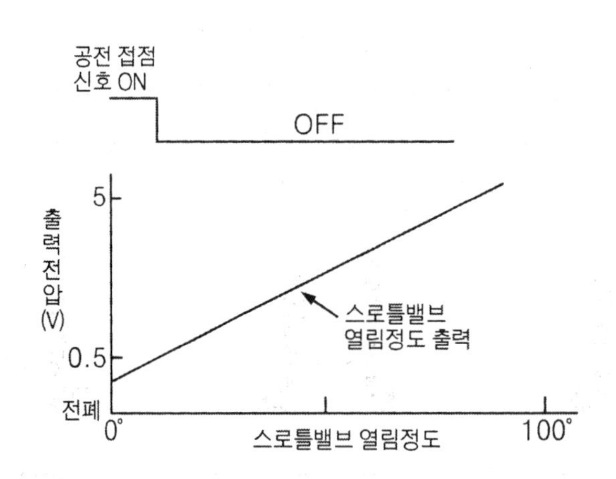

그림2-76 선형 방식 스로틀 위치 센서의 출력 특성

그림 2-77은 배기가스 재순환 장치에서 EGR 밸브의 위치를 검출하는 EGR 밸브 위치 센서의 작동예를 나타내었다.

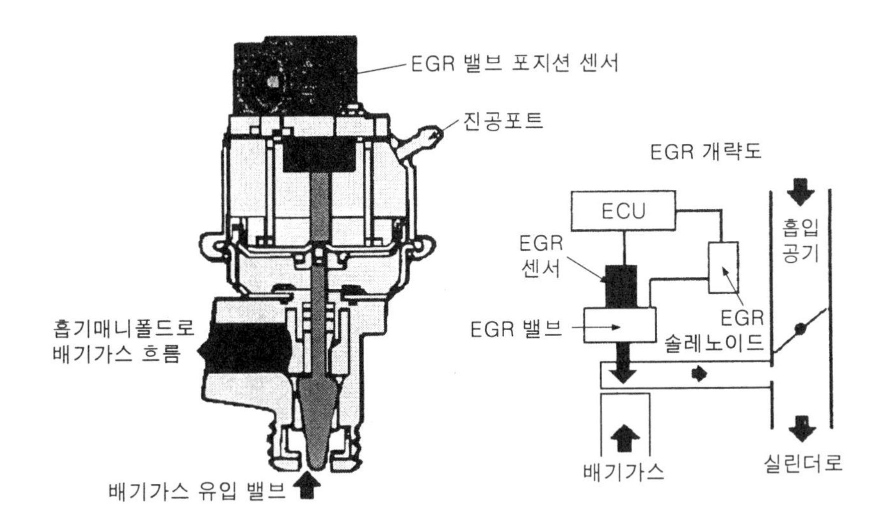

그림2-77 EGR 밸브 위치 센서의 작동 예

(2) 자기 저항형 센서(Reluctance Sensor)

그림 2-78은 자기 저항형(磁氣 抵抗型) 회전 센서의 구조를 나타낸 것이며, 타이밍 로터(timing rotor)와 로터의 바깥쪽에 설치된 픽업 코일(pick up coil), 자석 등으로 구성되어 있다.

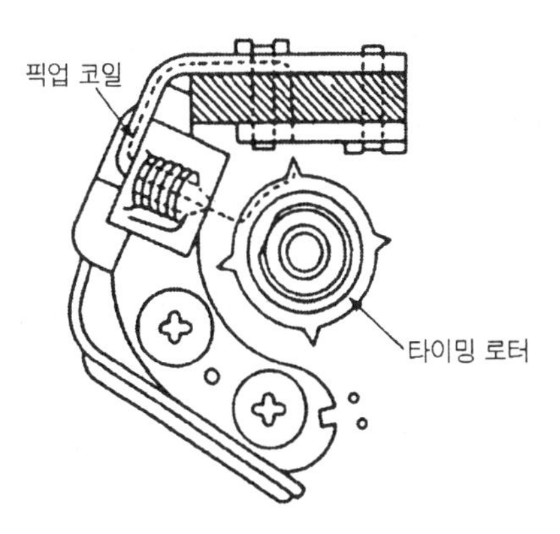

그림2-78 자기 저항형 센서의 구조

그림 2-79에서와 같이 자석의 자속(磁束)은 타이밍 로터를 거친 후 픽업 코일을 통과하고 있으며, 타이밍 로터가 회전하면 로터 돌기 부분의 간극이 변화하기 때문에 픽업 코일을 통과하는 자속량이 변하게 된다. 이때 자속량의 변화에 상응하여 전압이 코일의 양끝에 발생하며, 발생 전압은 자속의 변화를 방해하는 방향으로 발생하므로 교류 전압(交流電壓)의

형태로 나타난다. 이때 픽업 코일에서 전압이 유기되기 위해서는 자속이 변화하고 있어야 한다는 점이 중요하다. 즉, 엔진이 작동되지 않을 때에는 자속의 변화가 없으므로 출력 전압이 0이 되기 때문에 엔진을 작동하여야만 위치를 알 수 있고 타이밍을 맞출 수 있다.

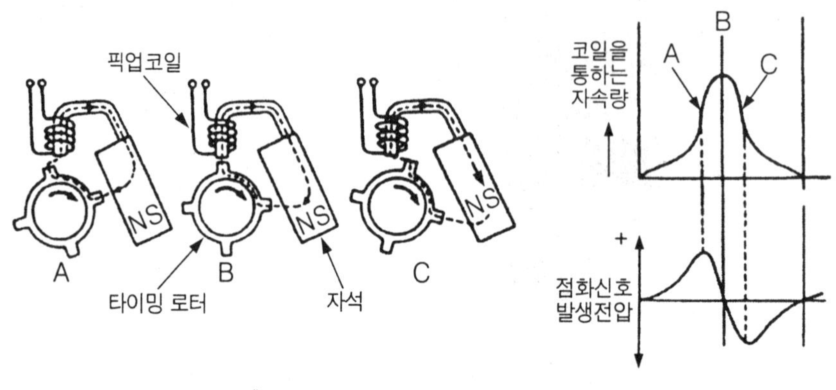

그림2-79 픽업 코일의 전압 발생

(3) 홀 센서(Hall Sensor)

홀 센서는 홀 효과(hall effect)를 이용한 것으로 캠축의 위치를 측정하는 경우에 많이 사용된다. 그림 2-80은 홀 효과를 나타낸 것이며, 홀 소자는 작고 얇으면 평평한 반도체 물질로 만들어진다. 2개의 영구 자석 사이에 도체를 직각으로 설치하고 도체에 전류를 공급하면 도체 내의 전자(電子)는 공급 전류와 자속의 방향에 대해 각각 직각 방향으로 굴절되어 한쪽은 전자 과잉 상태가 되고 다른 한쪽은 전자 부족 상태가 되어 양끝에 전위차가 발생되는 현상을 홀 효과라 한다. 이때 발생 전압은 전류와 자장(磁場)의 세기에 비례, 전류가 일정할 경우 자장의 세기에 비례하는 출력을 발생하지만 전압이 약하여 증폭하여 사용한다. 이 홀 센서는 자기 저항형 센서와 비슷하지만 자기 저항형 센서는 엔진이 작동하지 않을 경우에도 출력을 발생하지만 홀 센서는 이런 점을 해결하였다.

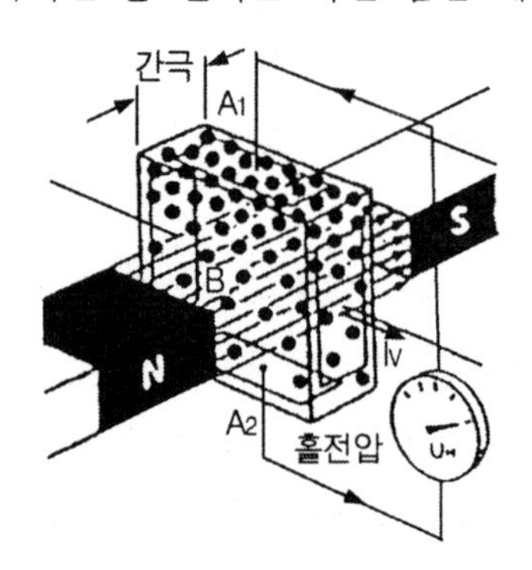

그림2-80 홀 효과

(4) 전자 유도 방식 회전 센서

전자 유도 방식 회전 센서는 영구 자석, 코일, 코어 등으로 구성되어 있으며, 그림 2-81은 크랭크 각 위치 센서의 구조와 출력 신호를 나타내고 있다.

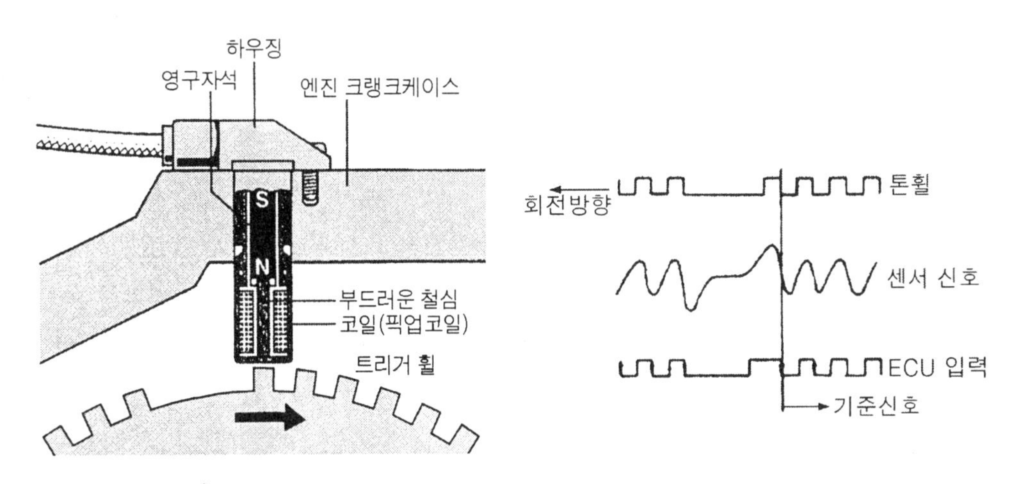

그림2-81 전자유도방식 크랭크 각 센서의 구조와 출력 특성

(5) 광학 방식 회전 센서

그림 2-82는 광학 방식 크랭크 각 센서를 나타낸 것이며, 발광 다이오드(LED ; Light Emission Diode)와 포토 다이오드(Photo Diode) 및 틈새(slit) 등으로 구성되어 있다. 발광 다이오드를 통하여 나온 빛은 슬릿을 통하여 포토 다이오드로 감지된다. 이때 슬릿이 회전하면 빛이 차단되어 포토 다이오드는 출력을 발생하지 못하게 된다. 센서의 특성은 그림 2-83과 같으며, 디지털 신호를 출력한다.

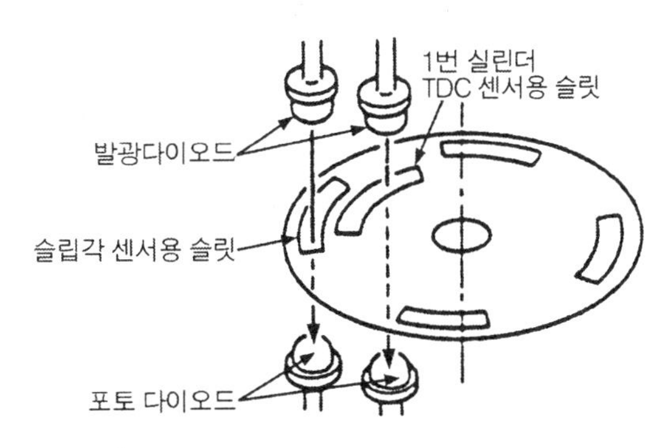

그림2-82 광학 방식 크랭크 각 센서

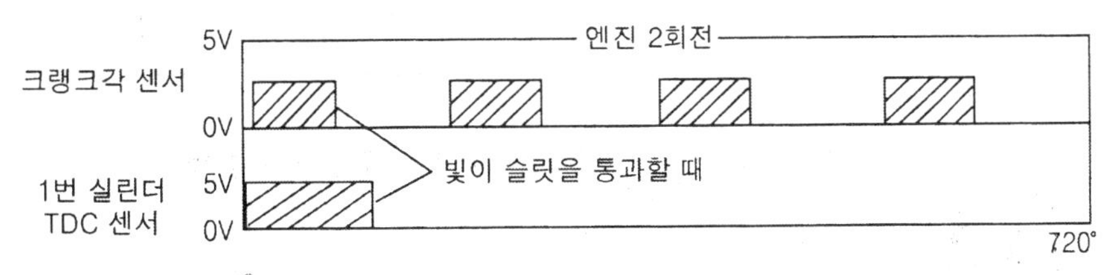

그림2-83 광학 방식 크랭크 각 센서의 출력 특성

위치 및 회전각도 센서의 점검

(1) 스로틀 위치 센서(TPS ; Throttle Position Sensor)

스로틀 위치 센서는 스로틀 보디에 설치되어 스로틀 밸브의 열림 정도를 검출한다. 엔진의 컴퓨터는 이 출력 전압으로 엔진의 부하 상태를 판정하여 연료 분사 및 점화 시기 등의 제어에 이용한다.

① 스로틀 위치 센서의 계측 원리

스로틀 밸브의 열림 정도에 따라 가변 저항 방식 전위차계의 출력 전압이 변화하고 이를 이용하여 스로틀 밸브의 열림 정도를 검출한다. 구조에 따라 선형 방식과 스위치 방식 등이 있으며, 스로틀 밸브의 완전 닫힘(공회전)과 완전 열림(WOT)상태를 검출할 수 있는 접점이 함께 설치된 경우도 있다.

② 스로틀 위치 센서의 회로 구성 및 단자

그림 2-84는 스로틀 위치 센서의 회로 및 단자를 나타낸 것이다. 1번 단자는 센서의 출력 신호이며, 2번은 접지, 3번은 센서 전원 입력 단자이다.

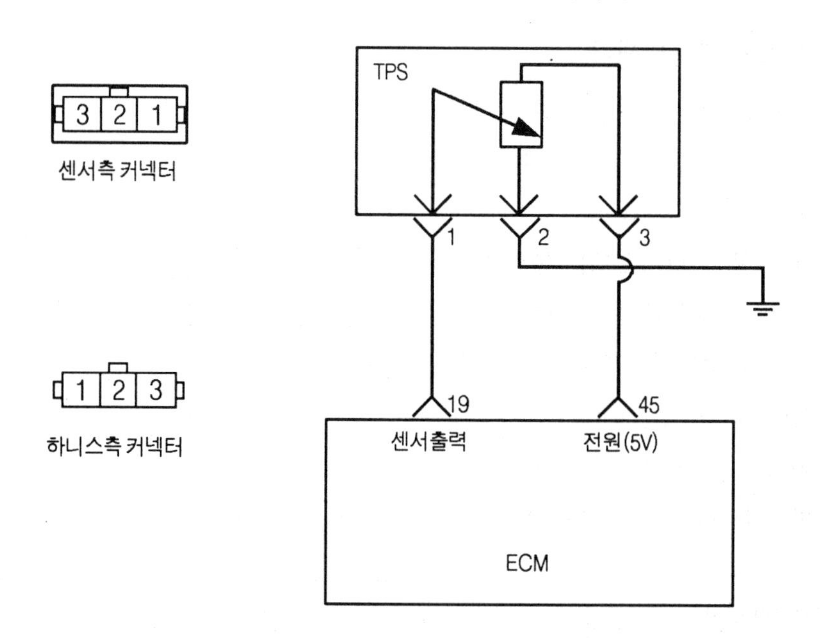

그림2-84 스로틀 위치 센서의 회로 및 단자 구성 예

③ 스로틀 위치 센서의 점검 방법

스로틀 위치 센서는 일종의 가변 저항기이므로 저항을 먼저 점검한다. 즉, 스로틀 위치 센서의 커넥터를 분리하고, 센서 전원 입력 단자와 접지 단자 사이의 저항값을 측정하여 해당 엔진의 규정 값과 비교 점검한다. 적용되는 모델에 따라 규정 값이 다르므로 반드시 해당 엔진의 정비 지침서를 참조하여야 한다. 전압계를 이용하여 점검하는 경우에는 점화 스위치 ON 상태에서 센서 전원 입력 단자에서 5V의 전압이 작용하는 지를 점검하고, 센서의 출력 전압은 공전할 때 규정 값은 약 0.4~0.9V 정도이다. 또한 스로틀 밸브를 서서히 작동시켜 출력 저항 또는 출력 전압의 변화를 관찰한다. 출력 신호의 변화가 없거나 규정 값이 벗어나면 단선 및 단락 유무를 점검하고 스로틀 위치 센서를 교환한다.

그림 2-85는 파형 시험기로 측정한 공전할 때의 출력 파형이다. 출력 신호의 파형으로부터 순간적인 단선 및 단락 유무와 신호의 시간에 따른 변화 상태를 점검한다. 그림에서 A 부분은 출력 신호가 접지로 순간적인 단락 또는 전위차계 저항 물체의 간헐적인 단선 상태를 나타낸다. B 부분은 스로틀 밸브의 완전 열림 상태(WOT)로 최대 전압을 나타내고 있다. C 부분은 출력 전압이 증가하고 있는 것으로 스로틀 밸브가 열리고 있음을 나타낸다. D 부분은 출력 전압이 감소되고 있는 것으로 스로틀 밸브가 닫히고 있음을 알 수 있다. E 부분은 스로틀 밸브가 닫힌 상태로 최소 전압을 나타내고 있다. F 부분은 스로틀 밸브가 완전히 닫힌 상태에서 점화 스위치 ON일 때 DC 오프셋(off-set)전압을 나타내고 있다.

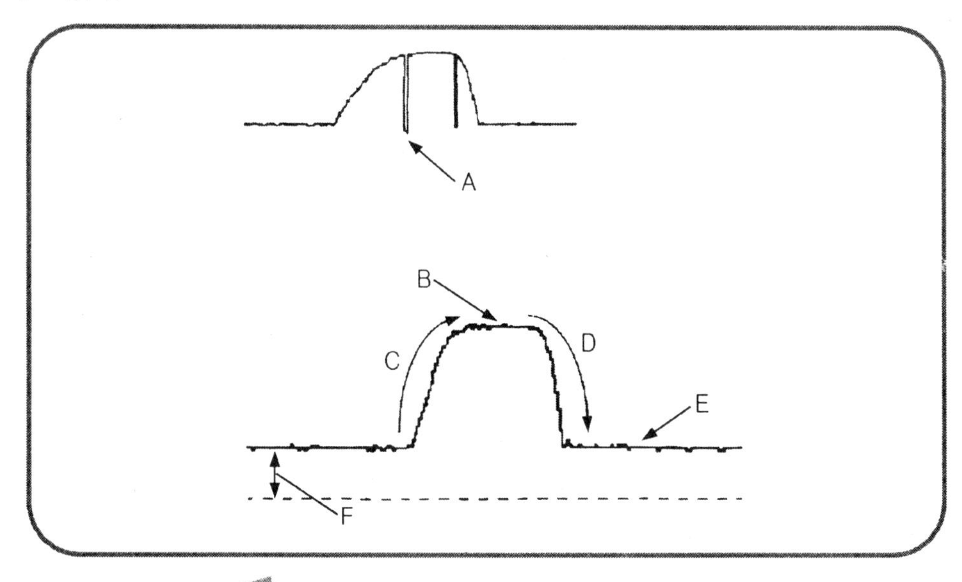

그림2-85 스로틀 위치 센서의 파형 분석

④ **스로틀 위치 센서가 고장일 때 나타내는 현상**

㉮ 공전할 때 엔진 회전속도 상승 및 부조 현상이 발생한다.

㉯ 주행할 때 가속력이 떨어진다.

㉰ 연료 소모가 많다.

㉱ 일산화탄소(CO), 탄화수소(HC) 배출량이 증가한다.

(2) 크랭크 각 센서(Crank Angle Sensor)

크랭크 각 센서는 엔진 회전속도 및 크랭크 각의 위치를 감지하여 연료 분사시기 및 연료 분사 시간과 점화 시기 등의 기준 신호를 제공한다. 크랭크 각의 위치를 검출하는 방법에는 여러 가지 방법이 있지만 현재 주로 사용되는 방식은 마그네틱 픽업(magnetic pick up)과 톤 휠(tone wheel)등을 이용한 전자 유도 방식 크랭크 각 센서와 발광 다이오드(LED) 및 포토 다이오드 등으로 구성된 광학 방식 등이 사용된다. 그림 2-86은 전자 유도 방식 크랭크 각 센서의 설치 예를 나타낸 것이며, 그림 2-87은 광학 방식 크랭크 각 센서의 설치 예이다.

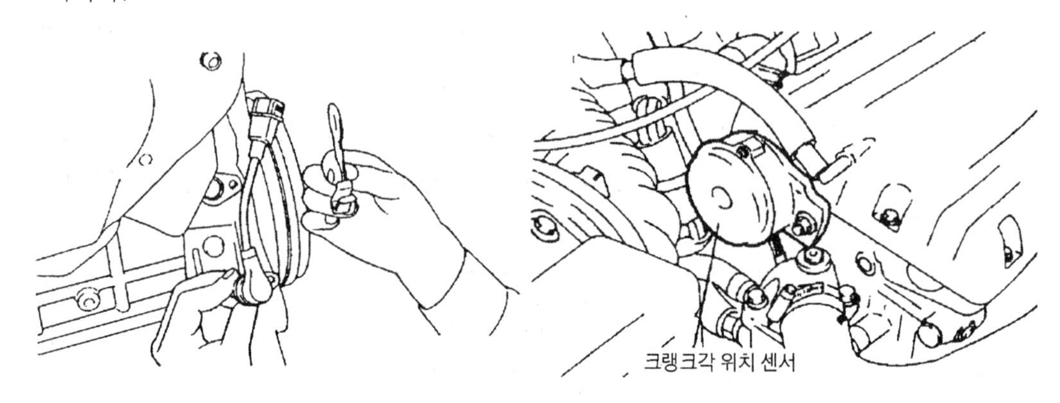

그림2-86 전자유도방식 크랭크각 센서의 설치예 그림 2-87 광학방식 크랭크각 센서의 설치예

① **크랭크 각 센서의 측정 개요**

㉮ 전자 유도 방식 크랭크 각 센서

전자 유도 방식 크랭크 각 센서는 크랭크축에 설치된 톤휠(또는 타킷 휠이라고도 함)에 여러 개의 돌기(장치마다 다르며 일반적으로 6°간격으로 58개의 돌기를 설치하고, 2개를 제거하고 참조점으로 사용하는 경우도 있다.)를 설치하고 돌기 가까이 센서를 설치한다. 따라서 엔진이 작동됨에 따라 크랭크축에 함께 설치된 톤휠이 회전하고 이에 따라 센서 내의 자속이 변화하며 전압 신호를 발생한다. 이때 돌기와 센서 사이의 간격이 매우

중요하다. 즉, 규정 간극보다 작을 경우에는 정상적인 출력 신호보다는 높은 전압이 발생하여 고속 운전에서 불안정한 상태를 발생시킬 수 있으며, 반대로 규정보다 간극이 클 때에는 정상적인 출력 신호보다 낮은 출력 전압을 발생하여 크랭킹할 때 문제가 발생할 수 있다. 따라서 크랭크 각 센서를 설치할 때에는 규정 토크와 규정 간극을 정확히 하여 설치하는 것이 매우 중요하다.

㈏ 광학 방식 크랭크 각 센서

광학 방식 크랭크 각 센서는 엔진 회전속도를 광 센서를 이용하여 검출하는 것이며, 발광 다이오드와 포토 다이오드 및 빛 통과용 슬릿으로 구성되어 있다. 또한 1번 실린더 상사점(TDC)를 검출하기 위한 센서도 함께 설치되어 있다. 발광 다이오드는 전원을 공급받으면 빛을 발생시키고 포토 다이오드는 빛을 받으면 전압을 발생한다. 따라서 크랭크축과 동기되어 회전하는 슬릿에 의하여 엔진 회전에 따라 슬릿의 수만큼 펄스 신호를 발생한다. 이 펄스 신호로부터 엔진 회전속도를 계측하는 것이다.

② 회로 구성 및 단자

㈎ 전자 유도 방식 크랭크 각 센서

그림 2-88은 전자 유도 방식 크랭크 각 센서의 회로 및 단자를 나타낸 것이다. 1번 단자는 접지, 2번과 3번 단자는 센서의 출력 신호를 발생한다.

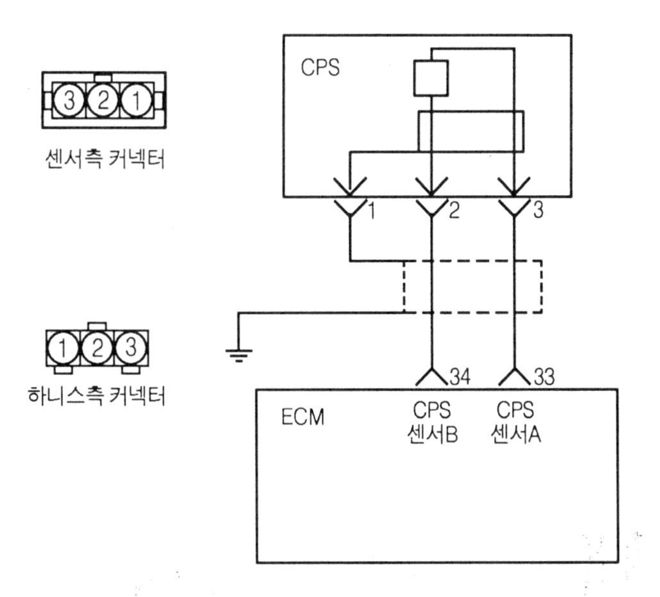

그림2-88 전자유도방식 크랭크 각 센서의 회로 및 단자 구성 예

㉯ 광학 방식 크랭크 각 센서

그림 2-89는 광학 방식 크랭크 각 센서의 회로 및 단자 구성 예이다. 광학 방식 크랭크 각 센서는 1번 실린더 상사점 검출용 센서를 같이 포함하고 있다. 1번 단자는 접지이고, 2번 단자는 센서 전원 입력 단자, 3번 단자는 1번 실린더 상사점 검출 신호, 4번 단자가 크랭크 각 위치 출력 신호를 나타낸다.

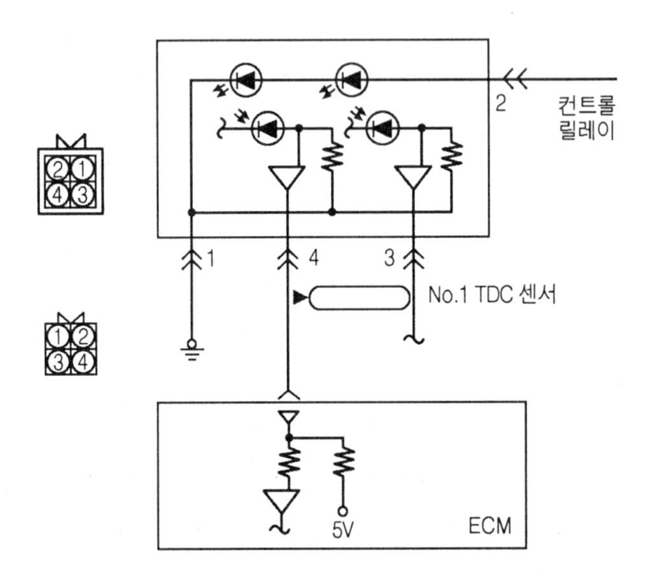

그림2-89 광학 방식 크랭크 각 센서의 회로 및 단자 예

③ 크랭크 각 센서의 점검 방법

예상하지 못한 충격이 주행할 때 느껴지거나 공전할 때 엔진의 작동이 갑자기 정지하는 경우에는 크랭크 각 센서의 하니스를 흔들었을 때 엔진의 작동이 정지한다면 센서 커넥터의 접촉 불량을 점검한다. 전자 유도 방식 크랭크 각 센서의 경우에는 엔진이 크랭킹 상태에서 타코미터의 지침이 0 rpm이라면 크랭크 각 센서의 자체 또는 점화 장치 쪽의 결함을 점검한다. 엔진의 크랭킹 상태에서 회전속도계의 지침이 0rpm이고 시동이 되지 않으면 점화 코일 또는 컴퓨터 내의 파워 트랜지스터의 고장을 점검한다.

광학 방식 크랭크 각 센서의 경우에는 점화 스위치 ON 상태(시동은 걸지 않은 상태)에서 크랭크 각 센서의 펄스 신호가 출력되면 크랭크 각 센서 또는 컴퓨터의 결함을 점검한다. 엔진의 시동이 걸리지 않을 때 크랭킹할 때 센서의 출력 신호가 0rpm이라면 크랭크 각 센서의 결함이나 타이밍 벨트의 끊어짐을 점검한다. 또한 크랭크 각 센서의 회전속도가 규정 값을 벗어나고, 공전이 가능하다면 수온 센서의 고장, ISC(Idle Speed Control)-서보(servo)의 고장 등을 점검한다. 디지털 회로 시험기를 사용하여 센서의 단선 및 단락 유무를 점검하고, 커넥터의 접촉 상태를 점검한다. 크랭크 각 센서는 주기적인 신호를 나타내므로 파형 시험기를 이용하여 출력 파형을 점검하는 것이 필요하다.

그림 2-90은 엔진 회전속도 2000rpm에서 전자 유도 방식 크랭크 각 센서의 출력 파형을 측정한 것이고, 그림 2-91은 공전할 때(780rpm) 출력 파형을 측정한 것이다. 그림에서 출력 전압은 엔진 회전속도에 따라 변화하고 있음을 알 수 있다. 즉, 2000rpm일 경우에는 약 6V 정도이고, 공전할 때에는 약 2.7V정도이다.

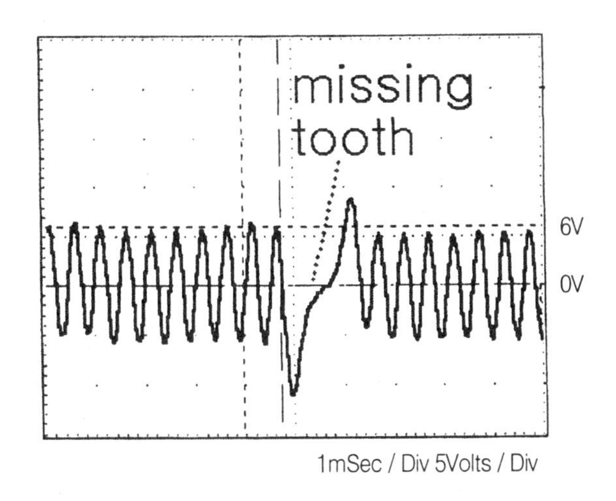

그림2-90 전자유도방식 크랭크 각 센서의 출력 파형(2000rpm)

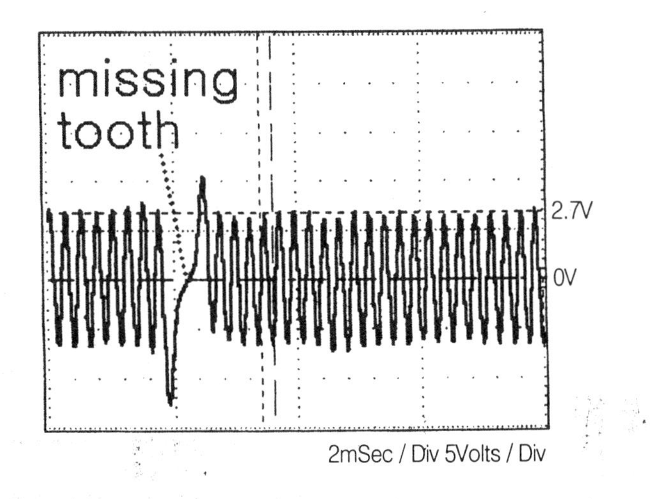

그림2-91 전자유도방식 크랭크 각 센서의 출력 파형(공전 상태)

그리고 주파수를 보면 2000rpm일 때에는 약 2kHz이고, 공전할 때에는 약 78Hz이다. 따라서 톤 휠의 돌기 숫자가 60개라면 이것으로부터 엔진 회전속도를 다음의 공식으로부터 계산할 수 있다. 주파수(f)는 주기(T)의 역수(逆數)이므로 엔진 회전속도(N ; rpm)는 아래 식과 같다.

$$\text{엔진 회전속도(N)} = \frac{1}{\text{T}\times\text{돌기 수}} \times 60$$

그림 2-90과 그림 2-91에서 미싱 투스(missing tooth)로 표시된 부분은 참조점을 나타내기 위해 톤 휠에서 돌기를 없앤 부분이다.

그림 2-92는 전자 유도 방식 크랭크 각 센서의 출력 파형 분석을 나타내고 있다. 그림 2-92에서 A 부분은 최대 전압을 나타낸 것이며, 각각의 파형이 같은 값을 나타낸다. 만약 어느 하나가 다른 것보다 작다면 톤 휠의 돌기가 파손되었거나 구부러진 것을 나타낸다. B 부분은 최소 전압을 나타내는 것으로 A 부분의 경우와 같다. 또한 톤 휠의 돌기 부분과 센서의 감지 부분 사이의 틈새가 일정하여야 하며, 틈새가 규정 값을 벗어나는 경우 파형에 나타나는 출력 전압의 크기도 달라진다.

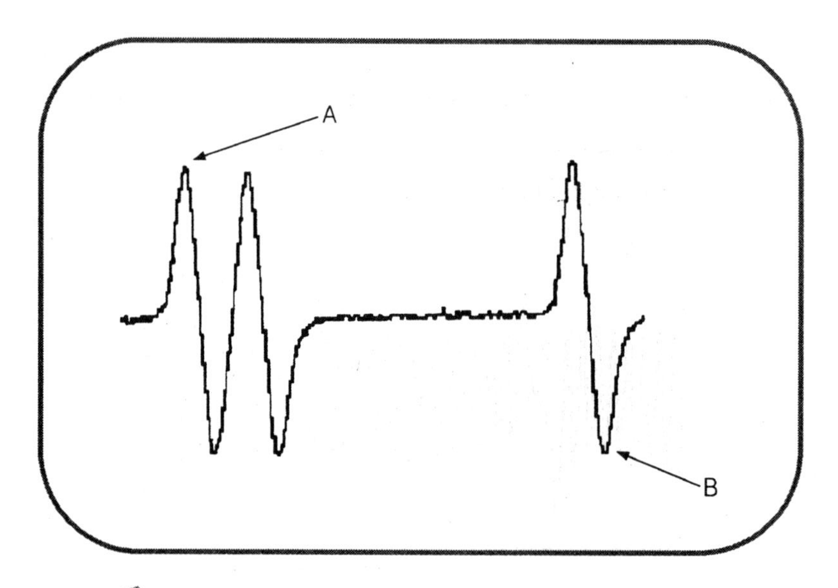

그림2-92 전자유도방식 크랭크 각 센서 출력 파형 분석

그림 2-93은 광학 방식 크랭크 각 센서의 출력 파형이다. 광학 방식 센서는 크림에서와 같이 디지털 펄스 형태의 출력 파형을 발생한다. 그림 2-93에서 A 부분은 기준 전압을 나타낸 것이며 일정한 수평선을 나타내며, B 부분은 출력 신호가 OFF되는 순간으로 직각의 수직선을 나타낸다. C 부분은 피크-피크(peak to peak)전압으로 기준 전압과 같다. D 부분은 거의 접지 상태를 나타내는 것으로 일정한 수평선을 나타낸다. 그리고 엔진 회전속도가 증가할수록 주파수가 증가한다.

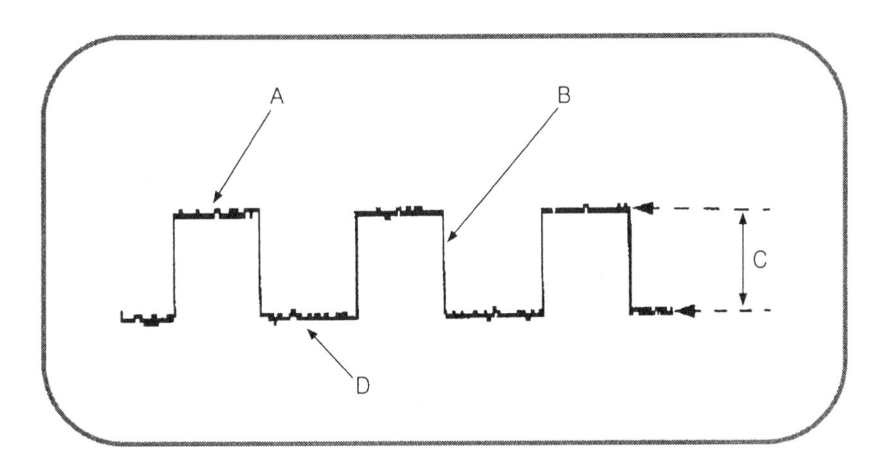

그림2-93 광학 방식 크랭크 각 센서의 출력 파형 분석

④ **크랭크 각 센서가 고장일 때 나타나는 현상**

㉮ 크랭킹은 가능하지만 엔진 시동이 어렵다.

㉯ 연료 펌프의 구동이 어렵다.

㉰ 점화 플러그에서 불꽃이 발생하기 어렵다.

㉱ 주행할 때 엔진이 가끔 정지되고, 재 시동할 때 엔진 시동이 어렵다.

(3) 캠축 위치 센서(Cam Shaft Position Sensor)

캠축 위치 센서는 1번 실린더의 압축 행정 상사점을 감지하는 것으로 각 실린더를 판별하여 연료 분사 및 점화 순서를 결정하는데 사용한다. 따라서 제조 회사에 따라서 1번 실린더 상사점 센서 또는 페이스 센서(phase sensor)등으로 부르며, 일부는 홀 효과(hall effect)를 이용하는 센서의 경우는 홀 센서라 부르기도 한다. 크랭크 각 센서와 같은 측정 원리를 사용하며, 홀 효과를 이용하는 것과 광학 방식 센서의 경우는 크랭크 각 센서와 함께 설치되기도 한다.

① **캠축 위치 센서의 측정 개요**

캠축 위치 센서는 캠축에 설치된 돌기가 캠축과 같이 회전하면서 홀 센서의 감지 부분과의 간극이 변화하여 기전력(起電力)을 발생하는 원리를 이용한 것으로, 캠축 1회전(크랭크축 2회전)에 1번의 디지털 펄스 신호를 출력한다. 즉, 홀 소자에 전류가 흐르면 소자 내부의 전자가 한쪽 방향으로 편향되어 전위차가 발생하므로 이 전압을 검출하는 것이다. 출력 전압은 전류와 자계의 세기에 비례하며, 소자의 두께가 얇을수록 크게 된다.

② **캠축 위치 센서의 회로 구성 및 단자**

그림 2-94는 캠축 위치 센서의 회로와 단자의 구성을 나타낸 것이다. 1번 단자는 접지이고, 2번 단자는 출력 신호 단자이다. 3번 단자는 센서 전원 입력 단자이다.

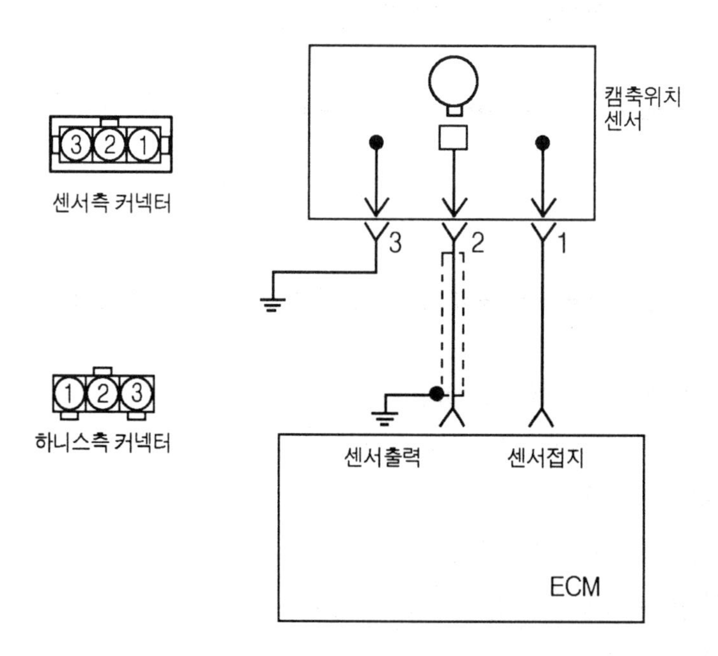

그림2-94 캠축 위치 센서의 회로 및 단자 구성의 예

③ **캠축 위치 센서의 점검 방법**

캠축 위치 센서가 불량하면 정확한 순차 분사가 되지 못한다. 멜코 장치의 캠축 위치 센서가 고장일 경우에는 엔진의 시동이 거의 불가능하고, 보쉬나 지멘스 장치의 경우에는 시동은 가능하다. 그러나 정확한 순차 분사가 이루어지지 않으므로 냉간 상태에서 배기가스나 연료 소비율에 영향을 줄 수 있다.

캠축 위치 센서의 점검은 디지털 전압계를 이용하여 3번 단자에 전원이 공급되는지를 점검한다. 또한 커넥터의 접촉 상태, 단선 및 단락 유무를 점검한다. 그림 2-95는 홀 센서 방식의 캠축 위치 센서를 공전 상태에서 측정한 파형이다.

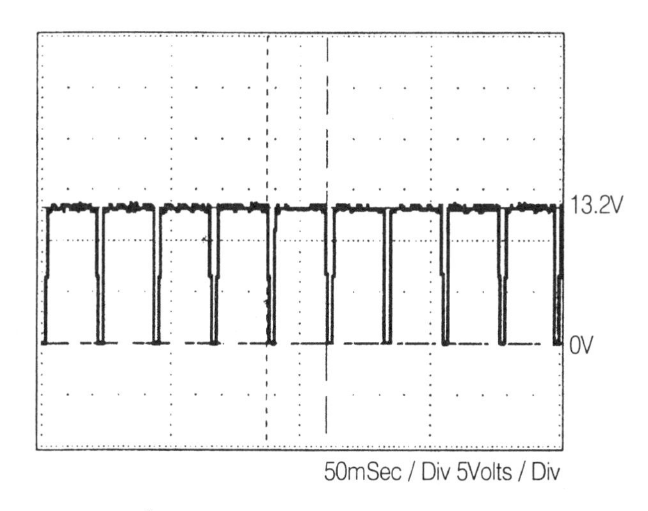

그림2-95 캠축 위치 센서 출력 파형

④ **캠축 위치 센서가 고장일 때 일어나는 현상**

㉮ 멜코 장치에서는 엔진 시동 불량

㉯ 보쉬나 지멘스 장치에서는 엔진 시동은 가능하지만 냉간 상태에서 배기가스와 연료 소비율이 나빠질 수 있다.

2-5 가스 농도 검출 센서

1 산소 센서

(1) 산소 센서의 개요

배기가스 규제에 대응하여 다양한 기술을 개발하고 있지만 그 중에서도 3원 촉매를 이용한 배기가스의 뒤처리 기술을 가장 많이 사용하고 있다. 3원 촉매는 일산화탄소(CO)와 탄화수소(HC)의 산화와 질소산화물(NOx)의 환원 작용을 동시에 하여 유해 배기가스의 발생을 억제시키는 장치이다. 그림 2-96은 공연비 변화에 따른 3원 촉매의 정화 효율을 나타낸 것이다.

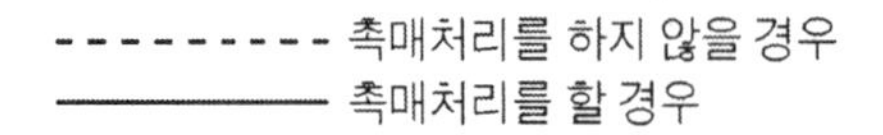

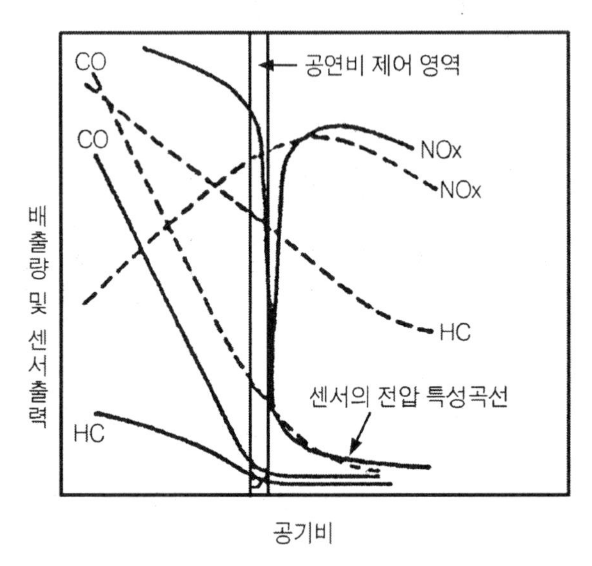

그림2-96 공연비에 따른 3원 촉매의 정화 효율

3원 촉매는 이론 공연비 부근에서 일산화탄소, 탄화수소, 질소산화물의 정화 효율이 가장 높음을 알 수 있다. 즉, 이론 공연비 보다 농후하면 일산화탄소와 탄화수소의 배출량이 증가하고, 이론 공연비 보다 희박하면 질소산화물의 배출량이 증가한다. 따라서 3원 촉매가 효율적으로 작동하기 위해서는 이론 공연비에서 연소가 될 수 있도록 제어하는 것이 필요하다. 이를 공연비 제어 또는 람다 제어(λ-control)라 한다.

공연비 제어에서는 연소가 이론 공연비에서 발생하였는지를 점검하는 것이 필요하며, 이러한 기능을 하는 것이 산소 센서이다. 산소 센서는 배기가스 중의 산소 농도에 따라 전압을 발생하는 일종의 화학적 전압 발생 장치이다. 즉, 배기가스 중의 산소 농도가 높아(희박한 연소의 경우)대기 중의 산소와 농도 차이가 적으면 발생 전압은 낮고, 반대로 배기가스 중의 산소 농도가 낮으면(농후한 연소의 경우)대기 중의 산소와 농도 차이가 커져 발생 전압도 높다.

특히 외와 같은 변화가 이론 공연비를 중심으로 급격하게 나타나므로 산소 센서는 공연비 제어에 매우 유리한 점을 지니고 있다. 일반적으로 엔진 제어 장치에서 산소 센서가 갖

추어야할 조건은 다음과 같다.

① 이론 공연비에서 전압의 급격한 변화가 있을 것
② 배기가스 내 산소 변화에 따른 신속한 출력 전압 변화가 있을 것
③ 농후 · 희박 사이의 큰 차이가 있을 것
④ 배기가스의 온도 변화에 대하여 안정된 전압을 유지할 것

산소 센서는 사용하는 소자의 재료에 따라 산화 지르코니아(ZrO_2)를 사용하는 경우와 산화티탄(TiO_2)을 사용하는 2종류로 분류된다. 산화 지르코니아 산소센서는 산소 농도 차이에 따라 발생하는 기전력을 이용하며, 산화티탄 산소센서는 산소의 농도 차이에 따라 저항값의 변화로 측정하는 것이 차이점이다.

(2) 산화 지르코니아 산소 센서

① 구조 및 측정 원리

그림 2-97은 산소 지르코니아 산소 센서의 구조를 나타낸 것이다. 산화 지르코니아 산소 센서는 산화 지르코니아에 적은 양의 이트륨(yttrium ; Y_2O_3)을 혼합하여 시험관 형상으로 소성한 소자의 양면에 백금을 도금하여 만든 것이다. 센서 안쪽은 대기(大氣), 바깥쪽은 배기가스가 접촉하도록 되어 있다. 산화 지르코니아 산소 센서는 저온(低溫)에서는 매우 저항이 크고 전류가 통하지 않지만, 고온(高溫)에서 안쪽과 바깥쪽의 산소 농도 차이가 크면 산소 이온만 통과하여 기전력을 발생시키는 특성을 지니고 있다.

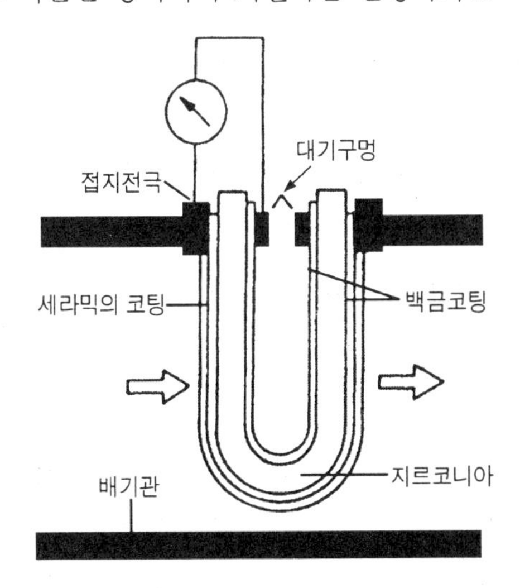

그림2-97 산화 지르코니아 산소 센서

그림 2-98은 산화 지르코니아 산소 센서의 작동 원리를 나타낸 것이다. 이온은 전기적으로 극성(極性)을 지니고 있는 입자이며, 산소 이온 2개의 과잉 전자를 갖고 있으므로 음극으로 되어 있다.

따라서 산소 이온은 산화 지르코니아에 끌리는 경향이 있으며, 이것들은 바로 백금 전극의 안쪽인 산화 지르코니아의 표면에 끌려가게 된다.

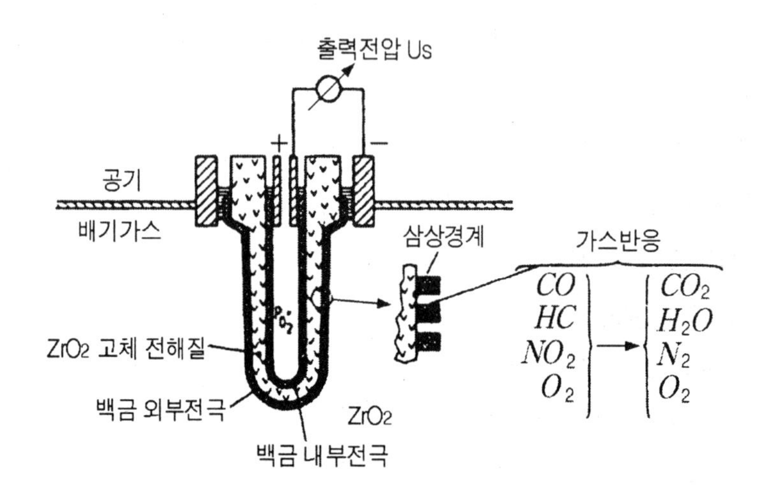

그림2-98 산화 지르코니아 산소 센서의 작동 원리

센서의 공기가 접촉하는 부분은 전기적으로 배기가스보다 더 음극이 되므로 전기장이 산화 지르코니아 물질 사이에 존재하고, 그 결과로 전위차가 발생한다. 이 전위차는 배기가스 내의 산소 농도와 센서의 온도에 비례한다.

일반적으로 배기가스에 존재하는 산소의 양은 산소의 부분 압력으로 표시되는데, 이 부분 압력은 산소의 압력 대 총 배기가스의 압력의 비율로 나타낸다. 배기가스가 농후한 혼합기의 경우 산소의 부분 압력은 공기 압력의 10^{-16}~10^{-32}의 범위이며, 희박한 혼합기의 경우에는 약 10^{-2}정도이다.

② 센서의 출력 특성

그림 2-99는 공연비에 따른 산소 센서의 출력 특성을 나타낸 것이다. 공연비가 농후한 경우에는 배기가스 중의 산소 농도가 적으므로 농도 차이가 커져 전위차가 크고, 희박한 경우는 배기가스 중의 산소 농도가 많으므로 농도 차이가 작아 전위차가 적다. 이러한 변화가 이론 공연비를 중심으로 나타나므로 스위치 특성이라 부르기도 한다.

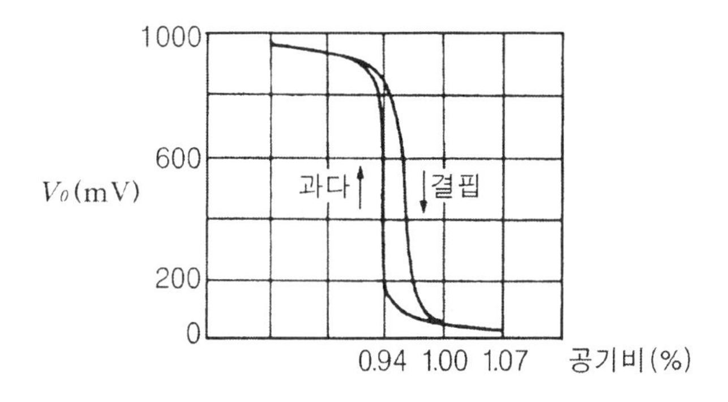

그림2-99 산화 지르코니아 산소센서의 공연비에 따른 출력 특성

그러나 실제의 연소 과정에서는 이론 공연비를 중심으로 이러한 차이가 크지 않으므로 소자의 표면에 다공성(多孔性)의 백금을 도금하여 충분한 농도 차이가 발생하도록 한다. 백금에 의한 반응은 다음과 같다.

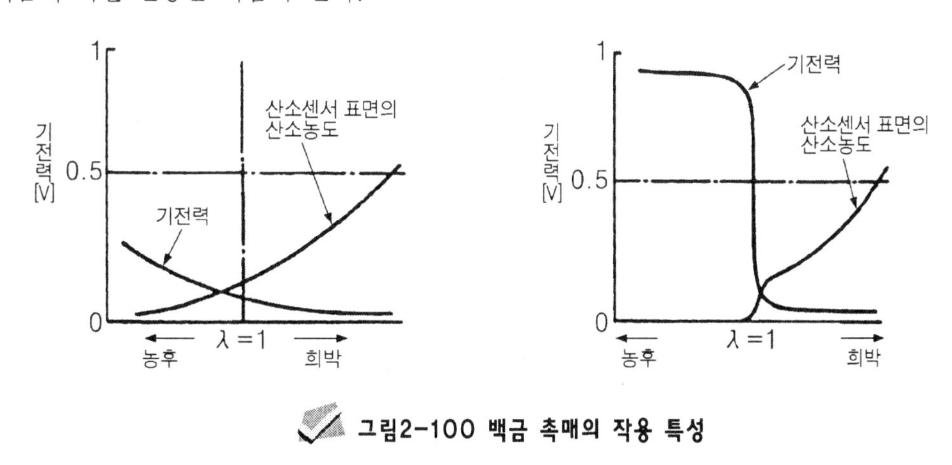

그림2-100 백금 촉매의 작용 특성

이 백금의 촉매 작용으로 농후한 혼합기가 연소하면 적은 양의 산소가 일산화탄소와 거의 완전히 반응하여 백금 표면의 산소는 거의 0으로 되기 때문에 산소 농도 차이가 매우 크게 되어 약 1V의 기전력이 발생한다. 희박한 혼합기가 연소되는 경우 배기가스 중의 산소 농도는 높은 농도이며, 일산화탄소는 낮은 농도이므로 일산화탄소와 산소가 반응하여도 산소의 농도는 크게 낮아지지 않으므로 농도 차이가 작아 기전력이 거의 발생하지 않는다.

그림 2-100은 산소 센서에서 백금 촉매를 사용하지 않은 경우와 사용한 경우의 차이점을 나타낸 것이다. 또한 공연비가 농후에서 희박 쪽으로 변화할 때와 희박에서 농후한

쪽으로 변화할 때 히스테리시스(hysteresis)현상이 나타난다. 이것으로 인하여 산소 센서의 응답 특성에 차이점이 발생한다. 즉, 농후에서 희박으로 변화할 때 소요되는 시간과 희박에서 농후로 변화할 때의 시간이 다르게 나타난다.

그림 2-101은 온도에 따른 전압의 변화를 나타내고 있으며, 온도는 센서의 출력 특성에 많은 영향을 미치고 있다. 온도가 300℃이하에서는 센서의 출력 값이 온도에 따라 급격히 변화하므로 엔진 제어에서 사용하기가 어렵다. 300℃이상에서 농후한 경우는 약 900mV 정도로, 희박한 경우는 약 100mV 정도에서 안정된 값을 나타낸다.

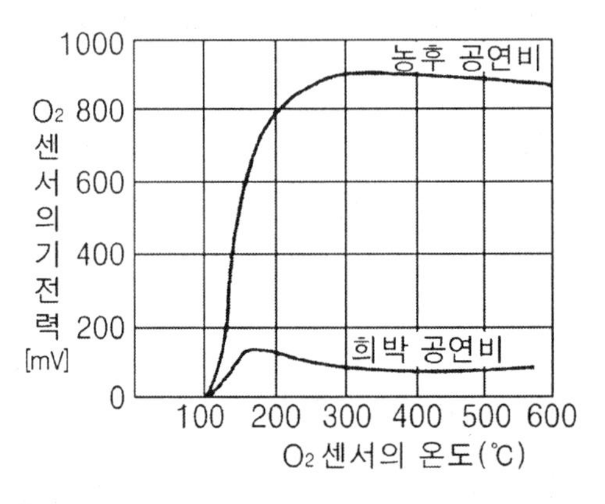

그림2-101 온도에 따른 산소 센서의 출력 변화

또한 온도는 스위칭(switching)시간에도 영향을 미치며, 그림 2-102는 이와 같은 특성을 나타낸 것이다. 농후에서 희박으로 또는 희박에서 농후로 변화되는데 소용되는 시간이 350℃에서 약 200mS 정도인데 800℃에서는 약 100mS 이다. 따라서 온도 변화 때문에 스위칭 시간이 약 2 : 1이 됨을 알 수 있다.

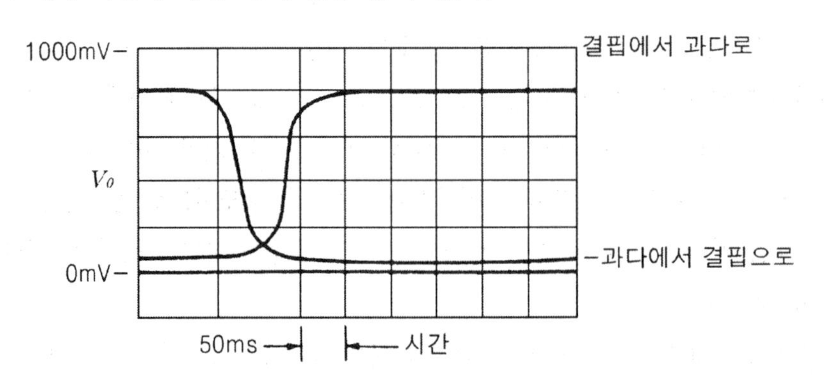

그림2-102 온도에 따른 스위칭 시간의 변화

(3) 산화티탄 산소 센서

그림 2-103은 산화티탄 산소 센서의 구조와 출력 특성을 나타낸 것이다. 산화티탄 산소 센서는 세라믹 절연체의 끝에 산화티탄 소자를 설치한 것이다. 또한 낮은 배기 온도에서 센서의 성능을 향상시키기 위해 백금과 로듐 촉매로 구성되어 있다. 산화티탄 산소센서는 전자 전도체인 산화티탄이 주위의 산소 분압에 대응하여 전기 저항이 변화하는 것을 이용한 것이다. 이 센서는 이론 공연비를 경계로 하여 저항값이 급격히 변화하는 특성을 지니고 있다.

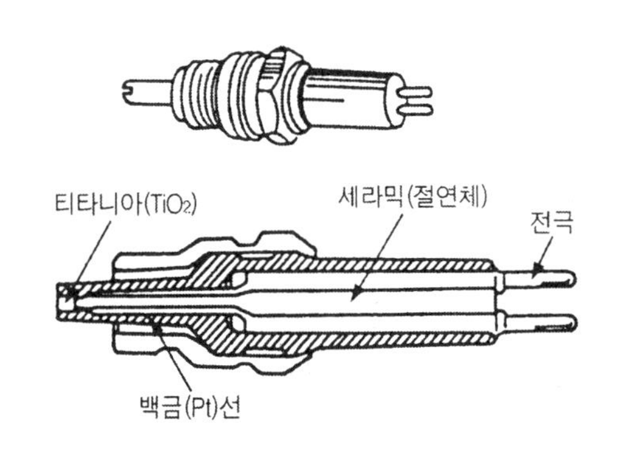

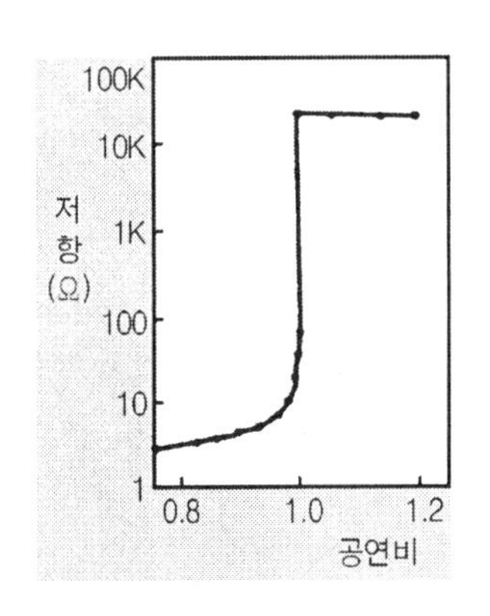

그림2-103 산화티탄 산소센서의 구조와 출력 특성

산화티탄 산소 센서와 산화 지르코니아 산소 센서의 특성은 다음 표와 같다.

표2-5 산소센서의 특성 비교

항목 \ 종류	산화 지르코니아 산소 센서	산화 티탄 산소 센서
원 리	이온 전도성을 이용한다.	전자 전도성을 이용한다.
출 력	기전력이 변화한다.	저항값이 변화한다.
감 지	산화 지르코니아 표면	산화 티탄 내부
특 징	배기가스와 표준 가스 분리	배기가스 중 소자 삽입
첨가물	안정화용 이트륨 첨가	-
공연비	조정이 쉽다.	조정이 어렵다.
내구성	작다.	크다.
응답성	불리하다.	유리하다.
가 격	유리하다.	불리하다.

(4) 산소 센서 점검

① 산소 센서의 회로 구성 및 단자

그림 2-104는 열선을 내장한 산소 센서의 회로 및 단자의 구성 예를 나타낸 것이다. 3번 단자는 열선에 전원을 공급하는 단자이고, 4번은 열선의 접지 단자이다. 1번 단자는 산소 센서의 출력 단자이고, 2번 단자는 산소 센서의 접지 단자이다.

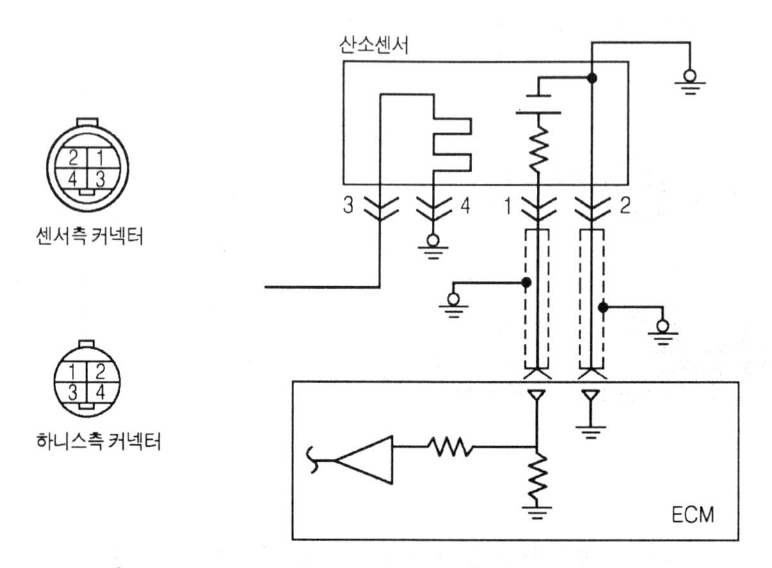

그림2-104 열선 내장형 산소센서의 회로 및 단자 구성

② 산소 센서의 점검 방법

산소 센서의 점검은 먼저 기본적인 점검 즉, 커넥터 접속 상태, 배선의 단선 및 단락 유무를 점검하고, 파형 시험기를 이용하여 출력 신호의 파형을 분석한다. 그림 2-105는 산소 센서의 출력 파형의 예이다. 정상적인 경우는 약 200mV이하에서 600mV이상까지 주기적인 변화를 나타낸다.

산소 센서의 점검이 정상인 경우에도 센서의 출력 전압이 규정 값을 벗어나면 공연비 조정에 관련 있는 다음 항목들을 점검한다.

㉮ 인젝터의 결함 유무

㉯ 개스킷 틈새 등을 통한 공기 누출

㉰ 공기 유량 센서

㉱ 흡기 온도 센서

㉲ 수온 센서

㉳ 연료 압력

즉, 평균 출력 전압이 0.5V 이상을 나타내는 경우는 농후한 연소가 이루어지고 있는 것으로 공기 유량 센서의 출력이나 인젝터의 누출 등을 점검한다. 또한 평균 출력 전압이 0.45V이하를 나타내는 경우에는 희박한 연소를 하고 있는 상태이므로 진공 누출이나 센서 자체의 불량일 수 있다. 특히 주의할 것은 산화 지르코니아 산소 센서의 경우는 저항을 직접 측정하지 않는 것이 바람직하다.

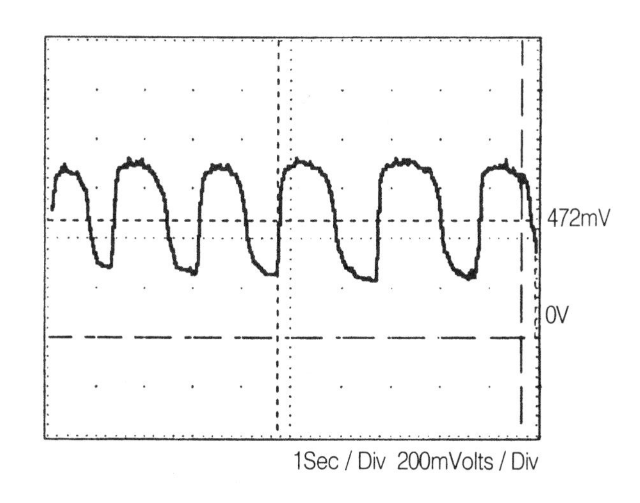

그림2-105 산소센서의 출력 파형의 예

산소 센서 자체가 전압을 발생하는 형식이므로 저항을 측정할 때 센서에 손상을 줄 수 있다. 위와 같이 산소 센서 자체의 고장인지 공연비 불량으로 산소 센서의 출력 전압이 비정상적인지를 구별하는 방법은 산소 센서 히터 부분 단자에 14V의 전압을 인가하고 약 1~2분 정도 기다렸다가 산소 센서 출력 전압을 확인하여 출력 전압이 10~100mV가 나오는지를 확인한다. 만약 출력 전압이 나오면 산소 센서의 성능은 정상이라 판단하고 다른 부분을 점검한다.

③ 산소 센서가 고장일 때 나타나는 현상

㉮ 공연비 제어가 불량해진다.

㉯ 급 가속할 때 성능 저하 및 주행할 때 가속력이 떨어지거나 갑자기 엔진의 작동이 정지된다.

㉰ 연료 소모가 많다.

㉱ 일산화탄소, 탄화수소 배출량이 증가한다.

 린 믹스처(lean mixture) 센서

예전의 산소 센서를 이용한 전자 제어 연료 분사 장치에서 산소(O_2)농도의 검출에 이 센서를 사용하면 공연비 피드백 보정을 행하여 희박 연소(린번)를 가능하게 하여 연비를 향상시킬 뿐만 아니라 예전과 다름없는 운전 성능을 가능하게 한다. 그림 2-106은 구조도이다.

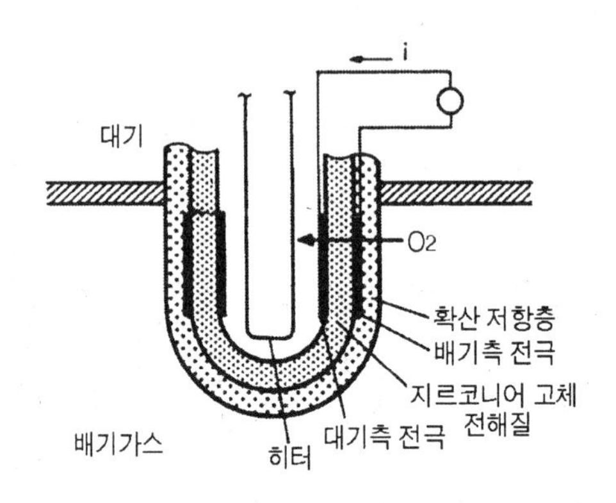

그림2-106 린 믹스처 센서의 구조

가열한 지르코니아 고체 전해질에 전압을 가하면 산소 이온이 발생한다. 이 때 배기 측에 설치된 확산 저항 층에 의해서 배기가스중의 산소 농도에 비례한 전류 값을 출력으로 얻을 수 있다. 즉 배기가스중의 산소 농도에 비례하여 산소 이온이 지르코니아 소자를 통해 이동을 하고 이 이동량에 비례하여 센서의 출력이 발생하는 것이다. 그림 2-107과 그림 2-108은 이 시스템 구조도와 특성도 이다. 공연비가 엷을수록 센서의 출력이 크게 되는데 이것은 일반 산소센서와 정반대의 현상인 것이다. 현재 국내 자동차에서는 아반떼 1.8 DOHC에서 이와 같은 산소 센서를 사용하고 있다.

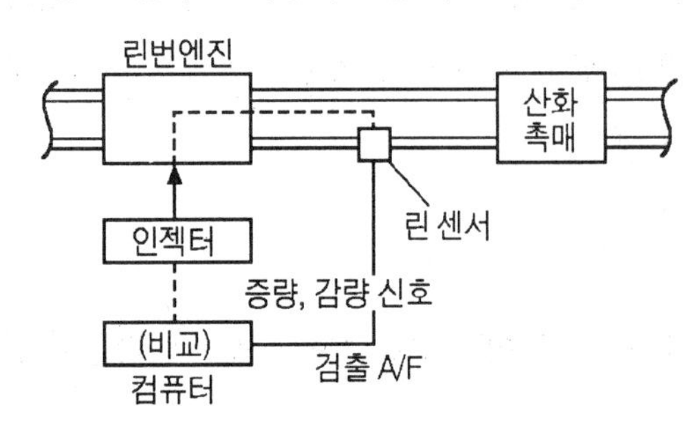

그림2-107 린 믹스처 센서를 사용한 희박 연소 장치의 구성도

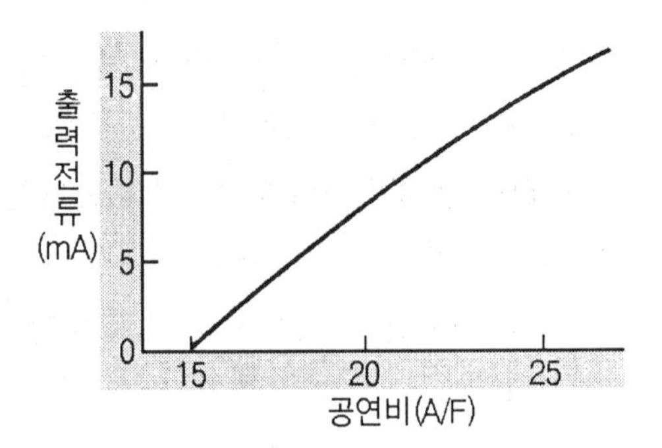

그림2-108 린 믹스처 센서의 특성도

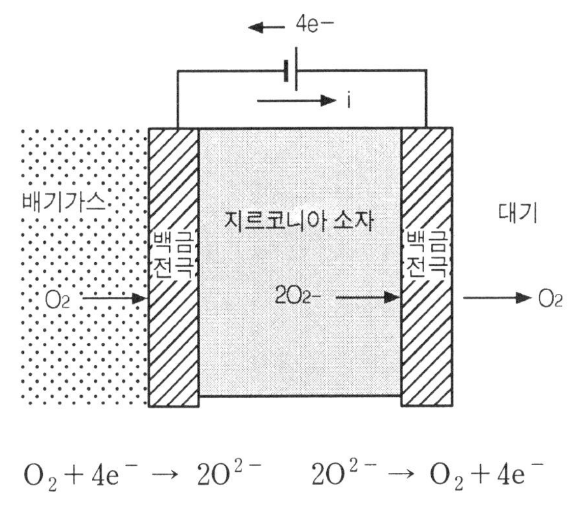

$$O_2 + 4e^- \rightarrow 2O^{2-} \qquad 2O^{2-} \rightarrow O_2 + 4e^-$$

그림2-109 린 믹스처 센서의 화학 반응

3 공기-연료(A/F, Air/Fuel)센서

자동차 배기가스중의 산소 농도와 불 연소 가스 농도로부터 엔진 내의 연소 공연비를 높은 영역에서 낮은 영역까지의 전체 영역에 걸쳐 검출하여 컴퓨터에 피드백 하는 것으로 운동 상황에 맞춘 최적인 연소 상태로 제어하는 센서이다.

그림 2-110과 그림 2-111은 구조도와 시스템 구성도이며 린 믹스쳐 센서와 매우 비슷하다. 그림 2-112는 특성도를 나타내고 있다.

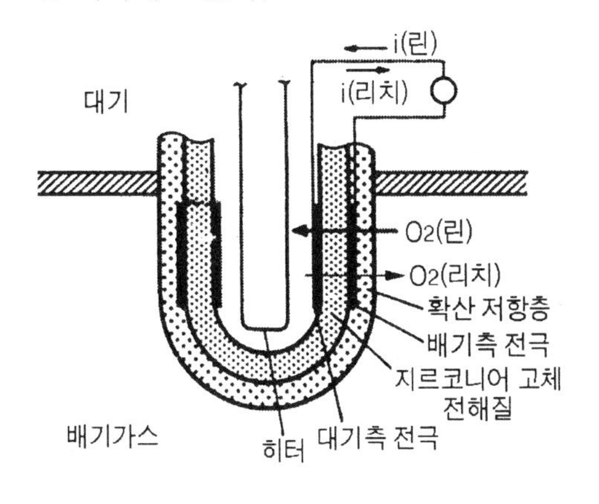

그림2-110 구조도

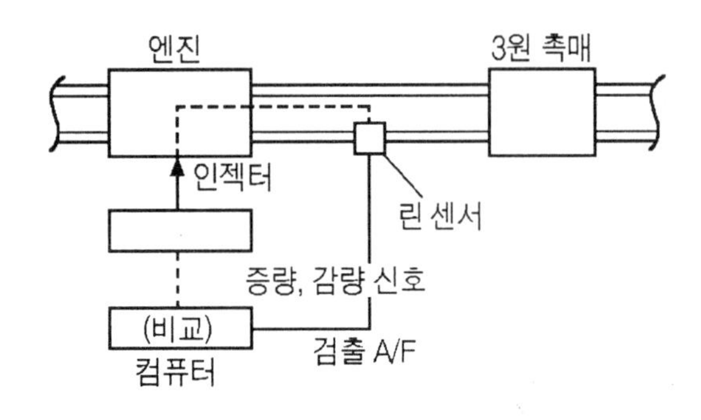

그림2-111 공기-연료센서를 사용한 장치의 구성도

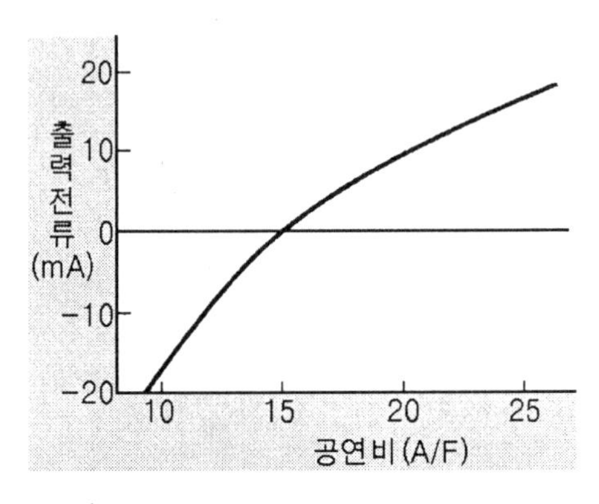

그림2-112 공기-연료센서의 특성도

가열한 지르코니아 고체 전해질에 전압을 가하면 공연비 희박한 경우(A/F 〉 15)에는 배기가스중의 산소 농도, 또한 공연비가 농후한 경우(A/F 〈 15)에는 미연 가스 농도에 따른 산소이온 전류가 발생한다. 이 때 배기가스 측에 설치된 확산 저항 층에 의해 배기가스중의 산소가스 농도, 불 연소 가스 농도에 맞는 전류 값을 출력으로 얻을 수 있는 것이다.

2-6 노크 센서(Knock Sensor)

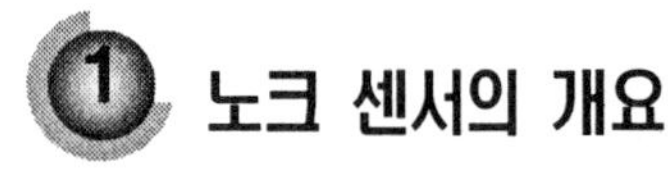

1 노크 센서의 개요

엔진의 효율 향상을 위하여 높은 압축비의 엔진 개발이 요구된다. 그러나 압축비가 상승하면 연소 최대 압력이 증가하여 엔진의 효율은 향상되지만 그 만큼 노크 발생 가능성이 커진다. 엔진의 정상적인 연소는 점화 불꽃에 의해 혼합기에 점화되고 점화된 화염 면(flame front)이 전파되면서 이루어진다. 그런데 화염 면이 정상적으로 도달되기 전에 부분적으로 자기 착화(自己着火 ; auto ignition)에 의해 급격하게 연소가 이루어지는 경우가 있다.

이 비정상적인 연소에 의해 발생하는 급격한 압력 상승 때문에 실린더 내의 가스가 진동하여 충격적인 타격 음을 발생시키게 되며 이 현상을 노크 또는 노킹(knock or knocking)이라 한다. 노크 발생 원인은 다음과 같다.

① 연소실의 형상

② 연소실에 퇴적물이 쌓였을 때

③ 혼합기가 희박할 때

④ 흡기다기관의 형상

⑤ 연료의 질이 떨어질 때

⑥ 공기 밀도가 높을 때

⑦ 엔진의 온도가 높을 때

이외에 엔진의 점화 시기와도 밀접한 관계가 있으며, 점화 시기가 빠르면 노크가 발생한다. 그리고 노크가 발생하면 엔진에 미치는 영향은 다음과 같다.

① 점화 플러그가 손상된다.

② 피스톤이 손상된다.

③ 실린더 헤드 개스킷이 파손된다.

④ 엔진 베어링이 손상된다.

등의 문제를 일으키게 되므로 엔진 제어에서는 반드시 방지하여야할 현상이다. 이러한 노크의 발생을 방지하는 방법으로 사용되는 것이 엔진 노크 제어이다. 노크 제어는 엔진에서 노크 발생 여부를 감지하여 점화시기를 늦추어서 가능하며, 이때 노크 발생을 감지하기 위해 사용되는 것이 노크 센서이다. 노크 센서는 실린더 블록에 설치되어 엔진에서 노크가 발생될 때 일어나는 진동을 감지하여 컴퓨터로 신호를 보내어 점화시기를 제어하는데 사용된다. 노크는 점화 플러그에 의해 발생된 화염이 도달하기 전에 국부적으로 자기 착화하여 급격한 압력 상승 및 충격적인 소음을 유발하는 현상으로 출력 감소 및 엔진의 내구성이 저하하는 원인이 된다.

일반적으로 점화 후 화염이 전파되어 최고 압력이 될 때까지는 약간의 시간이 소요되며, 엔진의 최대 출력을 얻기 위해서는 상사점 후(ATDC) 10~20°에서 최고 압력이 되도록 점화시기를 제어한다. 따라서 점화 후 최고 압력 도잘 시간을 고려하여 점화 시기는 상사점 전(BTDC)에서 설정된다. 그러나 엔진이 최대 성능을 발휘할 수 있는 점화 시기는 노크가 발생되는 점화 시기 부근에 있기 때문에 일반적으로 점화시기를 최적의 점화 시기에서 어느 정도 늦춘 상태(지각시킨 상태)를 유지하게 된다.

따라서 엔진에서 노크 발생을 제어하기 위해서는 엔진에서 노크의 발생을 감지하는 것이 필요하며, 이것을 통하여 노크가 발생하지 않는 최대 한도의 점화 시기까지 진각시킬 수 있어 엔진의 토크와 출력 증대 및 연료 소비율 향상 등의 효과를 얻을 수 있다.

2 노크 센서의 종류와 그 특성

(1) 전자 유도 방식(또는 Jerk Sensor)

그림 2-113은 전자 유도 방식 노크 센서를 나타내었다. 코일 속에 자석의 철심을 넣고 철심의 끝 면 부근에 진동자(vibrator)를 설치하고 철심과의 사이에 작은 틈새(air gap)를 둔 구조이다. 실린더 블록의 진동에 의해 진동자가 진동을 하면 진동자와 철심 사이의 간극이 변화하여 자기 저항이 변화하므로 코일 속의 자속이 변화하고, 전자 유도 원리에 의해 코일에 기전력이 발생하게 된다. 이때 진동자의 고유 진동수를 엔진에서 노크가 일어나 발생하는 실린더 블록의 진동수와 일치시키면 노크가 일어날 때 최고도 진동자가 공진하여 코일에 커다란 교류가 발생한다.

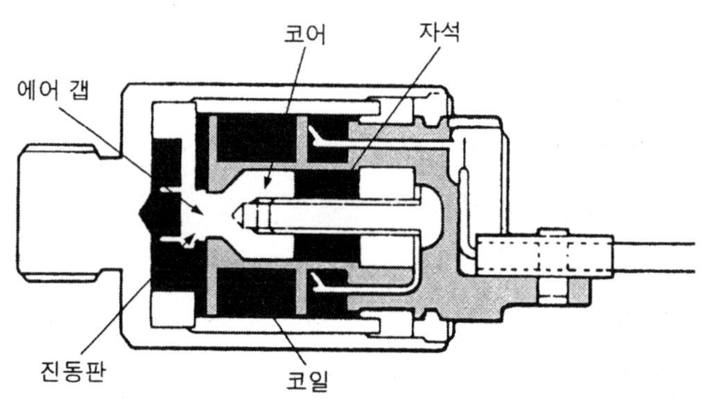

그림2-113 노크 센서의 구조

(2) 압전 방식 노크 센서

압전 방식 노크 센서는 힘(압력)이나 기계적 진동을 받으면 전압을 발생하는 압전 소자(피에조 반도체형 소자)를 이용한 것이며, 공진형과 비공진형이 있다. 공진형 노크 센서는 센서 본체와 진동자 사이에 압전 소자를 끼워놓고 진동자의 진동이 압전 소자에 가해져 진동을 전압으로 변화시키는 것이다. 진동자는 노크 진동과 거의 같은 공진 주파수를 가지므로서 노크가 일어날 때 큰 전압을 발생시키는 특징이 있다.

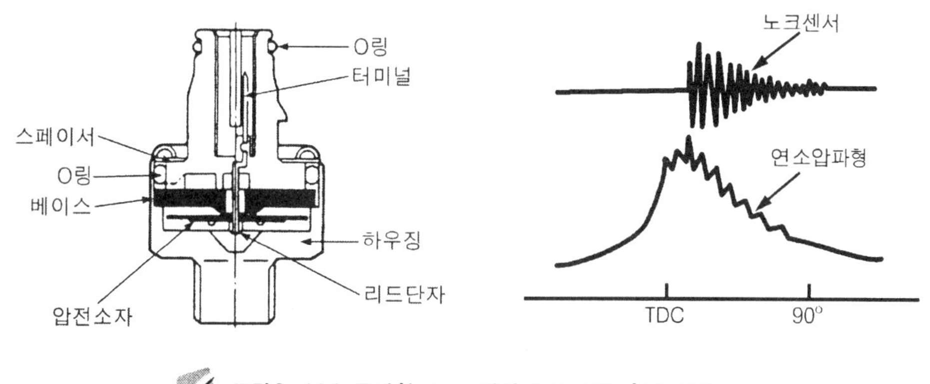

그림2-114 공진형 노크 센서의 구조와 출력 특성

3 노크 센서의 회로 구성 및 단자

그림 2-115는 노크 센서의 회로 및 구성 단자를 나타낸 것이다. 2번 단자가 출력 신호 단자이며, 3번 단자는 접지이다.

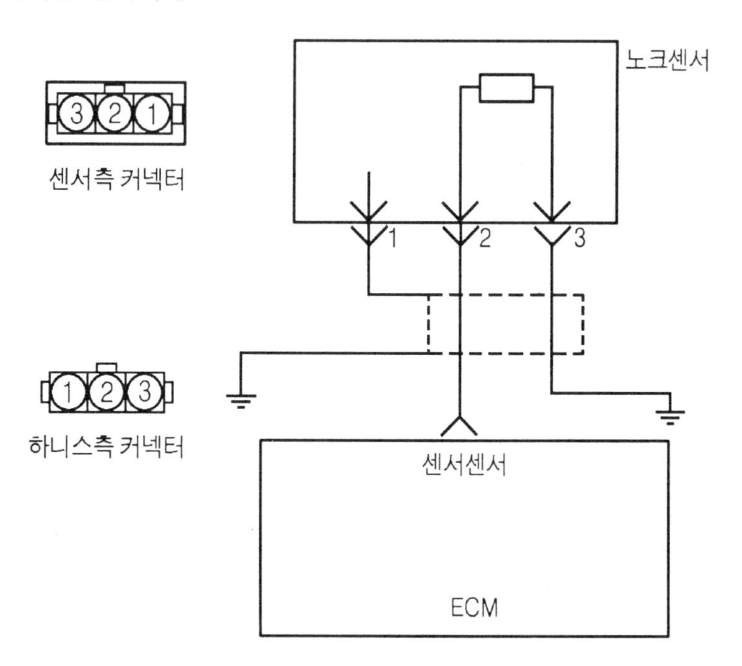

그림2-115 노크 센서의 회로 및 단자 구성 예

 노크 센서 점검 방법

노크 센서의 점검은 커넥터의 접촉 상태 및 단선과 단락 유무를 점검한다. 실린더 블록에 설치되어 진동을 감지하는 센서이므로 규정 토크로 설치되었는지를 점검하는 것이 필요하다. 또한 2번 단자와 3번 단자 사이의 저항값과 정전 용량을 측정하여 규정 값에 맞는지를 점검한다. 그림 2-116은 노크가 일어날 때 출력 신호를 파형 측정기로 측정한 파형이다.

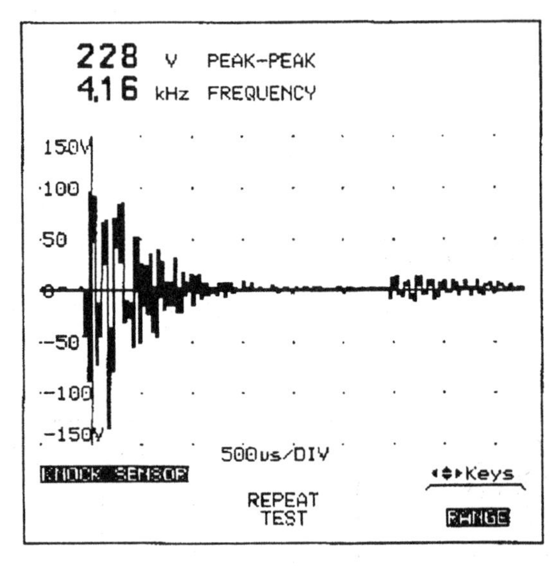

그림2-116 노크가 발생할 때 센서의 출력 파형

그림 2-117은 노크 센서의 출력 파형을 분석한 것이다. 그림에서 A 부분은 진폭을 나타내고, B 부분은 주파수이다.

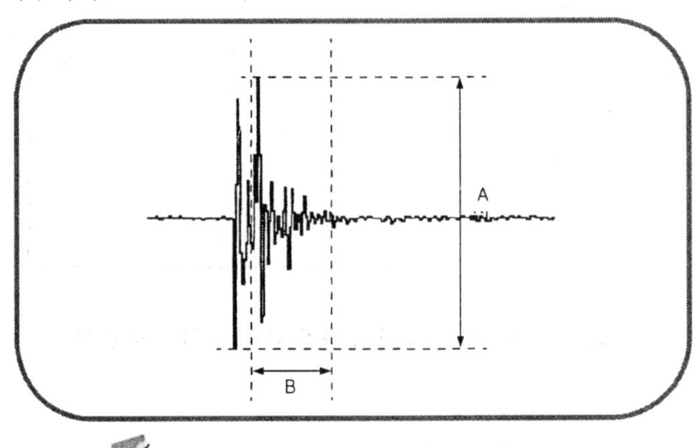

그림2-117 노크 센서의 출력 파형 분석

노크 센서가 고장일 때 일어나는 현상

고장 현상을 운전자가 특별히 느끼기 어려우나 노크 센서에서 고장이 일어나면 점화 시기를 약 10°정도 늦추어 제어하기 때문에 가속할 때 힘이 부족하거나 엔진의 높은 부하 상태에서는 노크가 발생할 수 있다.

2-7 전자제어 엔진 컴퓨터(ECU)

엔진 컴퓨터(ECU)의 개요

각종 센서들의 측정값은 엔진 컴퓨터로 입력되고, 입력된 측정값은 각종 연산 및 처리를 통하여 제어를 한다. 따라서 여기서는 엔진 컴퓨터가 어떤 제어 및 기능이 있는지를 상세히 설명하도록 한다. 컴퓨터(micro computer)는 엔진 제어에서 연료 분사 제어, 공연비 제어, 점화 시기 제어, 공전 속도 제어, 배기가스 제어, 연료 펌프 제어, 페일 세이프(fail safe), 자기 진단, 통신 등 다양한 제어 기능을 수행한다. 엔진 제어에 사용되는 컴퓨터도 일반적인 컴퓨터의 구성과 같다. 즉, 입력 및 출력 장치, 연산 및 제어 기능을 하는 프로세서(processer), 기억 장치(memory) 등으로 구성된다.

그림 2-118은 엔진 제어용 컴퓨터의 내부 구성 예를 나타낸 것이다. 컴퓨터는 입력 장치로부터 전압 신호(입력 신호)를 받는다.

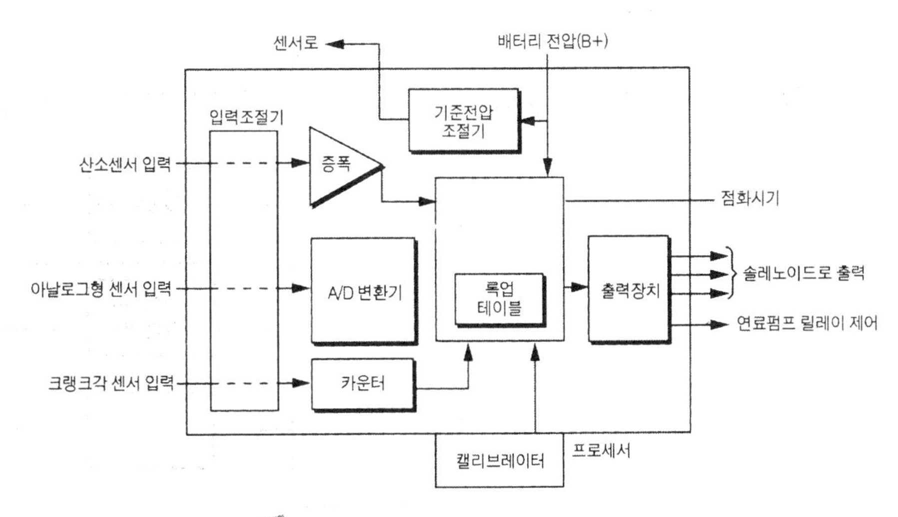

그림2-118 엔진 컴퓨터의 내부 구성

입력 장치는 계기판의 버튼, 스위치 또는 엔진에 설치된 각종의 센서가 된다. 엔진에는 다양한 형태의 기계, 전기, 자기(磁氣)적으로 가동되는 센서가 부착된다. 센서는 주행속도(車速), 엔진 회전속도, 대기 압력, 배기가스 중의 산소 농도, 흡입 공기 유량, 냉각수 및 흡입 공기의 온도 등을 전압 형태로 컴퓨터에 보낸다.

그림 2-119는 컴퓨터에 입력되는 기본적인 입력 신호의 예를 나타낸 것이다. 컴퓨터는 이 신호를 사용하기 전에 입력 신호를 적절히 조절하게 된다. 즉, 미약(微弱)한 신호의 증폭, A/D(Analog/Digital)변환, 노이즈(noise) 제거, 전압 수준 조정 등의 처리 과정을 거쳐 입력 데이터를 만든다. 프로세서에 입력된 데이터는 기억 장치에 저장된 프로그램의 명령에 따라 다양한 산술 및 논리 연산 과정을 거치고, 일부는 기억 장치에 저장되며, 최종 출력은 그림 2-120]과 같은 형태로 출력 장치로 보내어 액추에이터를 구동한다.

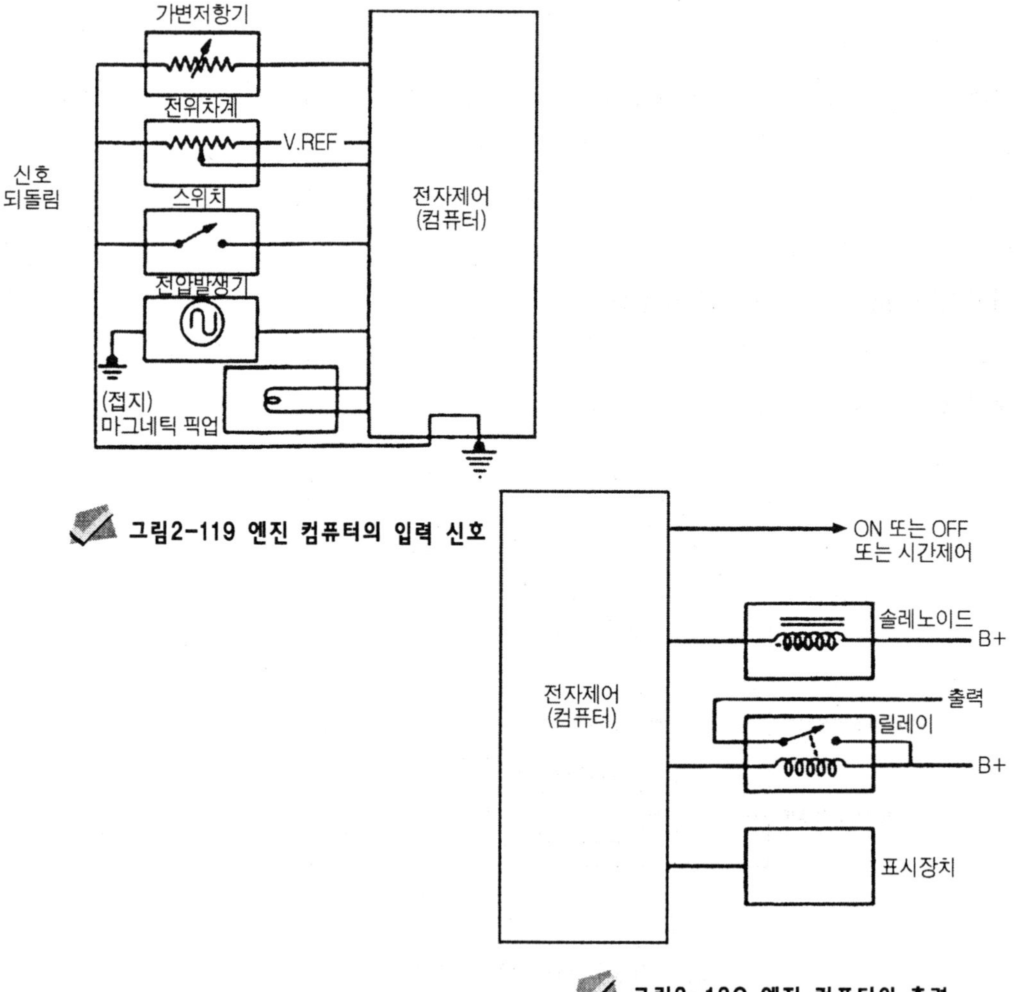

그림2-119 엔진 컴퓨터의 입력 신호

그림2-120 엔진 컴퓨터의 출력

컴퓨터는 제어 및 입·출력 과정을 통하여 주위의 다른 컴퓨터와 통신 기능을 수행한다. 그림 2-121은 차체 제어 컴퓨터(Body control Module)와 주위의 다른 전자 제어 컴퓨터 사이의 신호를 공유하는 통신 기능의 예를 나타낸 것이다.

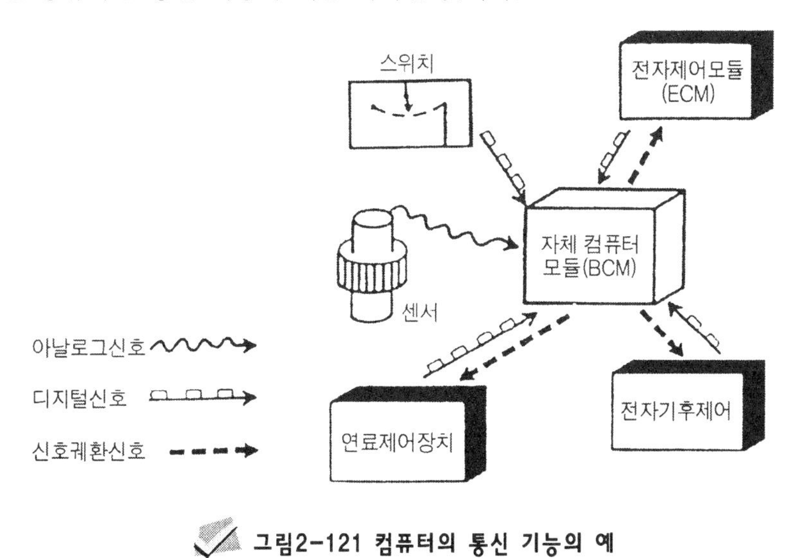

그림2-121 컴퓨터의 통신 기능의 예

2 컴퓨터의 작동

그림 2-122는 엔진에 사용된 컴퓨터의 작동 예이다. 컴퓨터가 가동하는 동안 마이크로 프로세서가 모든 것을 제어한다. 마이크로 프로세서의 클럭은 모든 컴퓨터의 작동 시간에 맞게 수행하기 위하여 전압 펄스를 발생한다. 또한 컴퓨터가 어떤 형태의 기능을 수행하기 위해서는 그 컴퓨터에 프로그램을 하여야 하며, 프로그램은 컴퓨터를 제작할 때 ROM(Read Only Memory)에 저장된다. 마이크로 프로세서는 적당한 순서로 각각의 프로그램 명령을 읽어내도록 ROM에 지시한다.

ROM은 일반적으로 프로그램뿐만 아니라 기준 데이터도 포함하고 있으며, 이들 데이터는 측정된 양들이 서로 비교되어 결정될 수 있도록 서로 구성되어 있다. 컴퓨터는 제어할 기능이 많으면 많을수록 ROM에 포함시켜야할 기준 데이터가 많아진다.

센서로부터 받아들인 정보는 입력 장치에 의하여 컴퓨터가 처리할 수 있는 형태로 변환되고, 마이크로 프로세서에 공급된다. 마이크로 프로세서는 입력 신호를 표준화하고 계산을 수행하여 기준 데이터와 비교하며, ROM에 저장된 프로그램을 기초로 하여 최종 결과를 결정한다. 이 때 RAM(Random Access Memory)은 데이터를 일시적으로 저장하기 위하여 사용된다. 프로그램의 최종 결과는 출력 장치로 보내지며, 출력 장치는 액추에이터를 가동할 수 있도록 신호 변환을 한다.

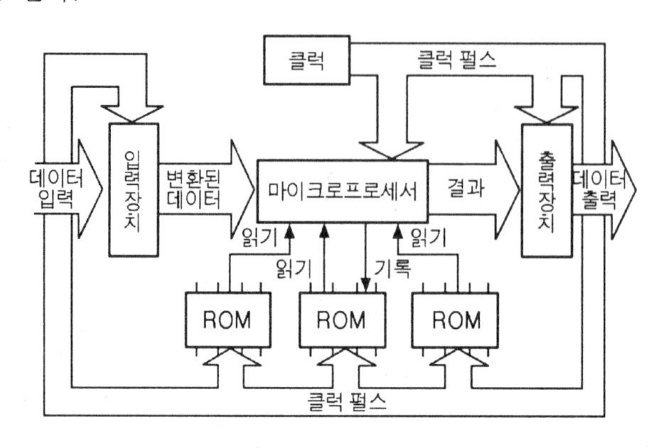

그림2-122 컴퓨터의 작동 예

그림 2-123은 엔진 제어의 플로차트(flow chart)이다. 실제로 사용되는 것은 매우 복잡하게 되어 있지만, 기본적인 기능을 개념적으로 간단히 나타낸 것이다. 센서 신호와 스위치 신호가 입력되면서 시작하여 엔진을 시동할 때의 제어, 공회전할 때의 제어를 하며, 연료 분사량과 점화 시기 등을 연산하여 적절한 시기에 각각의 액추에이터에 출력 신호를 보낸다. 또한 센서의 아날로그 신호를 처리하기 위하여 A/D 변환 처리를 한다.

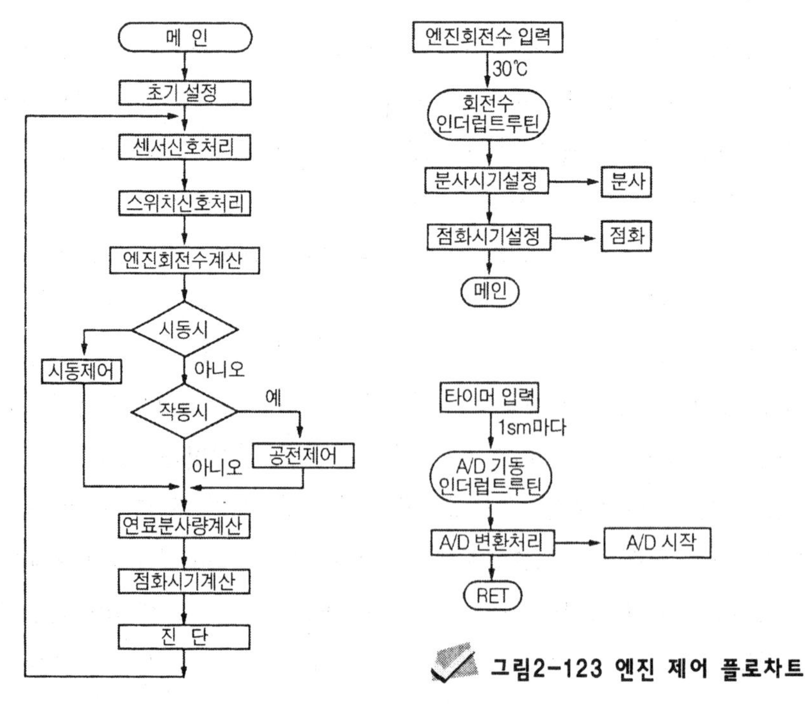

그림2-123 엔진 제어 플로차트

3 적응 학습 제어(Adaptive Learning)

적응 학습 제어는 엔진의 작동 상태를 모니터(monitor)하고 있는 센서 등의 신호에 의해 엔진의 상태, 부품의 성상, 흐트러짐, 열화 상태, 사용 연료, 기상 조건 등과 같은 엔진의 제어 성능에 관계되는 변수를 기억하고, 그 기억 값에 따른 최적의 제어 상수를 설정하는 것이다. 적응 학습 제어는 공연비 보정, 노크 제어, 공전 속도 제어 등에서 사용되고 있으며, 컴퓨터는 룩업 테이블(look-up table)에 있는 정보를 조금씩 조정하여 적응 학습 제어를 실행한다.

예를 들어 연료 분사 장치의 인젝터가 부분적으로 막힐 경우 컴퓨터는 인젝터로 보내는 신호의 펄스 폭을 조정한다. 즉, 인젝터 열림 시간을 길게 하여 감소된 연료 분사량을 보상한다. 그림 2-124는 공연비 룩업 테이블에 의한 적응 학습 수정 계수를 나타낸 것이다. 테이블은 흡기다기관 압력과 엔진 회전속도를 기초로 하여 만들어지며, 수정은 테이블에 있는 수에 대한 승수이다.

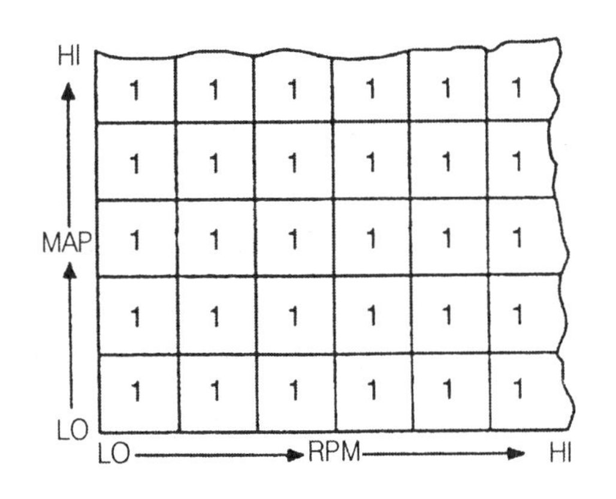

1	1	1	1	1	1
1	1	1	1	1	1
1	1	1	1	1	1
1	1	1	1	1	1
1	1	1	1	1	1

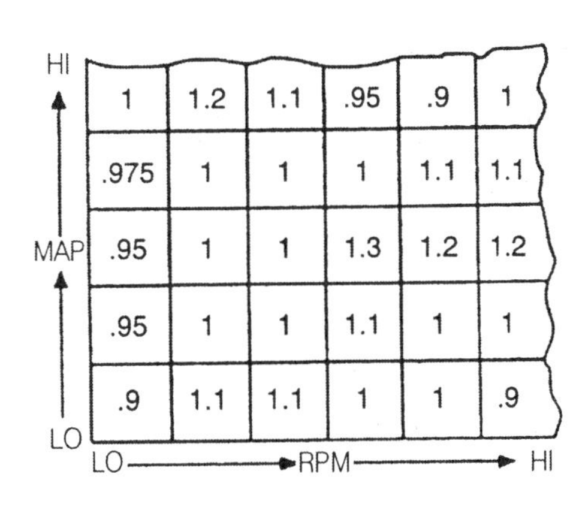

1	1.2	1.1	.95	.9	1
.975	1	1	1	1.1	1.1
.95	1	1	1.3	1.2	1.2
.95	1	1	1.1	1	1
.9	1.1	1.1	1	1	.9

그림2-124 공연비 적응 학습 제어의 예

만약, 엔진이 설계된 대로 정확하게 가동을 하고 있다면 룩업 테이블은 변화가 없을 것이다. 그러나 변화가 필요하다고 판단되면 그림에서처럼 필요한 영역에서 승수가 조정된다. 따라서 어떤 영역에서는 공연비가 증가할 것이며, 어떤 영역에서는 감속될 것이다. 적응 학습 값은 KAM(Keep Alive Memory)에 저장된다. 이것은 배터리 단자의 케이블을 분리하면 학습한 정보가 손실된다. 따라서 적당한 기능을 회복하기 위해서는 배터리 단자의 케이블을 연결한 후 얼마 동안의 주행으로 다시 학습시켜야 한다.

 진단 기능(Diagnostics)

엔진 제어 컴퓨터는 장치의 문제를 진단할 수 있으며, 문제가 있으면 계기판의 결함 지시등이나 체크 엔진 램프(CHECK ENGINE LAMP)를 점등한다. 이것은 운전자에게 엔진을 정비하여야 된다는 것을 경고하는 것이다. 컴퓨터는 정상적으로 가동하는 차량에서 나타나는 데이터를 인식하도록 프로그램 된다. 즉, 컴퓨터는 여러 가지 센서의 출력을 모니터하고, 센서에 의해 산출된 데이터를 처리한다. 각 센서로부터의 데이터는 컴퓨터가 인식하는 어떤 범위의 값을 가진다. 만약 센서가 불량이면 센서의 데이터가 정상 값 범위를 벗어나게 되고, 컴퓨터는 이 값을 인식하도록 프로그램 되고 기억 장치에 코드 된 메시지(message)를 기억시켜 둔다. 메시지는 고장 코드라고 부르는 수의 형태이다. 고장 코드는 KAM에 저장되며, 정비사는 이 코드를 검색하여 엔진을 정비한다. 고장 코드를 검색하는 방법은 일반적으로 진단 단자를 접지 시키는 경우와 진단 테스터를 사용한다.

5 백업(Back Up) 기능

엔진 제어 장치에서 어떤 결함이 발견되면 체크 엔진 램프를 점등하고, 서비스 코드를 세팅하게 되며, 컴퓨터는 백업이나 페일 세이프 모드(fail safe mode)를 실행하게 된다. 이 모드는 다양한 이름으로 표현되며, 제한된 작동 전략, 림프 인 모드(limp-in mode), FMEM(Failure Mode Effects Management) 전략 등이 있다. 백업 모드에서 컴퓨터는 대개 고정된 점화 시기와 연료 분사 시간을 제공한다. 따라서 구동 성능에는 어느 정도 영향을 미치지만 차량을 정비하기 위하여 가까운 정비 업소까지는 운행할 수 있다.

6 직렬 데이터 전송(Serial dater Transmission)

직렬 데이터는 한 비트의 데이터가 다른 한 비트의 데이터 후에 보내지는 것을 의미하며, 이것은 컴퓨터 사이 또는 컴퓨터 장치에서 각 장치들 사이에서 데이터를 주고받을 때 사용한다. 이때 데이터가 전송되는 비율을 보드 레이트(baud rate)라 한다.

 전압 조정기(voltage Regulator) 및 컴퓨터 접지 회로

컴퓨터 회로가 정상적으로 가동하기 위해 일정한 전압의 공급이 요구되며, 컴퓨터가 센서에 보내는 기준 전압도 항상 일정하게 유지하는 것이 중요하다. 그러나 자동차 배터리의 전압은 배터리의 부하와 충전 상태, 주위의 환경에 따라 변화한다. 따라서 컴퓨터에 의해 공급된 기준 전압을 항상 일정하게 유지하기 위해 대부분의 컴퓨터는 전압 조정기를 내장하고 있다. 또한 컴퓨터가 적절히 자동하기 위해서는 접지 회로에서 전압 강하가 없어야 한다. 즉 접지는 일정하게 0V가 되어야 하며, 이것을 확실하게 하는 방법은 절연 접지를 하는 것이다. 이것은 접지 선을 배터리 (−)단자에 바로 연결하며, 다른 장치와 접지선을 공유하지 않는다는 것을 의미한다.

 점화를 OFF하였을 때 컴퓨터의 작동

자동차에서 컴퓨터는 점화 스위치를 OFF로 하였을 때 KAM을 위하여 배터리로부터 전류를 공급받으며, KAM을 제외한 컴퓨터 회로는 점화 스위치를 OFF로 하였을 때에는 가동하지 않는다. 이 전류는 배터리의 방전을 방지할 수 있을 정도로 충분히 적지만, 자동차를 장시간 가동하지 않을 경우에는 배터리를 방전시킬 수도 있다. 일부의 자동차에서는 점화 스위치가 OFF되었을 경우에도 컴퓨터가 가동되어야만 하는 경우도 있다.

예를 들어 문이 열릴 때에는 커티시 라이트(courtesy light)가 점등되며, 이것은 컴퓨터에 의해 가동된다. 따라서 점화 스위치가 OFF된 경우에도 컴퓨터 회로가 계속 가동하면 배터리가 지나치게 소모될 가능성이 있다. 따라서 이런 장치는 배터리 방전을 방지하기 위해 웨이크 업(wake up)기능을 가지고 있다. 즉, 컴퓨터 회로가 꺼져 있으면 전류는 흐르지 않으나, 컴퓨터가 웨이크 업 신호를 받으면 마이크로 프로세서는 기억된 프로그램을 가동하기 시작한다.

03

새시제어용 센서

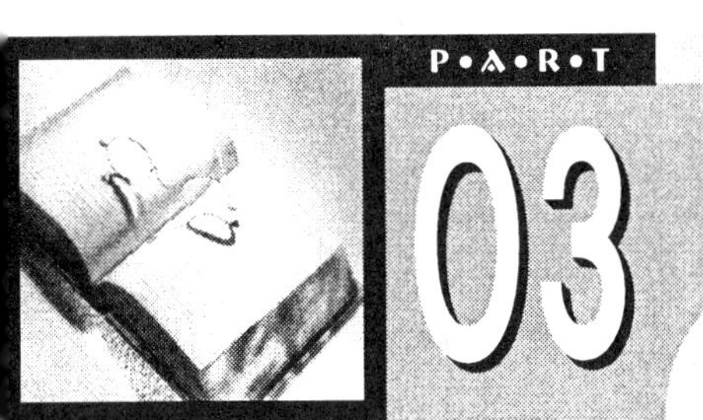

SENSOR

P•A•R•T 03

새시 제어용 센서

3-1 압력 검출용 센서

ABS 오일 압력 센서

유압 배력 장치인 유압 부스터(booster)를 설치한 브레이크 계통의 유압 제어에서 사용하는 센서이며 어큐뮬레이터(축압기, accumulator) 오일 압력을 검출하여 펌프의 ON/OFF 또는 이상 저압을 스위치 신호로 출력한다. 그림 3-1에 오일 압력 센서의 구조를 나타내었다. 반도체 변형 게이지와 금속 다이어프램으로 구성되어 있으며 압력을 다이어프램에 설치된 반도체 변형 게이지로 감지하여 전기 신호로 변환시킨 후 출력한다.

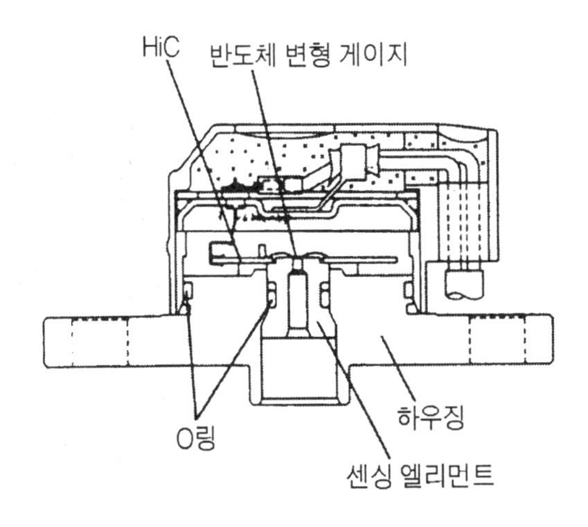

그림3-1 오일 압력 센서의 구조

그림 3-2는 승용차에 사용되고 있는 유압 부스터가 설치된 브레이크 계통의 일례이며 TCS(Traction Control System, 구동력 제어 장치)를 사용하고 있다. 그림 3-3은 오일 압력 센서의 특성도이다.

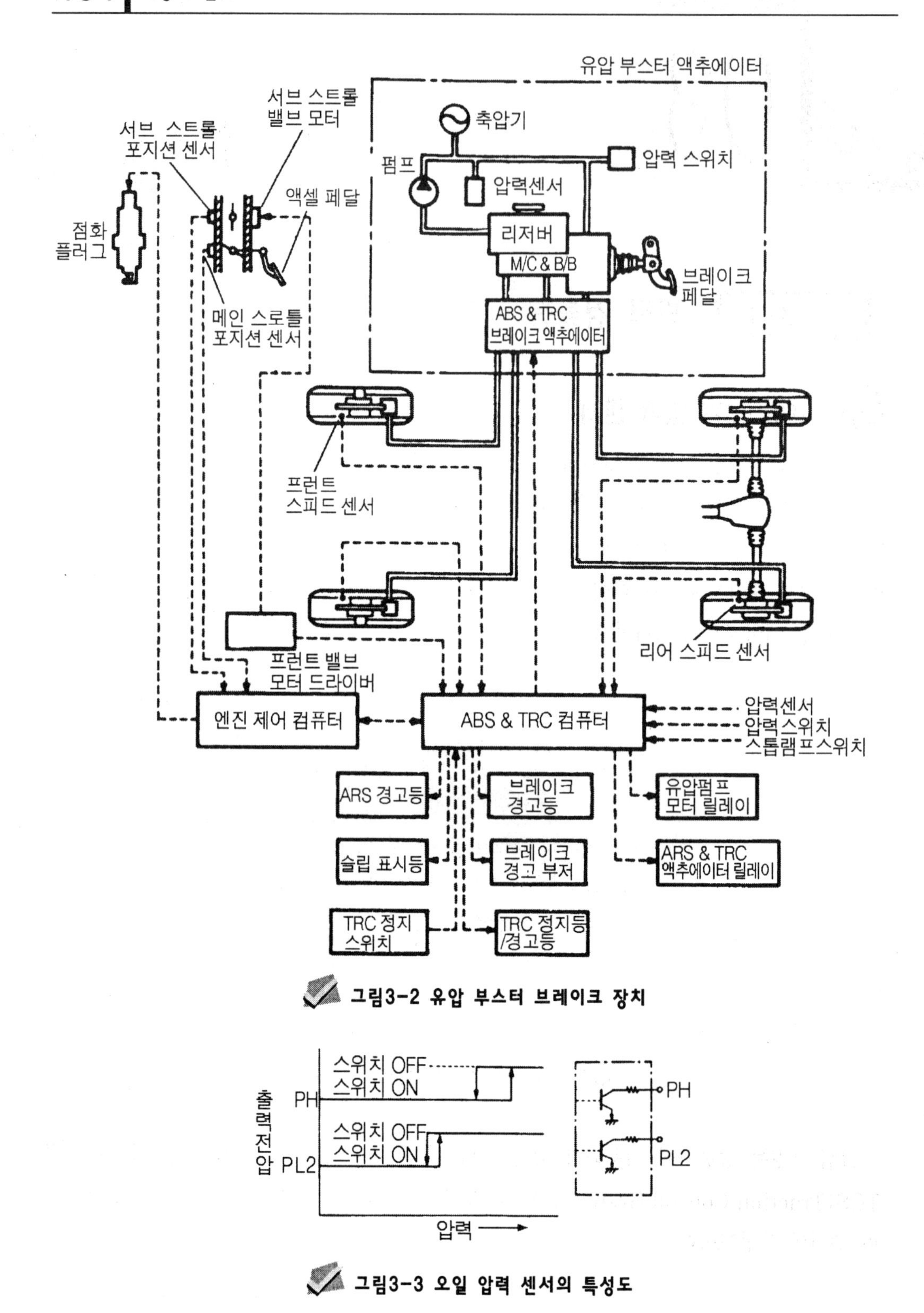

그림3-2 유압 부스터 브레이크 장치

그림3-3 오일 압력 센서의 특성도

TCS(Traction Control System)란?

구동력 제어 장치, 또는 구동 바퀴 슬립 제어 장치이라고도 하며 자동차 제작 회사에 따라 ASR(Anti Slip Regulating), ETC(Electronic Traction Control), ASC(Automatic Stability Control) 등으로 부르기도 하는데 TCS(Traction Control System)가 가장 널리 사용되고 있다. 자동차가 미끄러운 노면 주행, 커브 길 주행, 등판 발진, 급가속 등에서 타이어와 노면 사이의 점착력보다 구동력이 과대하게 되면 구동 바퀴가 헛도는 현상이 발생하게 된다. 이를 구동 바퀴 슬립 현상이라 하며 이러한 현상을 방지하기 위하여 구동력을 제어하여 구동 능력을 향상시키고, 주행안전성을 증대시키며 노면 마찰 상태에 따라서 엔진을 보호하기 위해서 설치한 장치이다.

컴퓨터는 한 쪽 바퀴의 회전속도를 반대쪽 바퀴의 회전속도와 비교하여 일정 값 이상으로 회전속도에 차이가 발생하면 구동 바퀴 슬립으로 판정하고 슬립제어를 한다. 먼저 운전자의 가속페달의 위치를 판단하여 스로틀 위치 센서(TPS)의 열림 정도가 과도하면 서보 모터를 사용하여 스로틀 밸브를 닫아서 구동력을 감소시킨다. 또한 슬립이 일어나는 구동 바퀴를 제동시켜 슬립을 제어하기도 한다. 앞의 방법을 엔진 회전력제어라 하며 뒤의 방법을 제동력 제어라 한다.

흔히 1개 바퀴가 스핀을 일으키거나 주행 속도가 40km/h 이하의 경우에는 최대견인력을 유지하기 위하여 제동력 제어를 실시하며, 2개 바퀴가 스핀하거나 주행 속도가 40km/h 이상일 경우에는 엔진 회전력 제어를 실시한다.

 절대 압력형 고압 센서

절대 압력형 고압 센서는 액티브 현가장치의 유압의 검출에 사용되고 있다. 증폭 회로와 온도 보상 회로를 내장하고 있으며 압력 매체에 접하고 있는 부분에는 스테인리스 다이어프램을 사용하여 높은 압력에도 견딜 수 있는 구조를 하고 있다. 그림 3-4에 절대 압력형 고압 센서의 구조를 나타내었다. 이 센서는 실리콘을 가공한 얇은 다이어프램에 확산 저항을 붙인 센서 소자를 사용하고 있다.

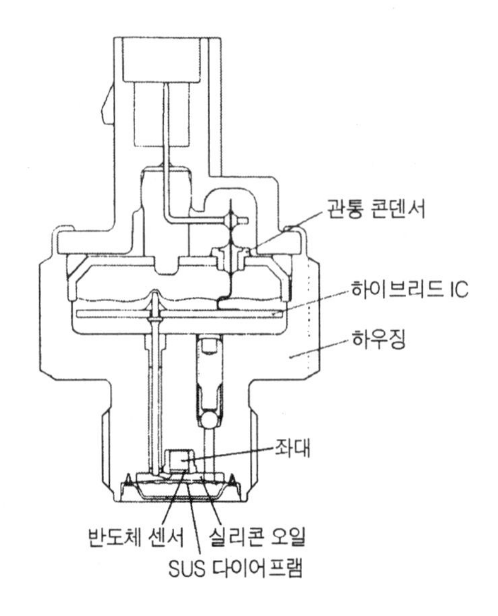

그림3-4 실리콘 다이어프램 절대 압력형 고압 센서의 구조

그림 3-5는 승용차의 액티브 현가장치(Active Suspension System)의 배치도이며, 스프링과 댐퍼에서 외력에 대한 저항력을 발생시키는 능동형 현가장치이다. 이 장치는 항상 차량의 상태를 감지하면서 미리 컴퓨터에 내장된 제어 순서에 기초하여 4바퀴의 움직임을 독립적으로 제어하고 있다.

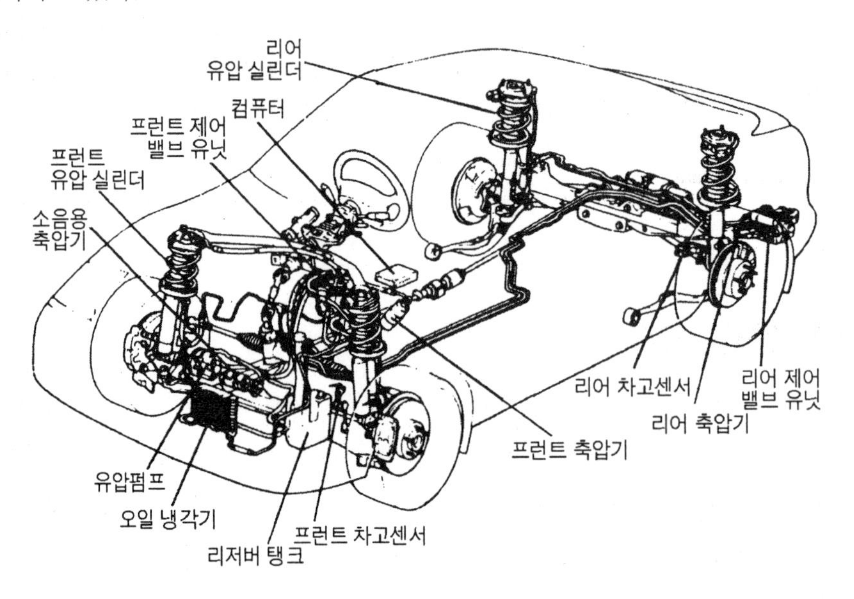

그림3-5 액티브 현가장치의 배치도

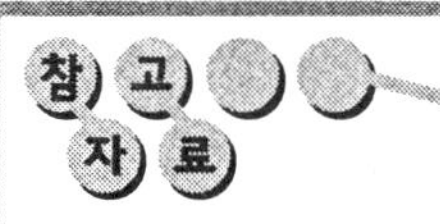

액티브현가장치(Active Suspension)**란?**

타이어와 차체 사이에 유압실린더 또는 공압 실린더를 설치하고 타이어와 차체사이의 가속도(변위)를 측정하여 승차감과 조정안전성 등을 향상시키는 장치이다. 이 장치의 제어는 다음과 같다. 주행(선회할 때) 좌우 이동을 방지하는 앤티 롤링 제어(Anti-rolling control), 급하게 출발할 때 차체 앞쪽의 들림을 방지하는 앤티 스쿼트 제어(Anti-squat control), 급제동을 할 때 차체 앞쪽의 쏠림을 방지하는 앤티 다이브 제어(Anti-dive control), 비포장 길 등에서의 차체 요동을 방지하는 앤티 피칭 제어(Anti-pitch control), 앤티 바운싱 제어)Anti-bouncing control), 승차 및 하차할 때의 차체의 흔들림을 제어하는 앤티 쉐이크 제어(Anti shake control) 등이 있다.

증폭회로와 온도보상회로란?

증폭회로는 센서의 출력신호가 미약한 경우 이 신호를 ECU에서 인식하기가 어려우므로 신호를 증폭시켜서 ECU가 읽어 들일 수 있는 전압으로 바꿔주는 회로이다. 온도보상회로는 센서의 출력 값이 온도에 따라서 변화하는 경우에 이를 방지하기 위하여 온도에 따른 저항값의 변화를 보상시켜주는 회로를 말한다. 흔히 더미 게이지(dummy gauge)라 하는 게이지를 압력이 작용하지 않는 곳에 추가로 설치하여 원래의 게이지와 더미 게이지의 값을 비교하여 온도의 변화를 보상하기도 한다.

 마스터 실린더 압력 센서

이 센서는 그림 3-6에 나타낸 바와 같이 마스터 실린더 하부에 설치되어 있어 마스터 실린더의 출력 유압을 검출한다. 그림 3-7은 그 구조도이며 피에조 저항 효과를 이용한 반도체 압력 센서로서 다이어프램과 스트레인 게이지가 일체화되어 있다. 유압이 가해지면 다이어프램이 변형하고 그 변화에 의해 스트레인 게이지의 저항이 변화하여 브리지 회로에서 압력에 비례한 전기 신호가 검출된다. 이 전기 신호를 회로 기판에서 전압으로 변화하여 ECU로 신호를 보낸다.

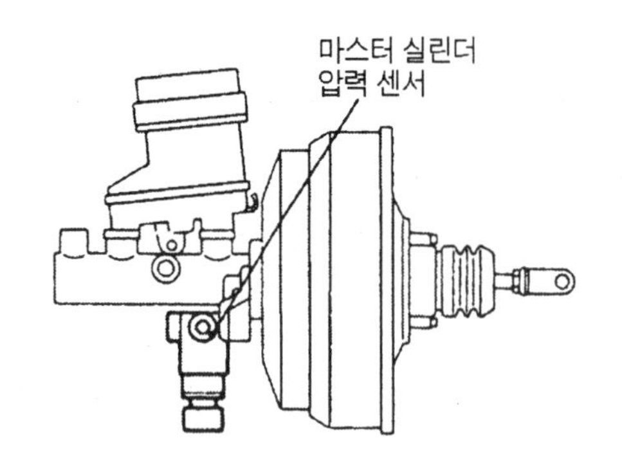

그림3-6 마스터 실린더 압력센서의 설치 위치

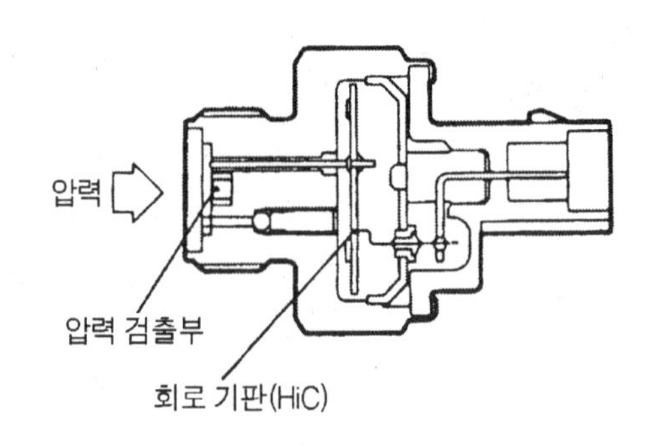

그림3-7 마스터 실린더 압력센서의 구조

4 어큐뮬레이터(축압기, accumulator) 압력 센서

이 센서는 그림 3-8과 같이 유압 유닛 상부에 설치되어 있으며, 어큐뮬레이터의 압력을 검출한다. 센서의 기본 구조는 마스터 실린터 압력 센서와 동일하다. 또한 참고로 그림 3-9에 ASC 장치의 구성도를 나타내었는데 이것은 ABS 및 TCS(Traction Control System)에 요레이트(yaw rate) 센서, 횡G센서, 어큐뮬레이터 압력 센서를 추가한 장치이다.

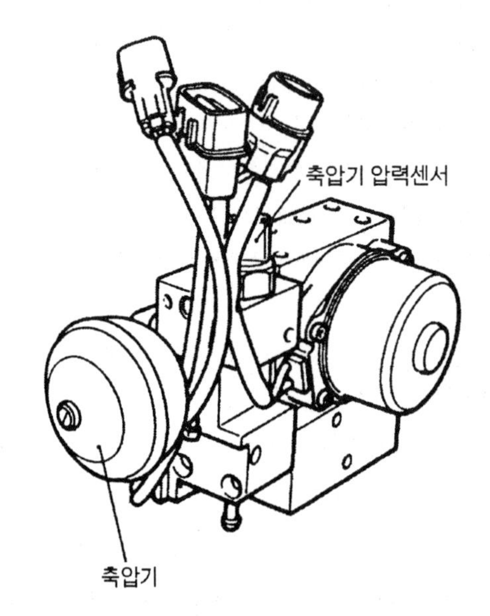

그림3-8 어큐뮬레이터 압력 센서 설치 위치

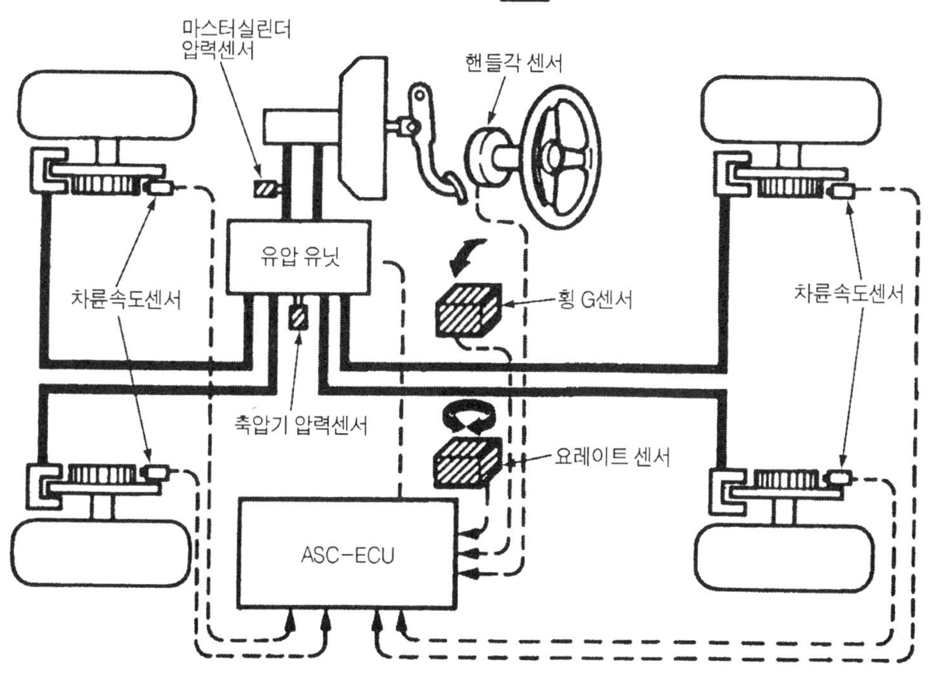

그림3-9 ASC 장치의 구성도

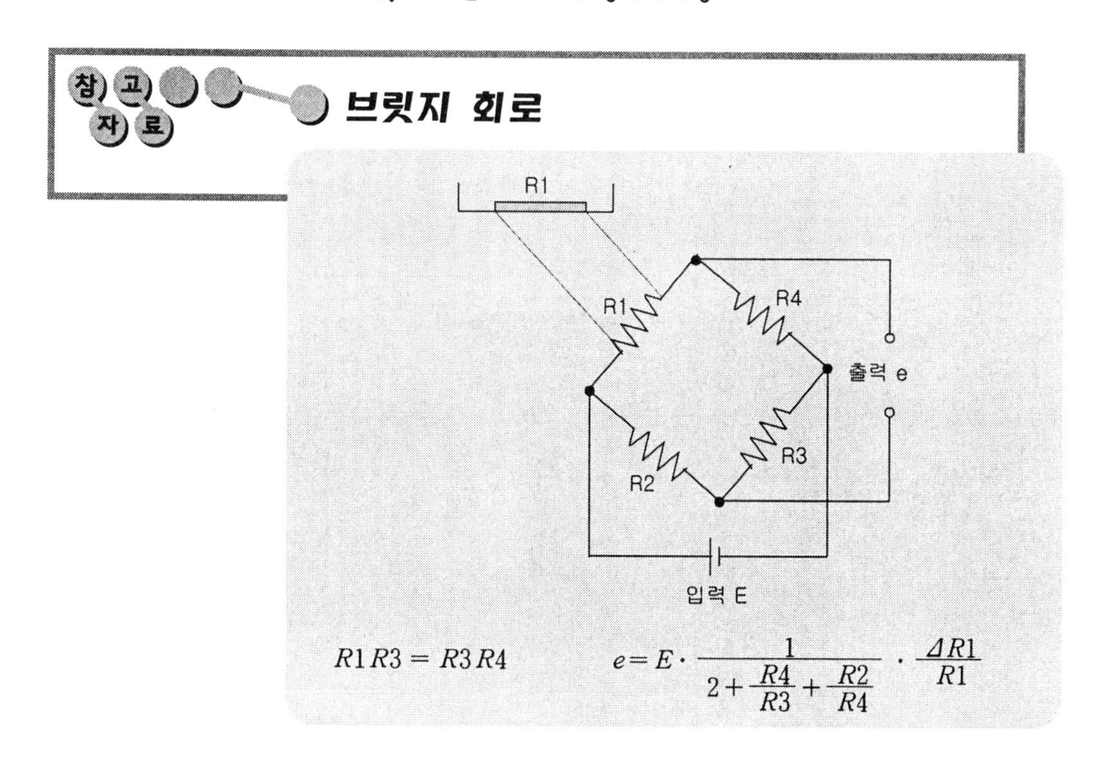

3-2 각도 검출용 센서

홀 소자 방식 차고 센서

홀 소자 방식 각도 센서는 회전축의 회전각에 따른 아날로그 전압을 90° 범위에서 출력하는 장치이다. 홀 소자가 회전축에 고정된 자석의 회전에 의해 변화하는 자속을 검출하여 회전각도에 따른 전압을 사인 함수로 출력하는 자기 전기 교환 방식 센서이다.

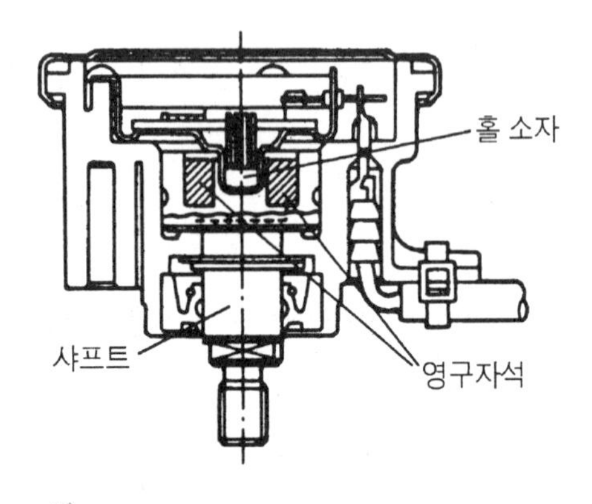

그림3-10 홀 소자 방식 차고센서의 구조

자동차에서는 주행상태에 따른 자동차의 자세나 승차감을 자동적으로 조정하는 액티브 현가장치의 차고(車高) 센서로 사용된다. 이 경우는 차고를 링크 구조에 의해 회전각으로 변환하고 있다. 또한 승차 인원수나 적재량의 증감에 의해 차고 변동을 자동적으로 조정하는 차고 제어 시스템에서도 사용되고 있다. 그림 3-10에 센서의 구조도를 나타내었다.

홀 소자 방식 차고 센서를 사용될 때의 설치 상태를 그림 3-11에 나타내고 있다. 이 센서는 홀 소자를 사용하고 있으며 홀 소자를 고정하고 자석을 회전축과 일체로 회전시켜서 홀 소자에 가하여지는 자계의 강도의 변화에 의해 회전축의 회전각을 검출하는 것이다.

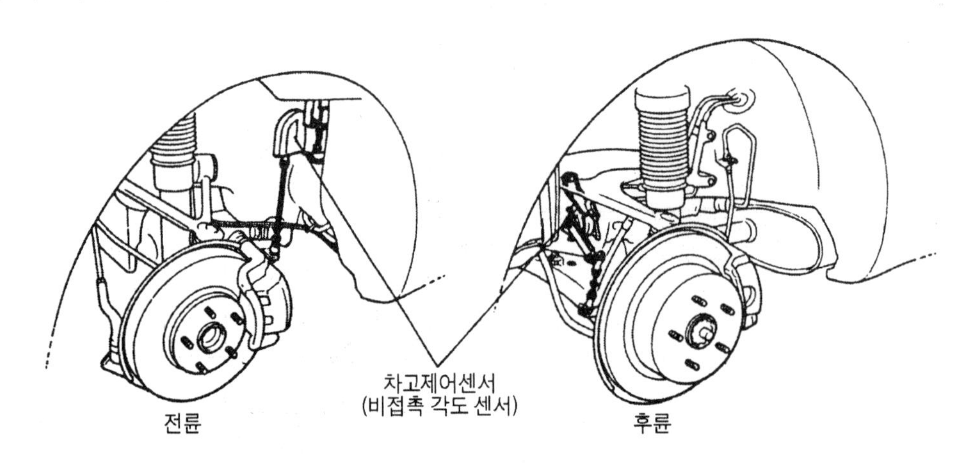

그림3-11 홀 소자 방식 차고센서의 설치 상태

홀 소자의 개념도가 그림 3-12에 나타나 있다. 홀 효과는 반도체에 전류를 흘러 이 흐르는 방향의 수직 방향으로 자계를 가하면 자계의 작용에 의해 반도체 내의 전기 전도를 행하는 전하(-전자)가 휘어지고 반도체 내의 수직 방향으로 전하의 밀도의 치우침이 생겨 전위차가 발생하는 현상이다.

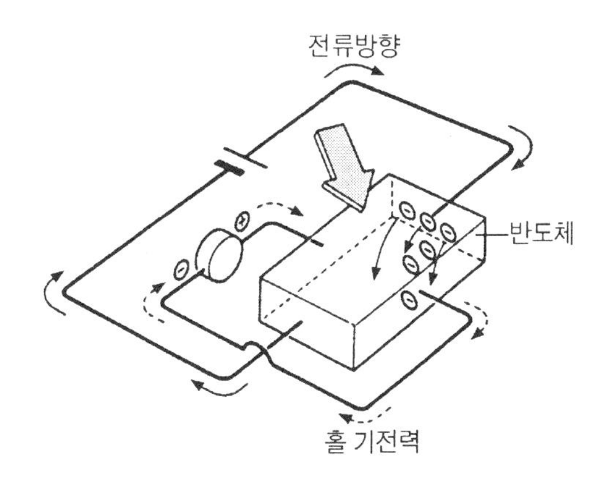

그림3-12 홀 소자의 개념도

2 광학식 차고(車高)센서

(1) 광학식 차고 센서의 구조 및 기능

차고 센서는 자동차의 현가장치의 위치 변화량을 센서 회전축의 회전으로 변환하여 그 회전각을 검출하는 광학식 센서이다.

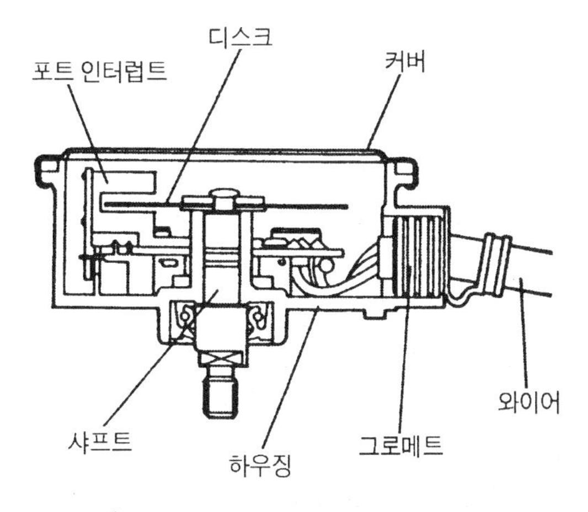

그림3-13 광학식 차고 센서의 구조

그림 3-13과 같이 디스크 원주 상에 회전 각도를 디지털 코드화 한 슬릿에 의해 포토 인터럽트(발광 다이오드와 포토트랜지스터로 구성됨)의 빛을 단속 시켜 회전 각도를 검출하는 구조로 되어 있다. 센서 내부에는 링크의 회전을 전달하는 회전축이 있고 회전축에는 슬릿이 설치된 슬릿 판이 있다. 이 슬릿 판을 감싸듯이 센서의 포토트랜지스터가 4쌍이 설치되어 있다. 링크가 회전하면 포토트랜지스터가 슬릿 판에 의해 빛이 단속되므로 ON 상태 또는 OFF 상태로 된다. 이 변화하는 상태를 컴퓨터에 보내는 것이다.

그림 3-14는 차고 자동 제어 장치의 구성도이다. 이 센서는 승차 인원이나 적재량의 증감에 의해 차고의 변동을 자동적으로 조정하는 차고 제어 장치의 차고 센서로 사용되고 있다. 또한 노면 상태에 따른 서스펜션의 특성을 바꿔주는 전자 제어 현가장치에서 험한 도로(惡路)검출에도 사용되고 있다. 그림 3-15는 이 센서의 특성도를 나타내고 있다.

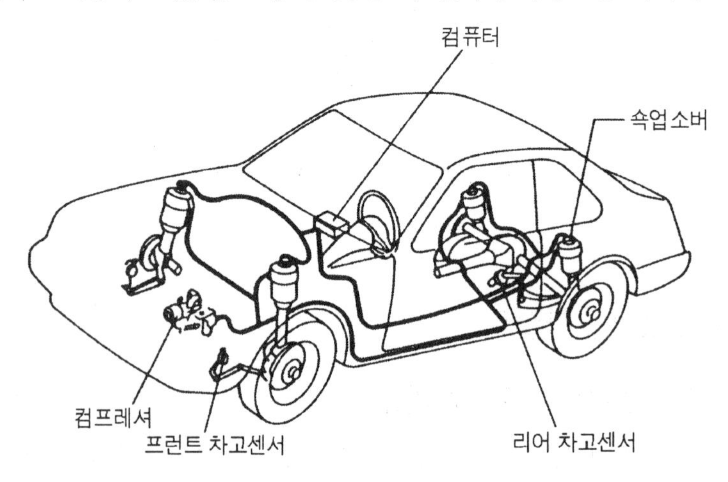

그림3-14 차고 자동 조정 장치의 구성도

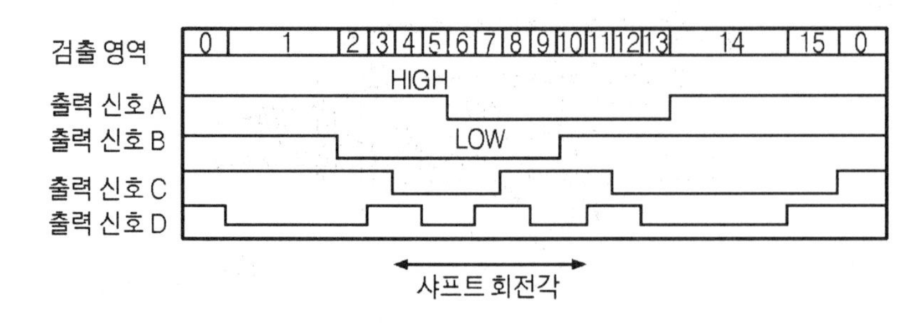

그림3-15 광학식 차고 센서의 특성

(2) 광학식 차고 센서의 점검

자동차의 현가장치 변위량(차고)을 축(shaft)의 회전으로 변환하여 이 회전각을 검출하는 광학식 센서로서 액티브 현가 장치에서 사용되고 있다. 그림 3-16은 앞차고 센서의 설치 위치이다. 그림 3-17은 회로도를 나타낸 것이며, 차고센서의 커넥터를 접속시킨 상태에서 ECU의 커넥터에서 ECU 전압을 측정한다.

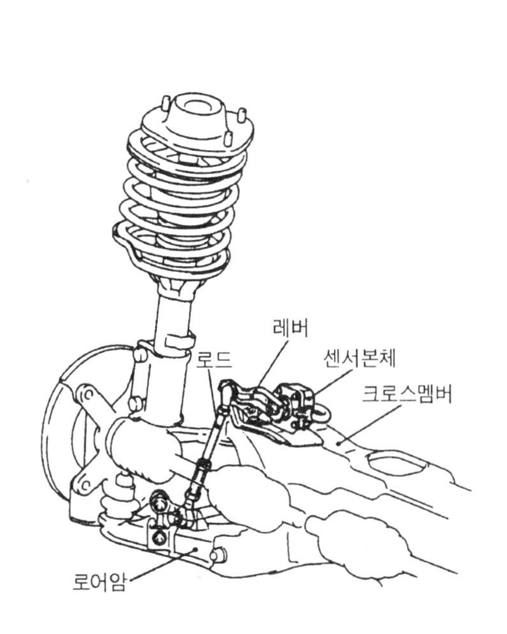

그림3-16 앞차고 센서의 특성도

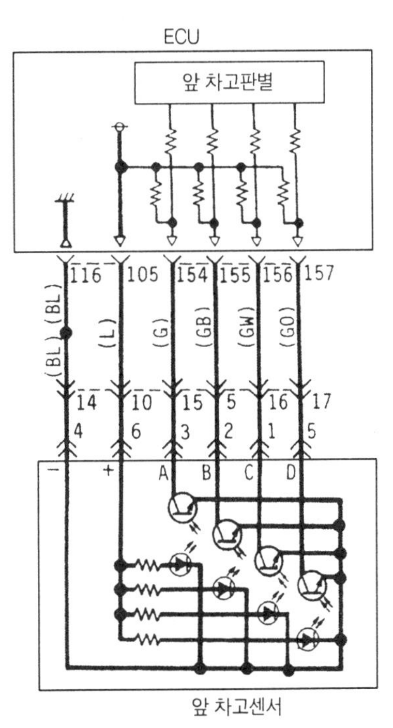

그림3-17 앞차고 센서의 회로도

표3-1 앞차고 센서의 단자전압

<table>
<tr><th rowspan="2">차고레벨</th><th rowspan="2">센서링크위치</th><th colspan="4">단자 No.</th></tr>
<tr><th>3</th><th>2</th><th>1</th><th>5</th></tr>
<tr><td>최고레벨</td><td>①</td><td rowspan="4">0~0.5(V)</td><td rowspan="3">4.5~5(V)</td><td rowspan="2">0~0.5(V)</td><td>4.5~5(V)</td></tr>
<tr><td>HI보다 높음</td><td>②</td><td rowspan="7">0~0.5(V)</td></tr>
<tr><td>HI(목표차고)</td><td>③</td><td rowspan="2">4.5~5(V)</td></tr>
<tr><td>Normal보다 높음</td><td>④</td><td rowspan="3">0~0.5(V)</td></tr>
<tr><td>Normal(목표차고)</td><td>⑤</td><td rowspan="5">4.5~5(V)</td><td rowspan="3">0~0.5(V)</td></tr>
<tr><td>Normal 보다 낮음</td><td>⑥</td></tr>
<tr><td>Low(목표차고)</td><td>⑦</td><td rowspan="3">4.5~5(V)</td></tr>
<tr><td>Low 보다 낮음</td><td>⑧</td><td rowspan="2">4.5~5(V)</td></tr>
<tr><td>최저레벨</td><td>⑨</td><td>4.5~5(V)</td></tr>
</table>

그림3-18 앞차고 센서 커넥터의 단자 배열

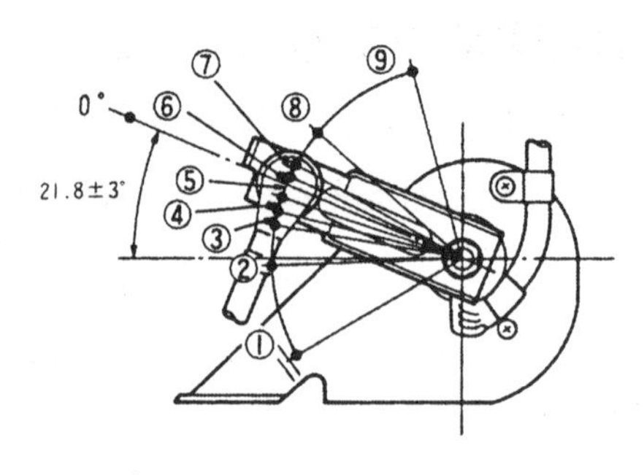

그림3-19 앞차고 센서의 위치

여기에서 센서의 정상여부를 판정할 수 있다. 그림 3-17의 105 단자는 센서의 전원으로 ECU가 작동 할 때 4~8V를 나타내면 정상이다. 또한 154~157 단자는 차고 신호로서 센서 내의 포토인터럽트가 ON로 된 때는 0V, OFF로 된 때 4~8V를 나타내면 정상이다. 또한 116 단자는 센서 회로의 접지이기 때문에 항상 0V이어야 한다. 다음으로 센서 단품 점검은 차고 센서 단품을 차량 측 하니스와 접속하고 점화(키) 스위치 ON 위치에서 센서의 연결 축을 회전시켜 각 단자 전압이 표와 같이 변화하면 정상이다. 그림 3-18에 앞차고 센서의 커넥터 단자 배열을 그림 3-19에 앞차고 센서 위치를 나타냈다. 이 점검은 센서가 차량에 부착된 상태에서 로드를 상하로 움직여서 같은 점검을 할 수 있다.

뒤 현가장치의 차고 센서도 마찬가지로 점검을 할 수 있다. 단, 뒤의 경우는 앞 보다 조금 세밀하지 않게 제어한다. 그림 3-20에 뒤차고 센서의 위치를 그림 3-21에 회로도를 나타내었다.

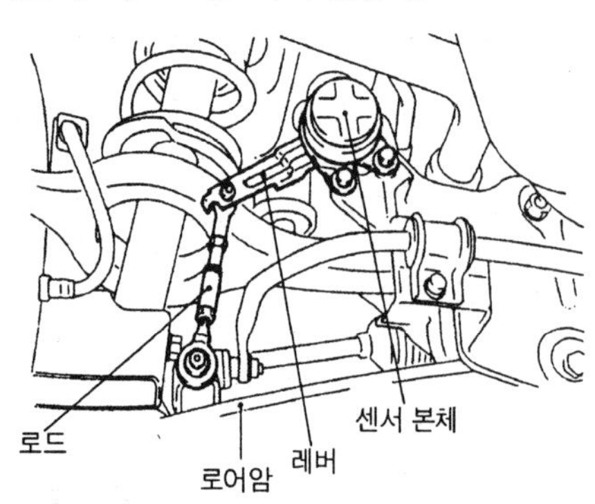

그림3-20 뒤차고 센서의 설치 위치

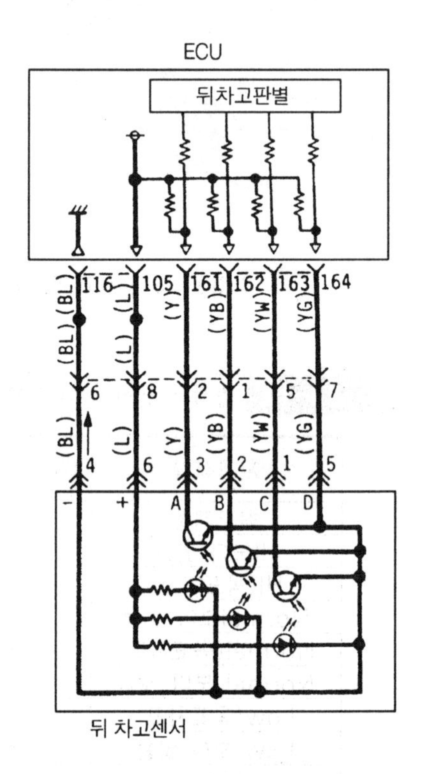

그림3-21 뒤차고 센서의 회로도

조향 각 센서

(1) 조향각 센서의 구조와 작용

조향 각 센서는 광전식 변화율 센서라고도 하며 회전축의 회전각 및 방향을 검출한다. 회전축에 설치한 디스크와 디스크의 회전각을 검출하는 센서 본체부로 구성되어 있다.

그림 3-22에 나타냈듯이 조향 축에 압입된 디스크의 중앙에는 슬릿 판이 설치되어 있으며 이 슬릿 판 주위에 90°위상을 가진 포토 인터럽트가 컬럼(column) 튜브에 2개가 설치되어 있다. 그림 3-23과 같이 조향 축에 의해 포토 인터럽트의 빛을 단속 시켜 회전각을 검출하고 있다. 그림 3-24는 승용차의 TEMS 장치로 승차감과 조종성, 주행 안정성을 동시에 만족시키기 위해 쇼크옵서버(shock absorber)의 감쇄력을 주행 조건에 따라 자동적으로 바꿔주는 제어를 하고 있다. 그림 3-25는 이러한 조향 각 센서의 좌, 우회전의 판단 원리를 나타낸 그림이다.

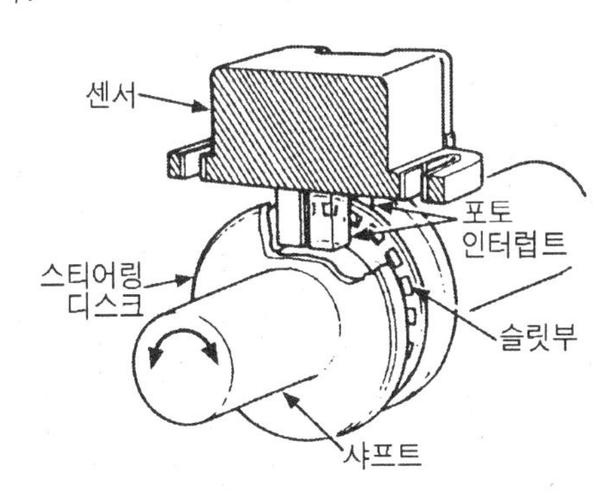

그림3-22 조향각 센서의 설치상태

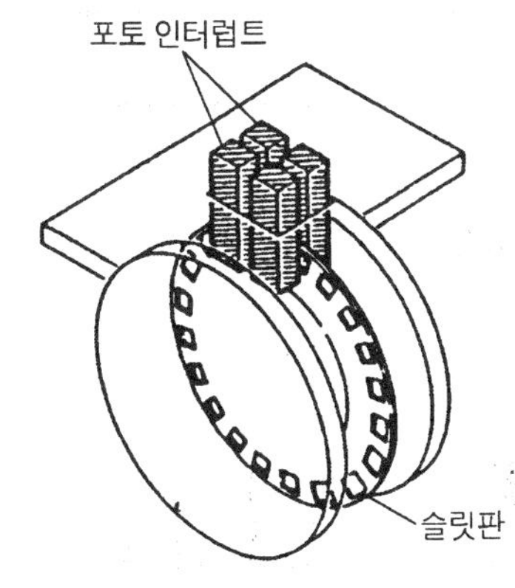

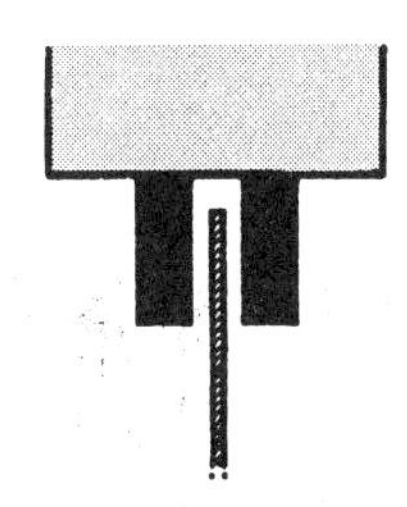

그림3-23 조향 각 센서의 동작 설명도

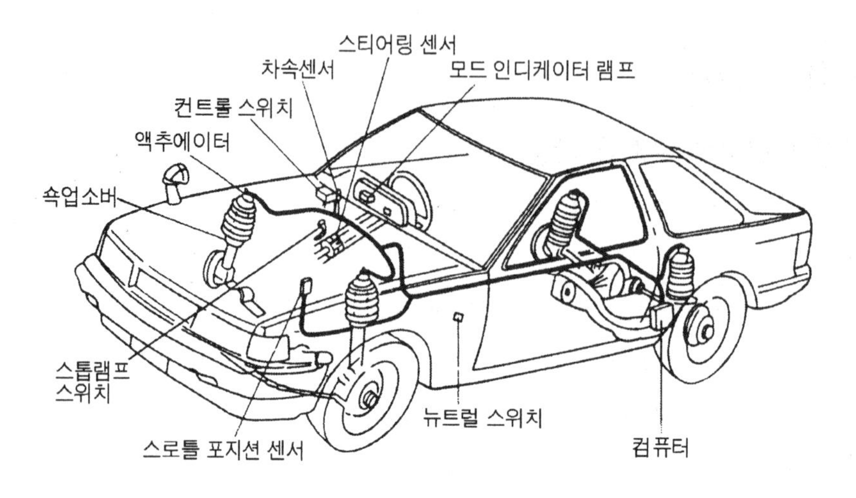

그림3-24 TEMS 장치의 구성도

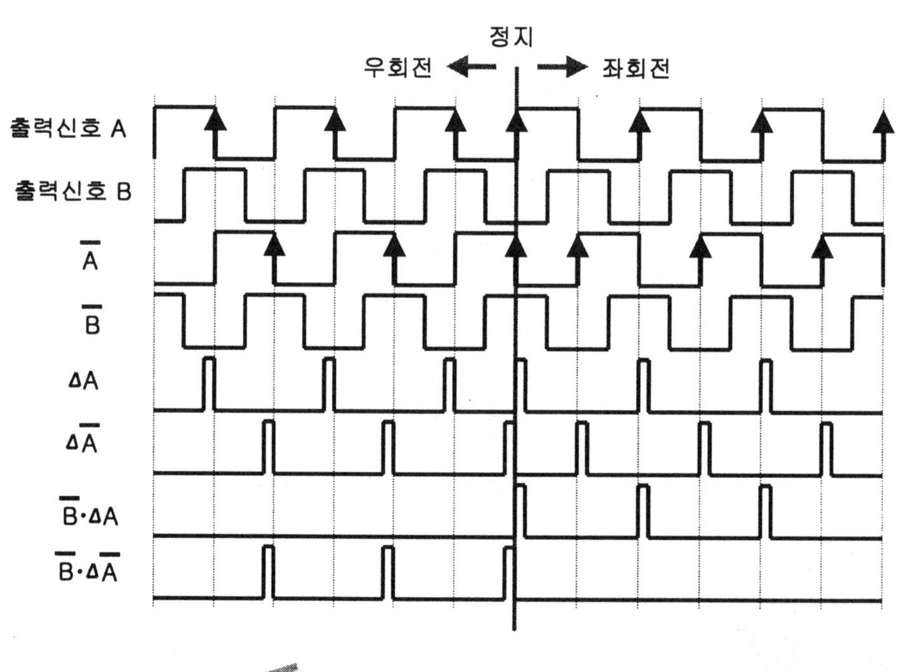

그림3-25 조향 각 센서의 특성

(2) 조향각 센서의 점검

그림 3-26에 조향각 센서의 부착 상태와 구조를 나타내었다. 조향 축에 고정된 슬릿 판은 조향 핸들 조작에 따라서 포토 인터럽트의 발광 다이오드와 포토트랜지스터 사이를 회전하고 슬릿에서 발광 다이오드가 발생하는 빛을 ON, OFF하여 조향 핸들 조작 각속도에 따

라서 전기신호를 출력한다.

그림 3-27은 이 회로도를 나타낸 것이며 조향 각 센서의 커넥터 접속 상태에 ECU의 단자 전압을 측정하는 것으로 차고 센서와 마찬가지로 고장여부를 판정할 수 있다. 그림 3-27의 105 단자는 센서용 전원으로 ECU가 작동할 때 4~8V를 나타내면 정상이다. 또한 153과 160 단자는 조향 각 센서의 출력 단자이다. 포토 인터럽트가 ON일 때에는 0V, OFF일 때는 3~4V를 나타내면 정상이다. 또한 하니스가 단선된 경우에는 4~8V를 나타낸다. 116단자는 접지이기 때문에 항상 0V 이다.

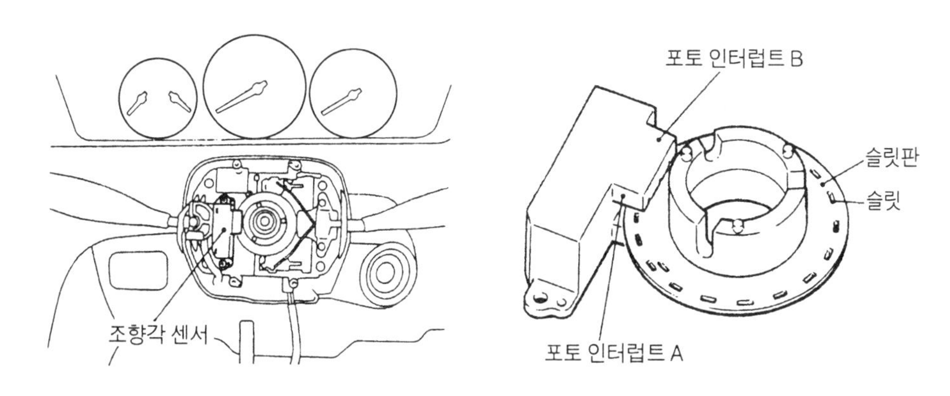

그림3-26 조향 각 센서의 설치 상태와 구조

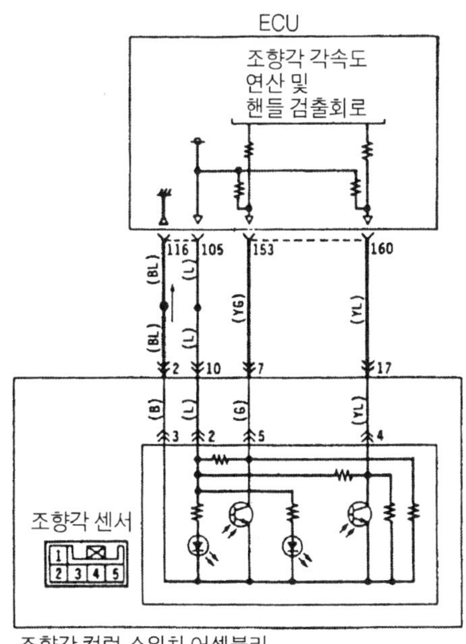

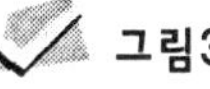
그림3-27 조향 각 센서의 회로도

3-3 회전 속도 검출용 센서

휠 스피드 센서

(1) 휠 스피드 센서의 구조와 작용

최근 자동차에서는 엔진 제어, 오토 드라이브(auto drive), ABS, TCS, 오토 도어 록(auto door lock), 액티브 현가장치(active suspension), 내비게이션 장치(navigation system), 전자 계기(electro-meter) 등 자동차의 차속 신호를 필요로 하는 장치가 증가하고 있다. 이들의 장치를 정상적으로 작동시키기 위해서 필요한 것이 휠 스피드 센서이다. 이 센서는 회전체에 부착된 톱니 달린 회전체 톱니의 이빨 모양에 따른 출력신호를 발생하여 회전체의 회전수, 회전 속도 및 가·감속 상태를 검출하는 센서이다.

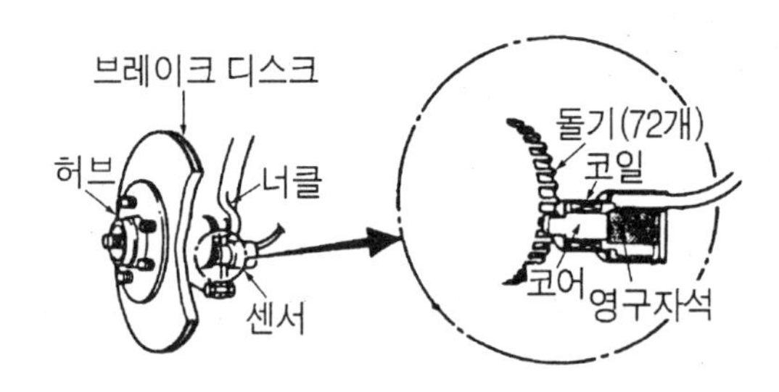

그림3-28 휠 스피드 센서의 구조와 설치 위치

그림 3-28과 같이 영구자석과 코어 및 코일 등으로 구성되어 있다. 센서의 끝 부분에 톱니가 달린 회전체에 근접되어 있기 때문에 톱니가 달린 회전체가 회전하면 센서의 영구 자석에서 발생하는 자속의 통과량이 변화하여 코일에 교류 전류가 발생한다. 그림 3-29는 휠 스피드 센서의 원리를 나타내고 있다. 그림 3-30은 전자 제어 ABS 장치 구성도이며 이 센서는 바퀴의 회전 상태에 알맞은 신호를 컴퓨터에 보내는 역할을 하고 있다.

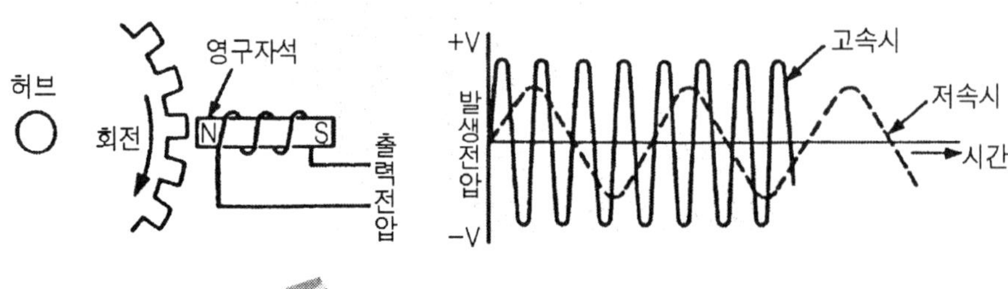

그림3-29 휠 스피드 센서의 원리

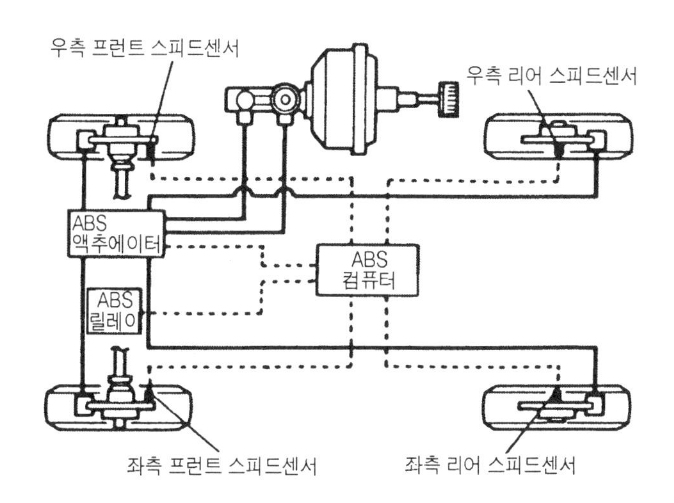

그림3-30 휠 스피드 센서의 신호를 사용하여 제어되는 ABS 장치

(2) ABS가 부착되지 않은 휠 스피드 센서의 점검

자동차를 리프트에 올려놓고 주차 브레이크를 해제한다. ECU(엔진 제어 유닛)의 커넥터를 빼낸다. 그림 3-31과 같이 하니스 커넥터에 프르브(테스터 봉)를 접속한다. 다음으로 측정하는 바퀴를 약 1/2~1(회전/초) 회전시키면서 출력 전압을 테스터 (AC mV 범위)또는 오실로스코프로 점검한다. 출력 전압이 테스터로 측정하여 70mV 이상, 오실로스코프에서 측정하여 100mV 이상이면 휠 스피드 센서는 정상이다. 출력 전압이 기준 값보다 낮으면 휠 스피드 센서의 폴 피스와 로터 사이의 간격이 너무 크거나 휠 스피드 센서의 불량이라고 생각할 수 있으므로 조정 또는 교환하여야 한다. 바퀴를 손으로 등속 회전시켜서 각 휠 스피드 센서의 출력 전압 파형을 오실로스코프로 관측한다. 프르브의 접속 단자는 그림 3-31과 같이 된다.

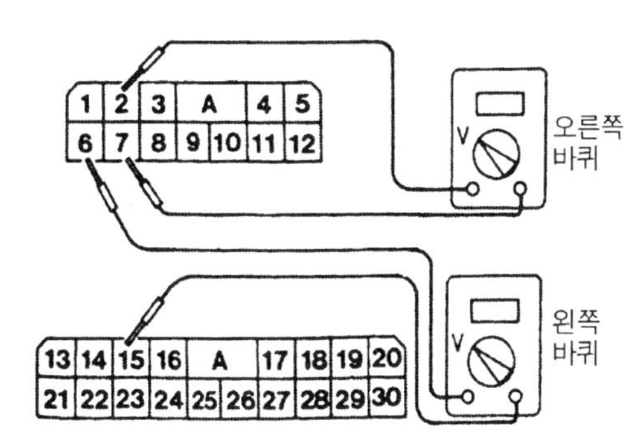

그림3-31 ABS 없는 휠 스피드 센서의 점검 방법

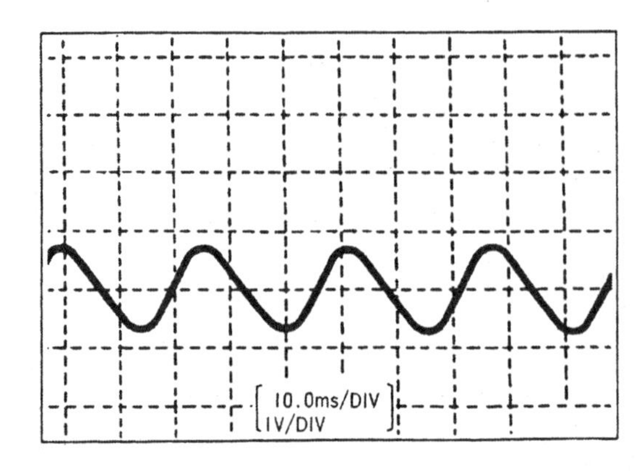

그림3-32 휠 스피드 센서의 오실로스코프 정상 파형

그림 3-32에 정상적인 휠 스피드 센서의 오실로스코프 파형을 나타내었다. 이 때 실제로는 자동차를 주행하면서 파형 관측을 하는 것이 좋으며 출력 전압은 휠 스피드가 저속인 경우에는 낮고 고속으로 되면 높게 된다.

다음과 같이 파형 관측 포인트를 설명한다.

① 파형 진폭이 작거나 전혀 출력되지 않는 경우

휠 스피드 센서의 불량과 폴 피스와 로터 사이의 간격이 불량하다고 생각되며 센서를 교환하거나 간격조정을 한다.

② 파형 진폭이 너무 큰 경우(단 최소 진폭 100mV 이상이면 문제는 없다)

악셀 허브의 진통이 과대하거나 편심 되었다고 생각되며 허브를 교환한다.

③ 파형에 노이즈가 있거나 파형이 일그러지는 경우

자동차 센서의 단선, 하니스 단선, 휠 스피드 센서의 체결 불량, 로터 이빨의 손상 등이라고 생각되며 센서의 교환, 하니스의 수정, 센서 체결 상태의 수정, 로터의 교환 등을 한다. 또한 뒷바퀴의 휠 스피드 센서 케이블은 뒤 현가장치의 동작에 따라서 추종하여 움직이기 때문에 험한 도로를 주행할 때에는 단선되고 일반 도로에서는 정상으로 되는 경우도 있다. 따라서 휠 스피드 센서 출력 전압 파형 관측은 험한 도로 주행 상태 등의 특수한 상태에서 할 필요가 있다.

(3) ABS가 부착된 휠 스피드 센서의 점검

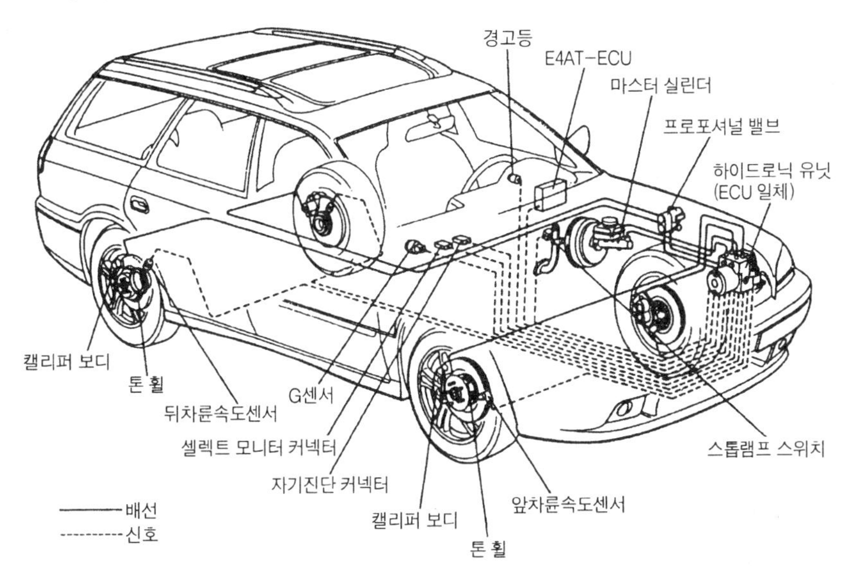

그림3-33 ABS 부착 브레이크 장치 구성도의 예

그림 3-33은 ABS 브레이크 장치의 구성도이다. 이 장치에서 사용되고 있는 휠 스피드 센서는 4개 바퀴의 회전을 검출하기 때문에 영구자석, 코일, 톤 휠 등으로 구성되어 있다. 또한 톤 휠은 철을 소결 합금시킨 것으로 이빨 수는 44개이다. 또한 센서는 내부에 영구자석과 픽업 코일을 내장한 구조로서 자동차의 앞쪽에는 하우징에 설치되어 있으며 자동차의 뒤쪽은 뒤 현가 암에 부착되어 있다.

(4) 앞 휠 스피드 센서의 점검

디스크 로터를 빼내고 톤 휠과 휠 스피드 센서 이빨의 손상여부를 점검한다. 다음으로 톤 휠과 휠 스피드 센서의 간격을 점검한다. 그림 3-34의 A값이 0.9~1.4mm의 범위가 표준 값이다.

불량이 있으면 조정 스패너를 그림 3-34의 위치에 추가하거나 휠 스피드 센서 또는 톤 휠을 새것으로 교환한다. 떼어내는 순서는 다음과 같이 한다.

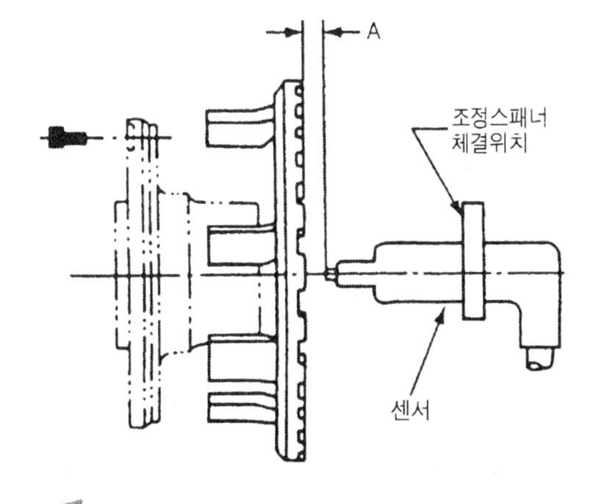

그림3-34 앞 휠 스피드 센서의 점검 방법

① 엔진 룸 내의 좌우 스트러트 타워에서 휠 스피드 센서 하니스 커넥터를 분리하고 타이어 측의 커넥터를 분리시킨다.
② 휠 스피드 센서 체결 볼트 및 하니스 체결 볼트를 풀고 센서를 빼낸다.
③ 결합은 분해의 역순으로 진행하며 좌우 휠 스피드 센서를 잘 구분해서 결합한다.
④ 하니스에 비틀림이 없는 지를 점검한다.
⑤ 핸들을 좌우로 움직이면서 하니스가 장력을 받지는 않는지 또는 현가장치나 보디에 접촉하지는 않는지 점검한다.

(5) 뒤 휠 스피드 센서의 점검

뒤 디스크 로터를 빼내고 톤 휠과 뒤 휠 스피드 센서 이빨의 손상 여부를 점검한다. 톤 휠과 휠 스피드 센서의 간격을 점검하여 그림 3-35의 A값이 0.44~0.94mm의 범위에 있는지를 확인한다. 불량이 있으면 조정 스패너를 그림 3-35와 같이 추가하거나 휠 스피드 센서 또는 톤 휠을 새것으로 교환한다.

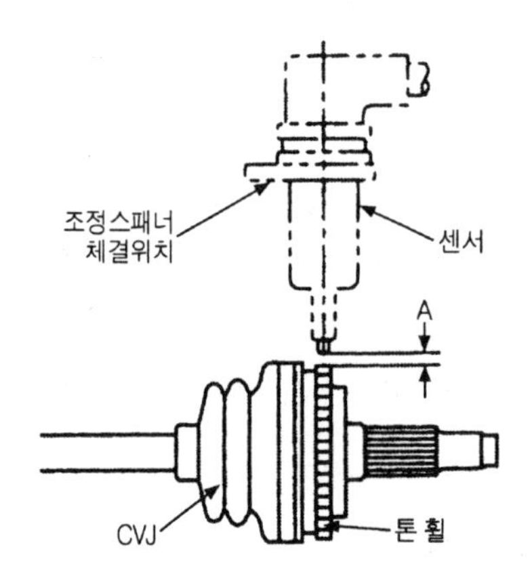

그림3-35 뒤 휠 스피드 센서의 점검 방법

떼어내는 순서는 다음과 같다.

① 뒤 시트의 쿠션을 빼낸다.
② 센서의 하니스 커넥터를 분리한다.
③ 뒤 디스크 로터를 빼내고 실내 측 센서 하니스를 빼낸다.
④ 하니스의 체결 볼트를 풀고 휠 스피드 센서를 떼어낸다.
⑤ 결합은 분해의 역순으로 한다. 좌우 휠 스피드 센서를 잘 구분해서 결합한다.

 리드 스위치형 차속 센서

리드 스위치는 작은 유리관의 중간에 강자성체의 가늘고 긴 판 상태의 리드를 2장 넣은 구조로 되어 있다. 그리고 바깥쪽의 자석의 자극 위치에 따라 가운데의 리드가 서로 ON-OFF 되는 스위치 작용을 하고 있다. 그림 3-36은 리드 스위치형 차속 센서의 구조이다. 차속 센서 내의 회전체에 근접하여 리드 스위치가 놓여져 있고 차속 센서의 케이블이 회전하면 자석도 회전하며 N·S의 자극이 리드 스위치 접점 위치에 접촉되거나 떨어진다.

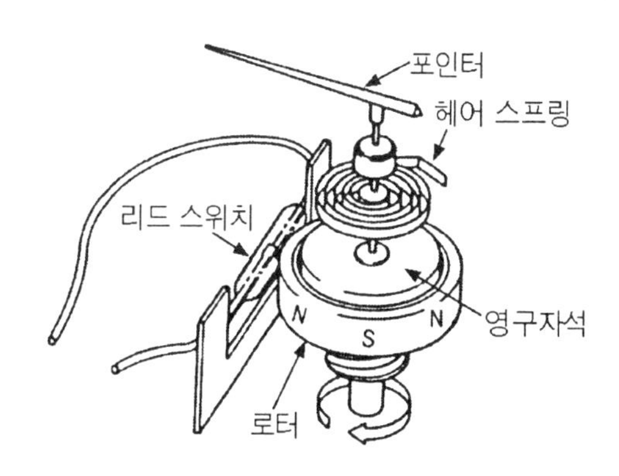

그림3-36 리드 스위치형 차속 센서의 구조

그림 3-37은 리드 스위치가 흡입된 상태를 나타내었고, 그림 3-38은 리드 스위치가 반발한 상태를 나타내고 있다. 즉 근접 위치로부터 N·S극이 떨어져 있으면 상하 접점에는 다른 종류의 자극이 다가오며 접점이 서로 당겨져 스위치는 ON이 된다. 한편 접점 위치에 N극 또는 S극이 다가가고 있을 때는 접점에서 같은 종류의 자극이 되어 서로 반발하여 스위치는 OFF가 된다. 제어 부분에는 접속하는 것에 따라 센서 케이블 1회전으로 4펄스의 출력이 발생한다.

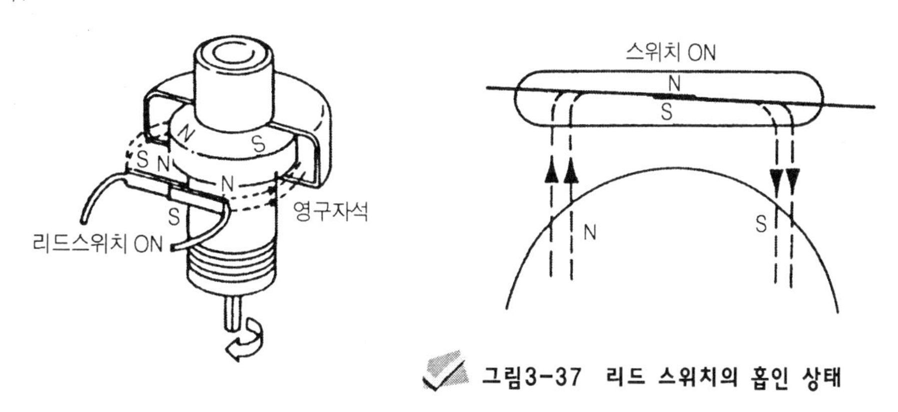

그림3-37 리드 스위치의 흡인 상태

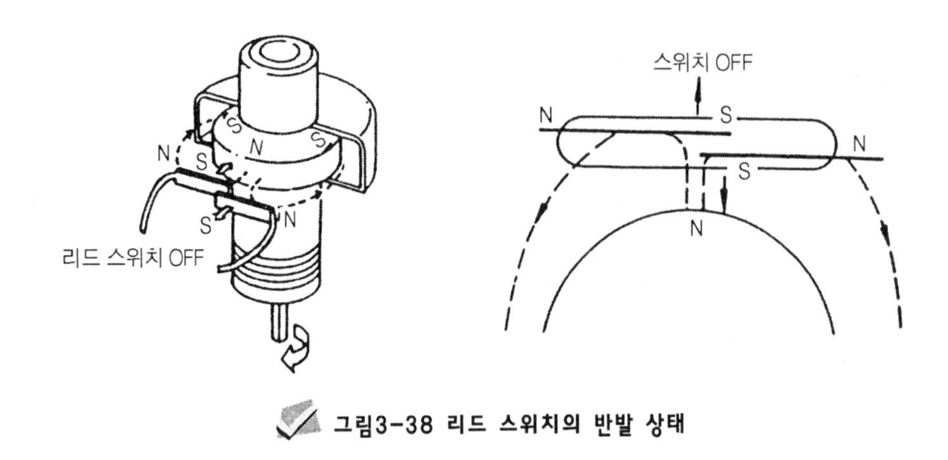

그림3-38 리드 스위치의 반발 상태

현재 국내 자동차에서는 현대자동차 차량과 카스타, 카렌스, 카니발, 크레도스II V6 DOHC, 크레도스, 스포티지, 아벨라, 뉴포텐샤, 세피아 1.5 SOHC, 세피아 1.5 DOHC, 세피아 1.8 DOHC, 마티즈SM5 SR 2.0L, SM5 VQ2.0L 2.5L 등에서 사용하고 있다.

속도 경보 장치는 주행속도에 비례한 전류를 만들며 트랜지스터로 증폭하여 전압이나 전류가 일정 값이 되면 경보기를 울릴 수 있도록 되어 있다.

(1) 아날로그 속도계 내장형 차속 센서의 점검

전자제어 연료 분사 장치에서 엔진회전수를 약 2500~5000rpm으로 한 후 흡기다기관 압력신호 또는 공기유량 센서 신호가 규정치 이상에서 주행속도 신호가 수 초 동안 0km/h (단선, 단락)인 경우에 점검한다.

그림 3-39는 아날로그 콤비네이션 미터가 내장된 차속 센서의 회로도이다. 그림 3-40과 같이 점화(키) 스위치를 ON로 하고 구동 바퀴를 조금씩 돌리면서 ECU SPD-E2 단자 사이에 펄스가 입력되고 있는 것을 확인한다. 회로 테스터에서 0~5V 또는 0V~배터리 전압으로 변화를 반복하면 펄스는 입력되고 있는 것이다.

이 때 반대쪽 구동 바퀴는 회전시키지 않는다. 또한 자동 변속기(AT)차량의 경우에는, T단자 ON, 에어컨 OFF 상태에서 D 레인지인 경우, 중립·시동 스위치 계통이 양호한 지를 확인한다. 또한 ECU~콤비네이션 미터 사이의 와이어 하니스와 커넥터 점검도 한다.

차속 센서 단품 점검은 그림 3-41과 같이 콤비네이션 미터를 빼고 마이너스 드라이버를 사용해서 마그네트 축을 회전시켜 A-B 단자 사이의 도통을 점검한다. 이 경우에 축을 1회전시킨 사이에 4회 A-B 단자 사이가 도통되면 정상이다.

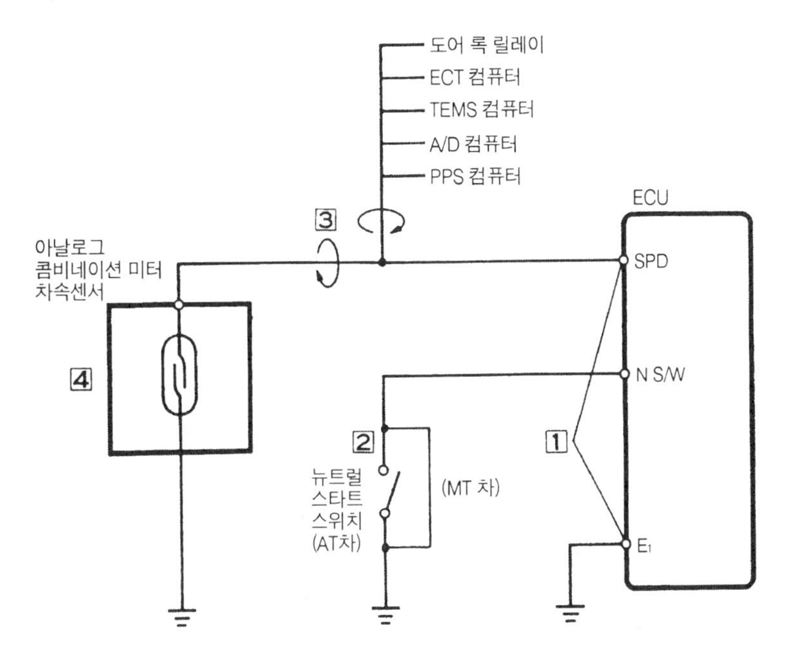

그림3-39 아날로그 콤비네이션 미터 내장 차속 센서의 회로도

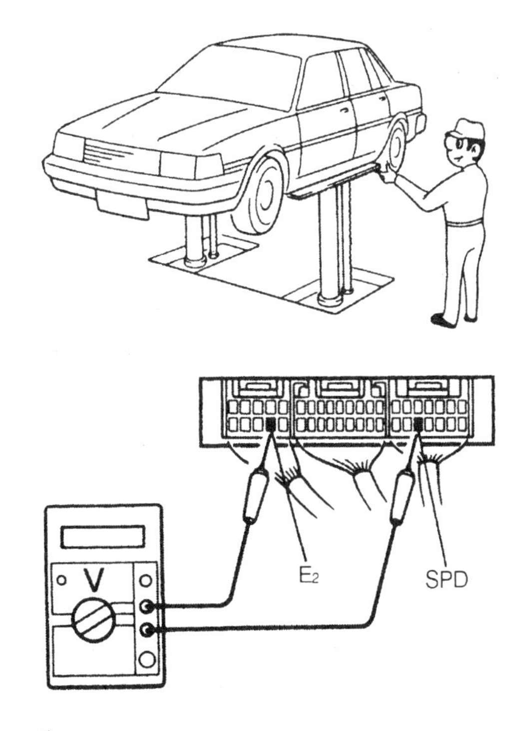

그림3-40 ECU SPD 단자의 펄스 입력 점검

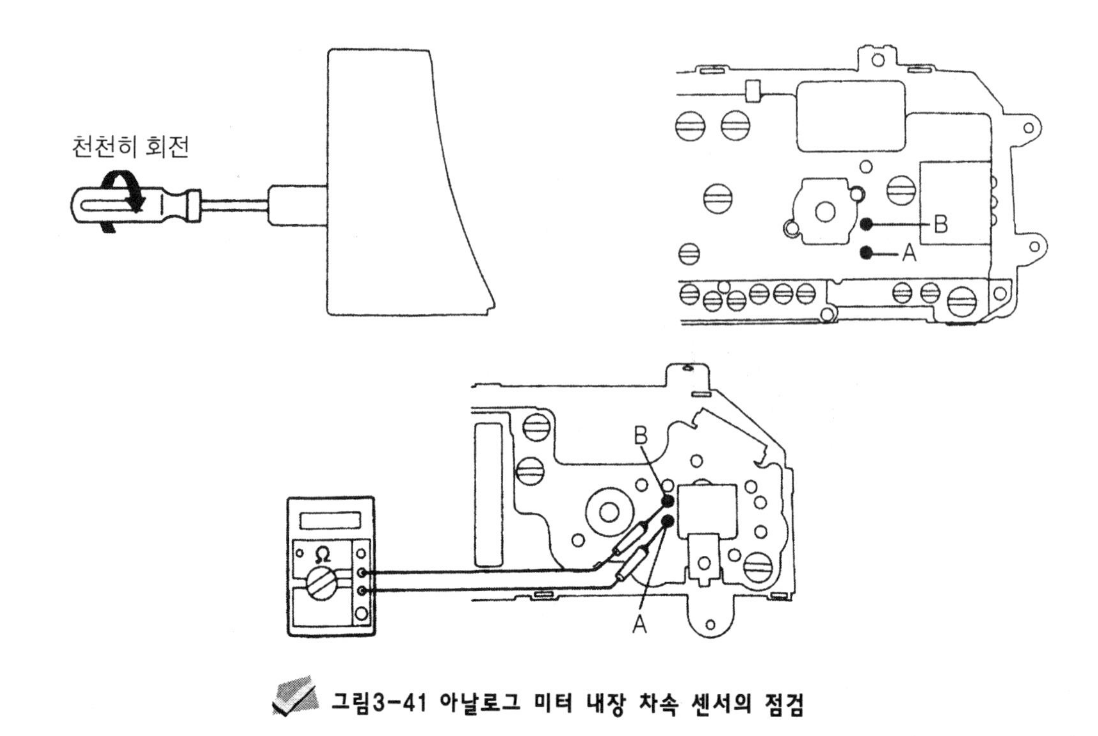

그림3-41 아날로그 미터 내장 차속 센서의 점검

(2) 디지털 속도계 내장형 차속 센서의 점검

변속기에 부착된 속도계에서 신호를 받아서 속도를 표시하는 형식이다. 그림 3-42에 디지털 콤비네이션 미터의 차속 센서의 회로도를 나타내었다. 차량을 주행시켜서 속도계의 표시가 정상인가를 확인한다. 이 표시가 정상이면 차속 센서는 정상이다.

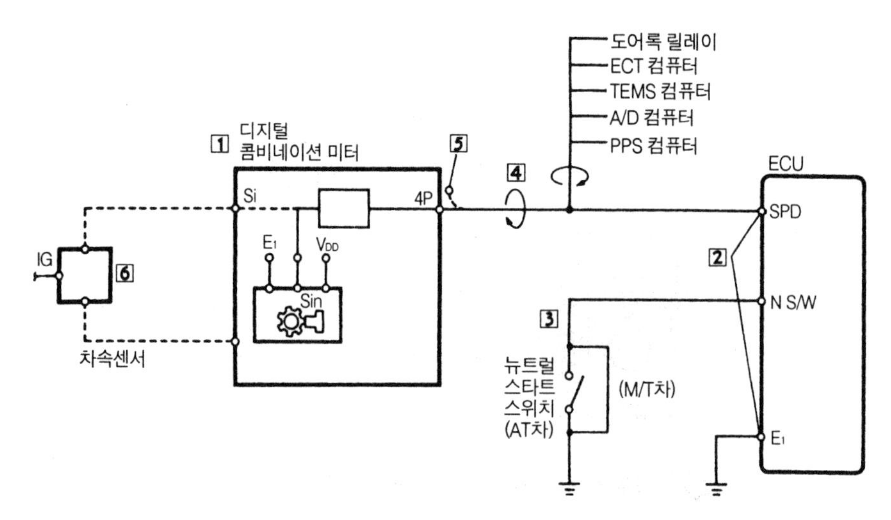

그림3-42 디지털 콤비네이션 미터 내장 차속 센서의 회로도

그림 3-43은 단품 점검하는 방법이다. 콤비네이션 미터를 빼고 차속 센서의 커넥터를 뺀다. 1개 1.5V의 건전지를 3개를 직렬로 접속하고 그림 3-43의 아래 그림과 같이 차속 센서의 커넥터 와이어 하니스 측 VDD 단자에 전지의 양극을 E1 단자에 전지의 음극을 접속하여 VDD-E1 단자 사이에 4.5V의 전압을 가한다. 이 상태에서 축을 회전시켜서 차속 센서 커넥터 와이어 하니스 측 Sin-VDD 단자 사이의 전압을 측정한다. 축을 1회전시키는 사이에 20회 LO-HI를 반복하면 차속 센서는 정상이다. 또한 단품으로 점검할 수 없는 형식도 있다. 이 때는 콤비네이션 미터 전체를 점검하여 판정한다.

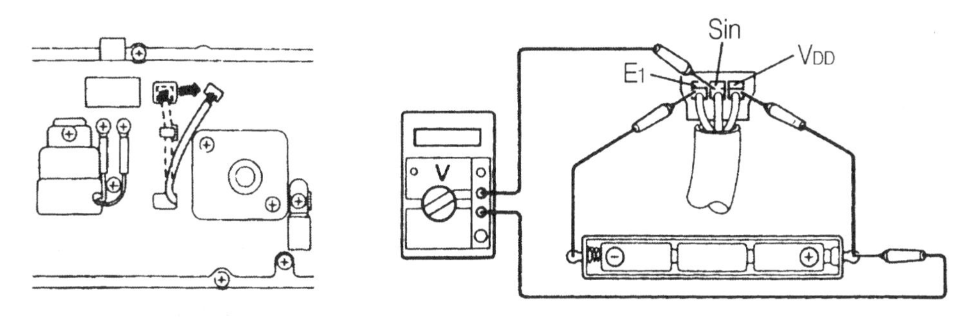

그림3-43 디지털 미터 내장 차속 센서의 점검

그림 3-44에 차속 센서 단품으로 점검할 수 없는 형식의 점검 방법을 나타내었다. 이 경우는 콤비네이션 미터 측의 점검을 한다. 이상이 있으면 차속센서는 불량이라고 판정한다. 또는 콤비네이션 미터에 와이어 하니스를 접속한 상태에서 미터 쪽 입력전압, 도통을 점검한다. 커넥터 A의 1 단자-9단자 사이의 전압이 키 스위치를 OFF에서 ON로 하면 0V에서 배터리 전압으로 되는 것 또한 9단자-바디-접지 사이에서 점화(키) 스위치를 OFF 상태로 도통이 되는 것, 그리고 13단자-9단자 사이는 항상 배터리 전압이어야 한다.

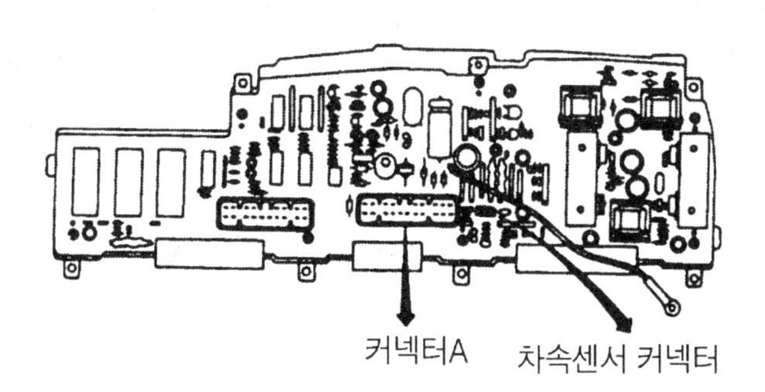

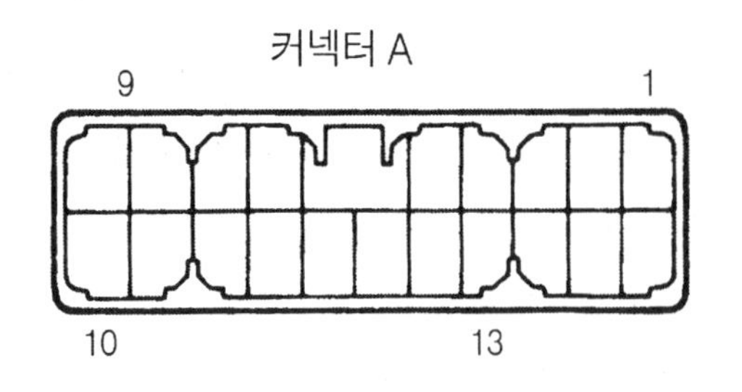

그림3-44 단품으로 점검 불가능한 차속 센서의 점검 방법

다음으로 와이어 하니스를 분리 후 미터를 분해하여 미터의 컴퓨터에서 차속 센서의 커넥터를 뺀 후 와이어 하니스를 다시 연결한다. 그리고 점화(키) 스위치 OFF 상태에서 차속 센서 커넥터의 미터 컴퓨터 쪽 LED 단자-커넥터 A 9 단자 사이가 도통 되는지를 점검한다.

그리고 점화(키) 스위치 ON 상태에서 메인 컴퓨터 쪽의 차속 센서 커넥터 Vcc 단자-LED 단자 사이에 약 5V의 전압이 가해지고, 차속 센서 커넥터의 메인 컴퓨터 쪽 Vcc 단자 - PHO 단자를 1초간에 2회 이상 접촉과 해제를 하면서 속도계의 표시가 0km/h에서 변화하는 지를 점검한다. 이러한 점검에서 이상이 발견되면 차속 센서의 고장이라고 판단한다.

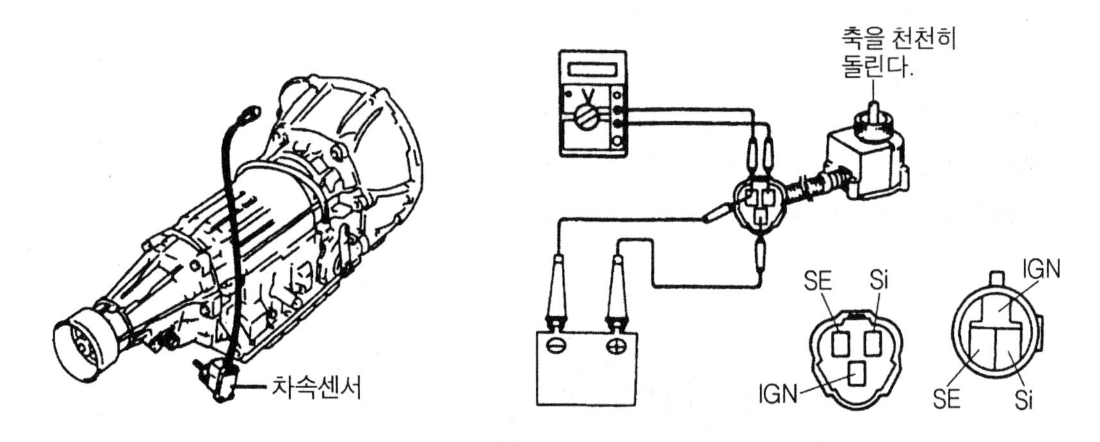

그림3-45 차속 센서의 점검 방법

(3) 속도계의 점검

그림 3-45에 속도계의 점검 방법을 나타내었다. 변속기 케이스에서 속도계를 떼어낸다. 속도계의 IGN 단자에 배터리 (+)단자, SE 단자에 배터리 (−)단자를 접속시킨다. 그 다음에 SI 단자에 테스터 (+)단자, SE 단자에 테스터 (−)단자를 접속한다. 그리고 축을 회전시키면서 전압을 측정한다. 축을 1회전시키는 동안에 약 20회의 0V~배터리 전압이 반복하면 속도계는 정상이다.

(4) 엔진 컴퓨터에서 차속 센서의 점검

그림 3-46에 차속 센서 계통 개념도를 나타내었다. 차속 센서의 점검은 그림3-47과 같이 ECCS 컨트롤 유닛의 커넥터를 접속한 상태에서 ECCS CU 53번 단자와 접지 사이의 전압을 측정한다. 구동 바퀴를 조금씩 회전시키면서 0V와 전원 전압 사이가 반복되어 나타나면 정상이다. 이 때 차속에 따라서는 1V 전후를 왕복할 것이다.

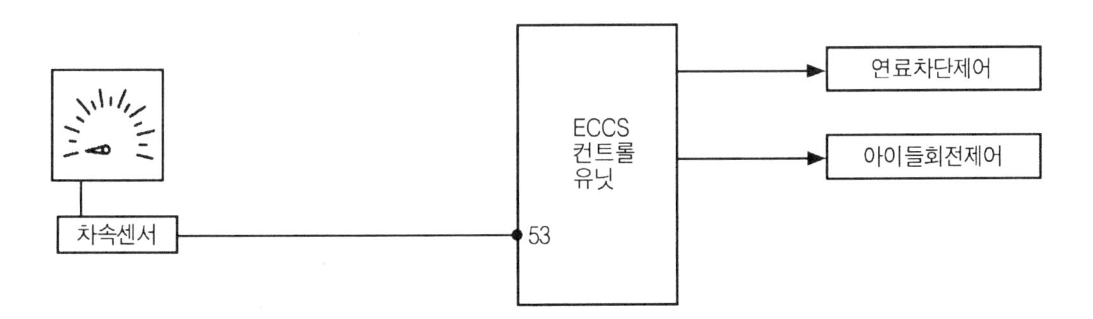

그림3-46 차속 센서의 계통 개념도

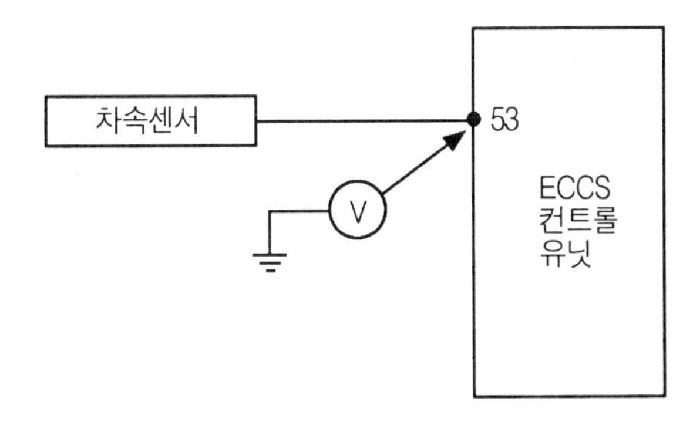

그림3-47 차속 센서의 점검 방법

자기 저항 소자형 회로 센서

이 센서는 자기에 의해 저항이 변화하는 자기 저항 소자(MRE)를 사용하여 주행속도를 검출하는 장치이다. 속도계나 변속기 등의 회전속도를 검출하기 위해 변속기에 직접 설치하여 센서의 케이블리스(cable-less)화가 가능하다.

그림 3-48은 구조를 나타낸 것으로 자석 링과 하이브리드(hybrid) IC에 MRE를 내장한 구조로 되어 있다. 구동축이 기어에 의해 구동되면 이것에 연결된 링크 다극 자석이 회전한다. 이 자석의 회전으로 발생하는 자속 변화에 의해 IC내에 있는 MRE의 저항이 변화한다. 그림 3-49에 이 센서의 동작 원리를 나타내었다.

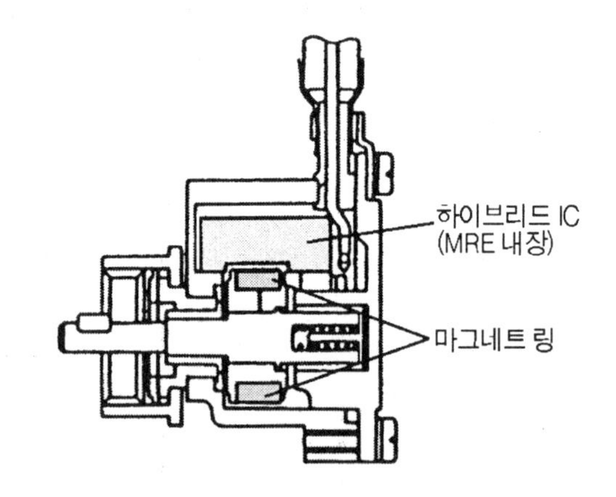

그림3-48 자기 저항 소자식 회전센서의 구조

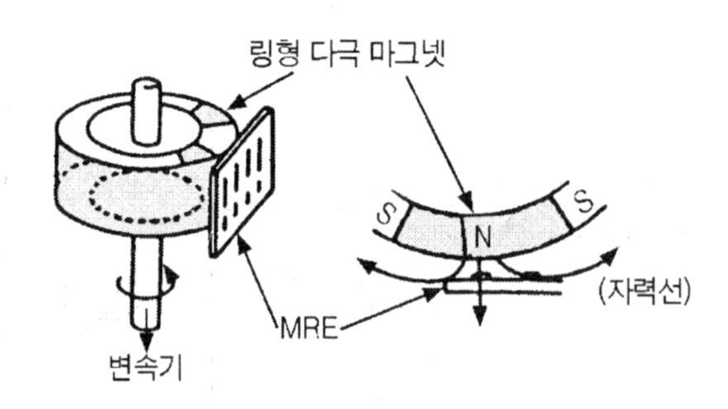

그림3-49 자기저항 소자식 회전센서의 원리

그림 3-50은 속도계 내에 설치된 센서이며 지시용 자석의 근처에 자기 저항소자를 놓고 자석의 회전에 의해 자속의 변화를 저항값의 변화로서 검출한다. 이 때 자속의 변화는 자석의 회전에 비례한다. 또한 그림 3-51과는 그 회로도이며, 저항의 변화는 전압의 변화를 비교기에서 비교하여 트랜지스터의 ON, OFF신호를 출력하고 있다. 현재 국내 자동차에서는 그랜저 XG 2.0/2.5 DOHC, 비스토, 에스페로, 라노스 1.5 DOHC, 레간자, 누비라 I ,누비라 II, 매그너스, 레조, 무쏘, 체어맨 등에서 이러한 형식의 차속센서를 사용하고 있다.

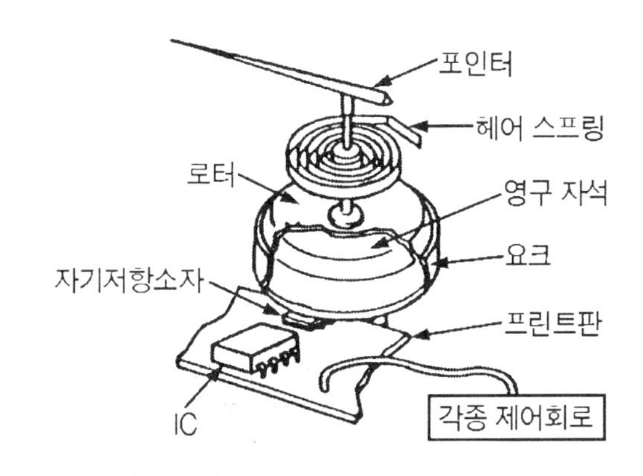

그림3-50 자기저항소자와 차속센서의 관계

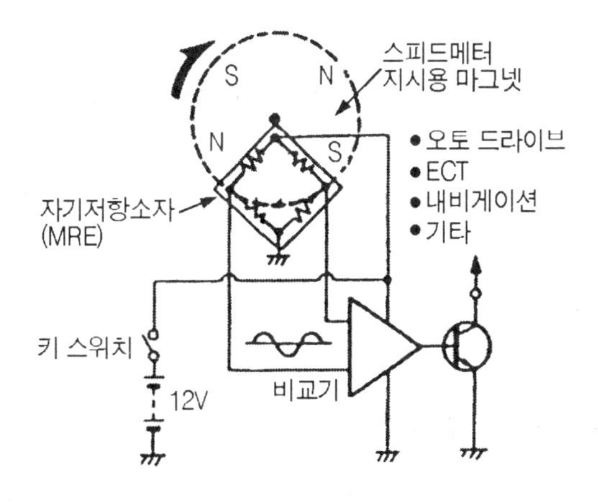

그림3-51 자기저항소자 차속센서의 회로

광전식 차속 센서

디지털 속도계에 사용되는 발광 다이오드(LED)와 포토 인터럽트, 그리고 속도계 케이블에 의해서 구동되는 차광판(羽根車)으로 구성되어 있다. 속도계 케이블이 1회전하면 20펄스의 출력이 발생하는 구조로 되어 있다. 그림 3-52는 광전식 차속 센서의 구조이며 콤비네이션 미터 내에 설치되어 있다. 차광판이 없을 때는 포토트랜지스터에 발광 다이오드의 빛이 부딪히며 이때 전류가 흘러 포토트랜지스터가 ON이 되며 출력하는데, 약 5V의 전압이 발생한다. 이 동작은 속도계 케이블 1회전으로 20회 행해지며 속도계 케이블은 60km/h에서 637회전 한다.

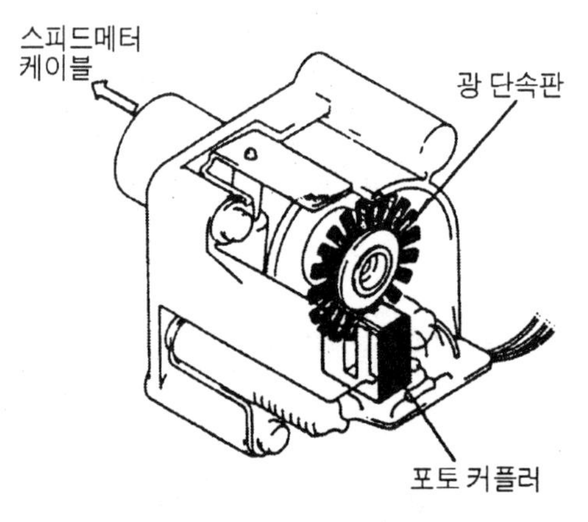

그림3-52 광전식 차속 센서의 구조

디지털 속도계는 형광 표시관, 마이크로 컴퓨터, IC등으로 구성되며, 차속 센서로부터의 펄스 신호에 맞는 차속을 형광 표시관에 표시하며, 그 외의 신호를 회전계, 연료 게이지, 온도계 등의 유닛으로 보낸다.

요레이트(Yaw rate) 센서

차체의 선회 각속도를 검출하는 센서이며 최근 바퀴 주변에 관계된 신기술(VSC, VSA, VDC, ASC 등)에는 반드시 필요한 센서이다. 요레이트 센서는 진동하고 있는 금속판에 회전이 가하여 졌을 때 그 회전 속도에 반응해 발생하는 코리올리 힘을 검출하는 형식의 진동형 각속도 센서이다.

그림 3-53은 센서의 원리를 나타낸 것이다. 진동형 각속도 센서는 구동과 검출을 겸한 압

전 소자 2장을 4각 기둥의 인접한 2면에 설치하여 진동의 접점을 지지한 것이다. 압전체의 입력 신호에 대해 위상과 서로 다른 출력 신호를 검출하는 것으로 회전 각속도의 크기에 따른 출력 신호를 구하는 것이다.

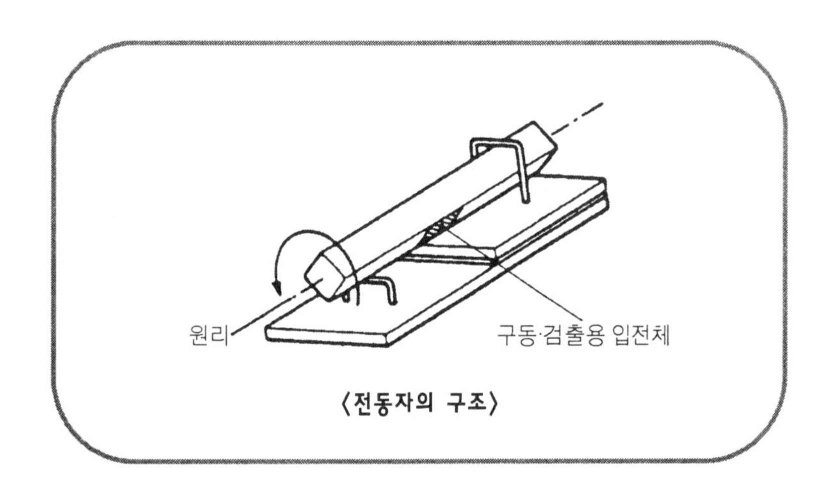

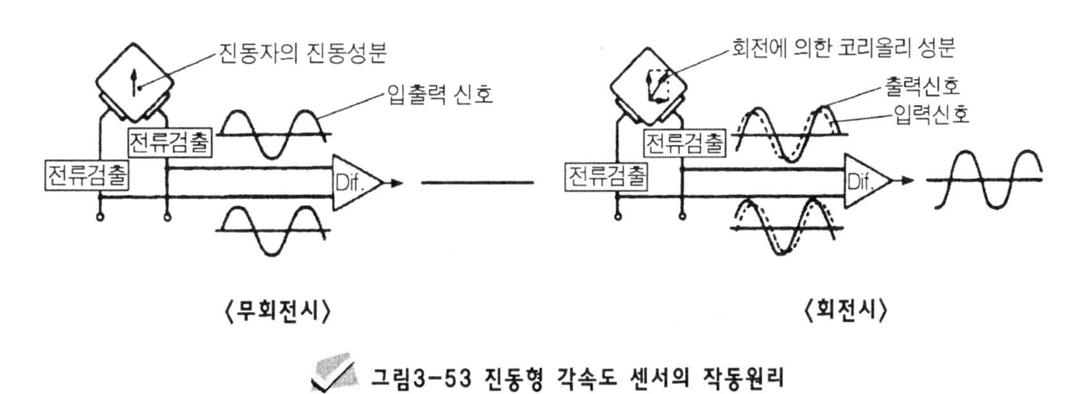

그림3-53 진동형 각속도 센서의 작동원리

그림 3-54에 요레이트 센서를 이용한 ASC(Active Stability Control System)의 부품 구성도를 나타내었다. 이것은 주행 상태에 맞춰 4바퀴를 독립으로 제동력을 제어하는 것에 의해 앞뒤 방향의 힘과 가로 방향에서 작용하는 힘을 제어하여 한계 주행시의 위험한 차량 작동을 억제하는 예방 안전장치이다.

또한, 이 장치는 ABS(Anti Lock Break System)와 TCS(Traction Control System)에 요레이트 센서, 어큐뮬레이터 압력 센서를 추가한 장치이다. 그림 3-55에 ASC 장치도를 나타냈다.

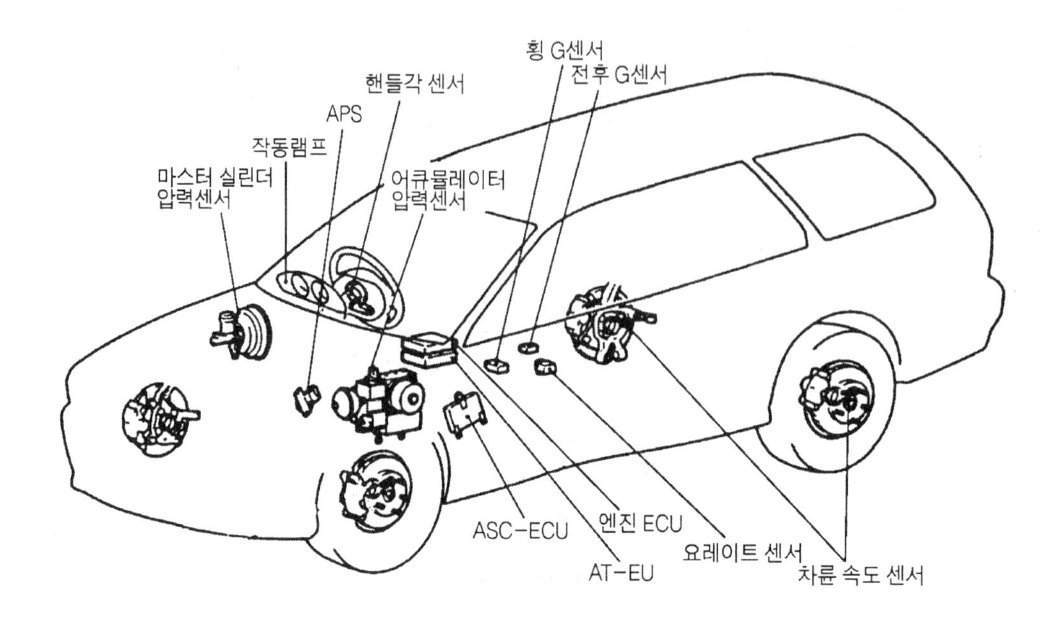

그림3-54 자동차에 사용되고 있는 ASC 부품 구성도

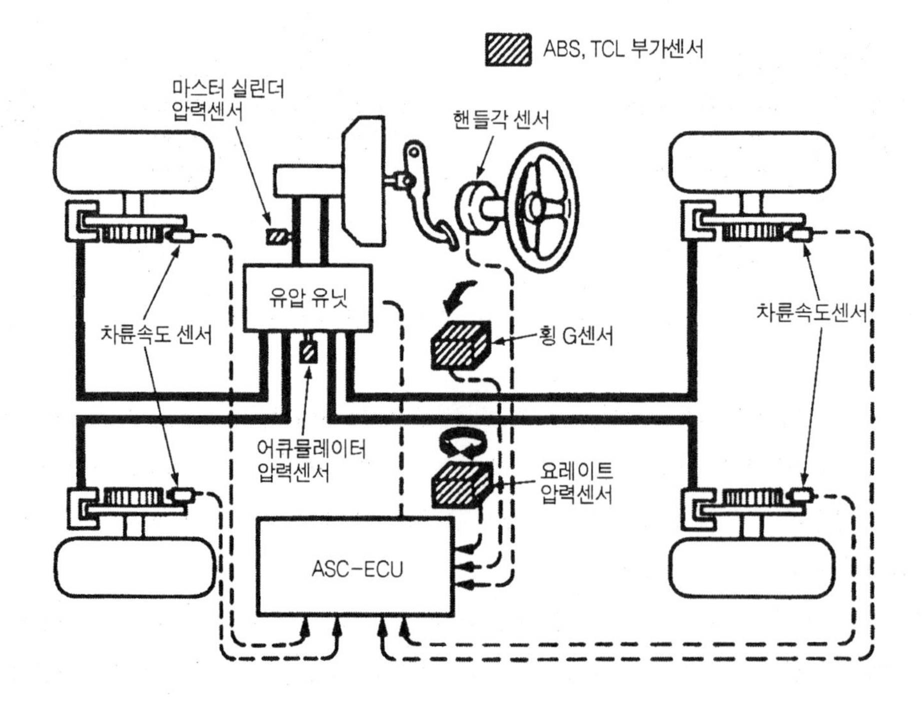

그림3-55 ASC 장치의 구성도

그림 3-56에 ASC의 작동 예를 나타냈다. ASC는 4바퀴를 제어하는 힘과 선회할 때 발생하는 힘의 평형을 변화시키는 것으로서 차량의 요 모멘트(moment)를 발생시켜 차량의 자세를 제어한다. 예를 들어 미끄러지기 쉬운 노면 등에서 운전자의 의지에 반하여 언더 조향 각(under-steering)경향이 된 경우 바깥쪽 앞바퀴의 제동력을 감소하고 안쪽 뒷바퀴의 제동력을 증대 시켜서 언더 조향 각을 제어하는 방향의 모멘트를 발생시킨다. 반대로 차체가 오버 조향 각(over-steering) 경향이 있는 경우는 바깥쪽 앞바퀴의 제동력을 증대시켜 안쪽 뒷바퀴의 제동력을 감소시켜서 오버 조향 각을 제어하는 방향으로 요 모멘트를 발생시킨다. 또한 차체가 오버 스피드(over speed)라고 판단될 경우에는 바깥쪽 앞바퀴에도 제동력을 가하여 안정된 선회를 실현한다.

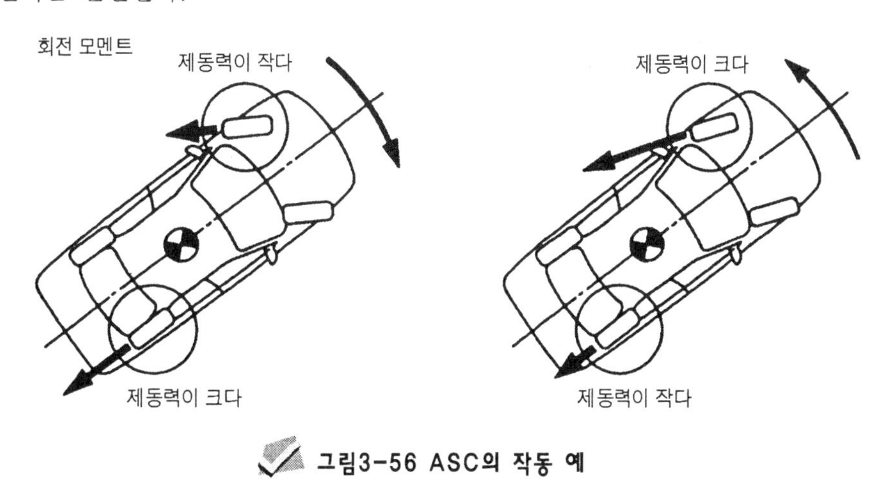

그림3-56 ASC의 작동 예

6 각속도 센서

이것도 압전 진동을 이용한 각속도 검출용 센서이다. 그림 3-57은 센서의 구조도인데, 이것도 코리올리의 원리를 이용한 압전 소자 방식이다.

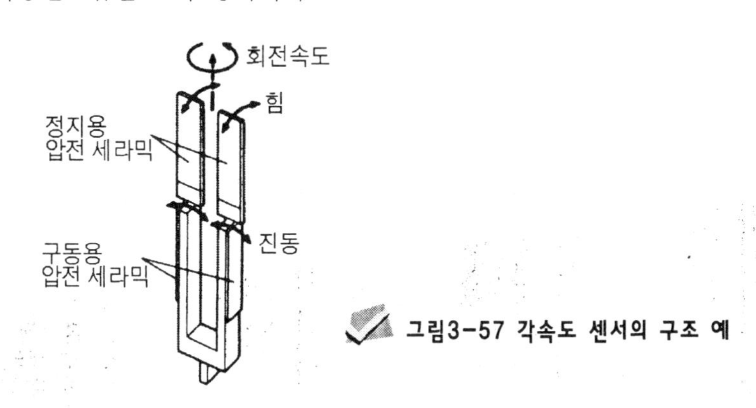

그림3-57 각속도 센서의 구조 예

그림 3-58에는 이 각속도 센서를 사용할 경우의 기본적인 회로이며, 그림 3-59는 특성을 나타내고 있다. 요레이트 센서, 각종 바퀴 주변의 제어(4WS, 4WD, ABS, 현가장치 제어)나 내비게이션 장치에 적용할 수 있다.

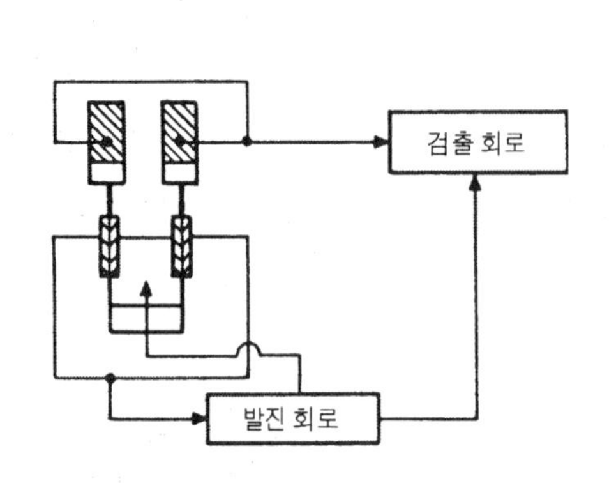

그림3-58 각속도 센서의 기본 회로 구성

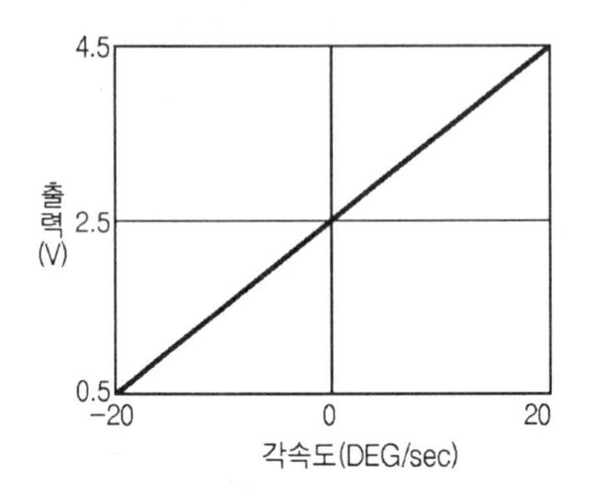

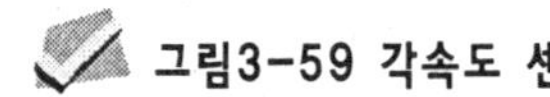
그림3-59 각속도 센서의 특성 예

7 마이크로 컴퓨터 프리 세트 조향 각용 센서

틸트(tilt) 기구와 텔레스코픽(telescopic) 기구에 모터를 설치하여 컴퓨터로 어웨이 제어(away control)와 오토 세트 제어(auto set control)를 하는 마이크로 컴퓨터 프리 세트 조향 각 장치에는 틸트 위치 센서와 텔레스코픽 위치 센서가 사용되고 있다. 틸트 위치 센서는 리니어 타입으로 틸트 조향 각 하우징 지지대에 부착되어 있다. 그림 3-60에 구조도를, 그림 3-61에 부착도를, 그림 3-62에 회로도를 나타냈다. 센서는 조향 각 위 튜브의 위치(틸트 위치)를 검출하여 컴퓨터에 전기 신호로 보낸다.

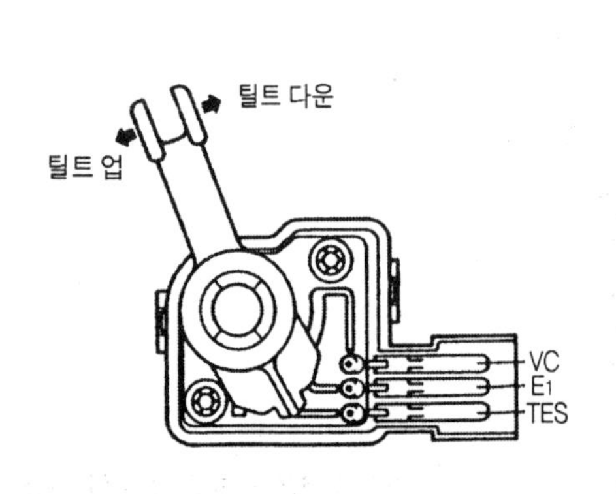

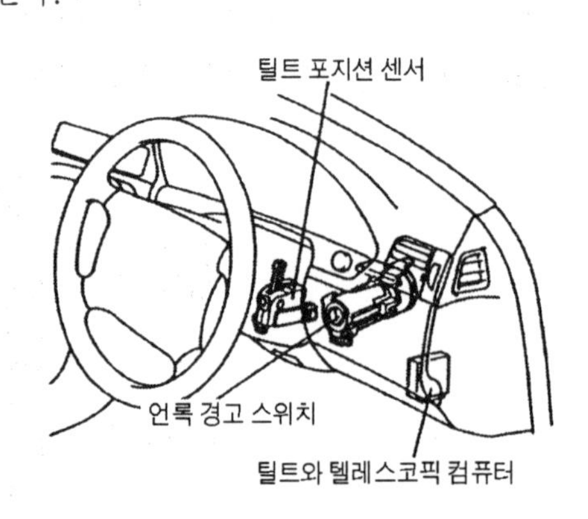

그림3-60 틸트 조향 각 위치 센서의 구조

그림3-61 틸트 조향 각 위치 센서의 위치

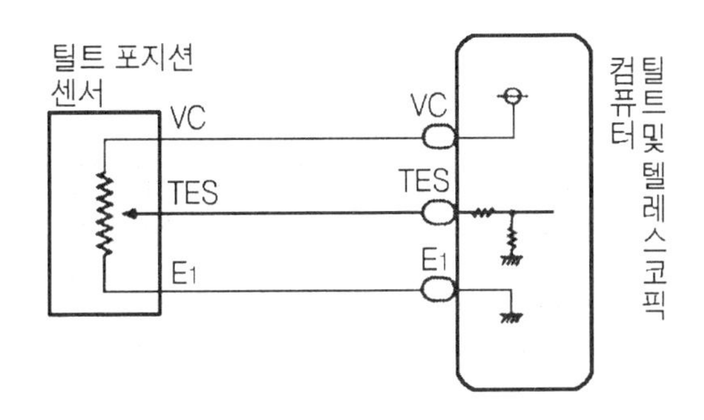

그림3-62 틸트 조향 각 위치 센서의 회로

그림 3-63은 틸트 조향 각의 작동을 나타내고 있다. 텔레스코픽 위치 센서는 리니어 형식(linear type)으로 브레이크 어웨이 브래킷에 부착되어 있다. 그림 3-64에 구조도를, 그림 3-65에 부착도를 나타냈다. 그리고 이 센서와 컴퓨터와의 회로도는 그림 3-62와 같다. 이 센서는 조향 각 위 튜브의 위치(텔레스코픽 위치)를 검출하여 컴퓨터에 전기 신호로서 보내는 것도 틸트 위치와 같다. 그림 3-66은 텔레스코픽 조향 각의 작동이다.

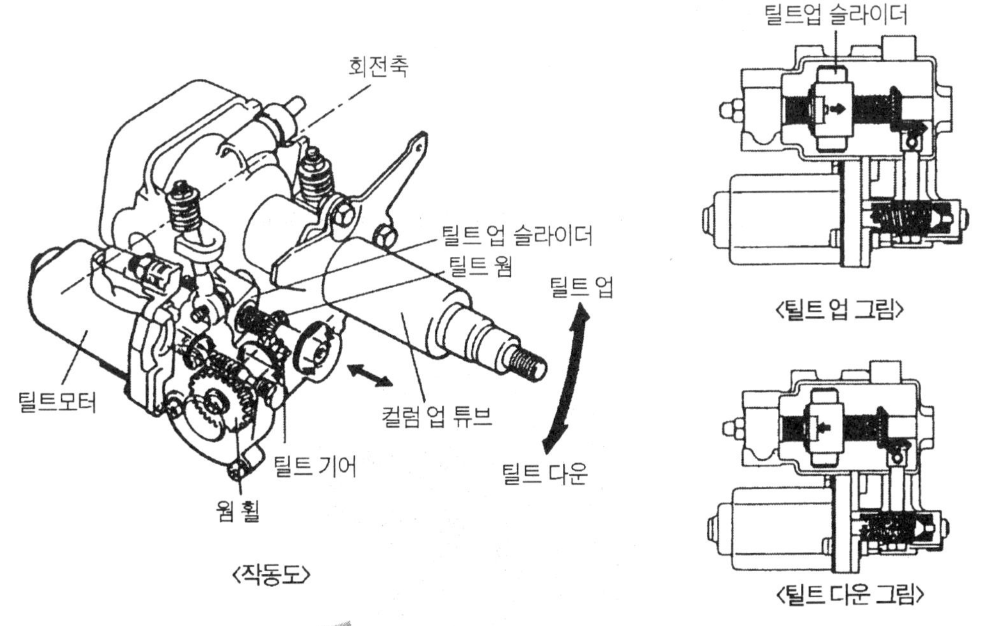

그림3-63 틸트 조향 각의 작동

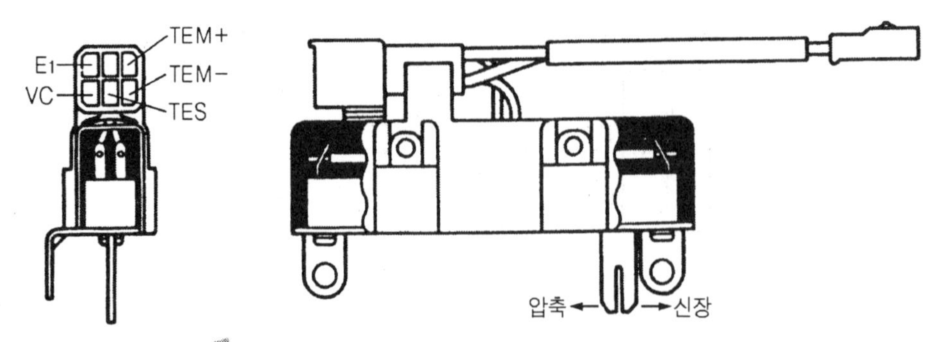

그림3-64 텔레스코픽 조향 각 위치 센서의 구조

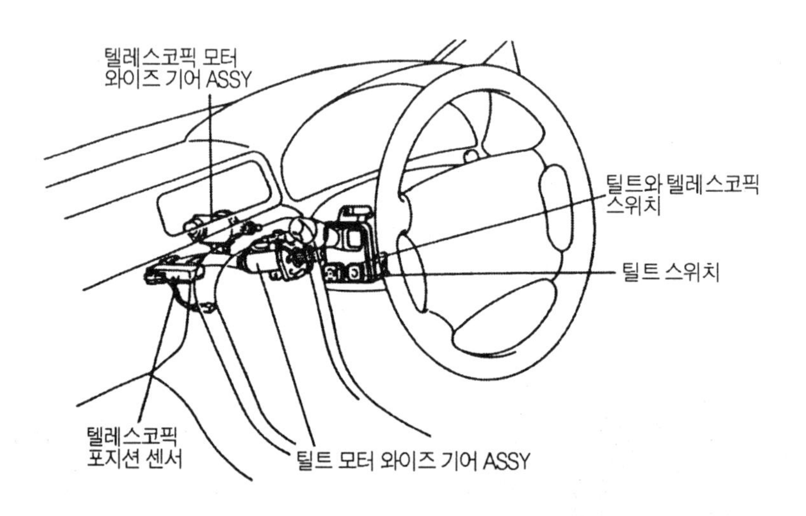

그림3-65 텔fp스코픽 조향 각 센서의 위치

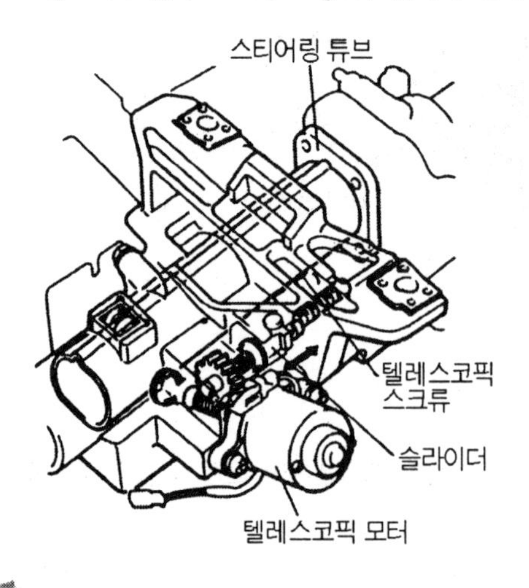

그림3-66 텔레스코픽 조향 각 센서의 동작

3-4 하중 검출용 센서

피에조 하중 센서

피에조 소자는 납(Pb), 지르코니아(Zr), 티탄(Ti)을 주성분으로 한 압전 세라믹으로 소자에 힘을 가하면 전하를 발생하며(압전 효과), 반대로 전압을 가하면 위치변화가 발생하는(역압전 효과) 성질을 가지고 있다. 이 성질을 이용하여 하중 또는 하중의 변화율에 따른 신호를 출력하는 것이 피에조 하중 센서이다.

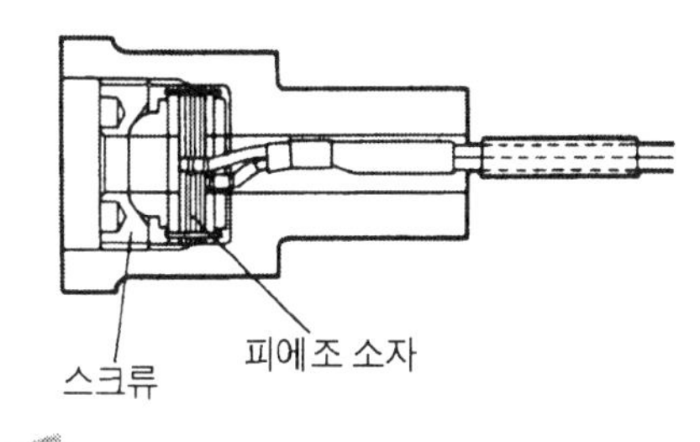

그림3-67 피에조 하중 센서의 구조

그림 3-67은 그 구조도 이다. 그림 3-68은 피에조 하중 센서를 이용한 기본적인 장치 구성도이며 그림 3-69에 특성을 나타냈다. 피에조 하중 센서는 피에조 TEMS의 쇽업소버(shock absorber)의 로드에 내장되어 감쇄력을 측정하는 것으로 노면의 요철 상태를 검출한다. 노면의 돌기나 단차에 접어든 순간을 감지하여 그 순간에 감쇄력이 급격히 증가하는 것을 감쇄력 절환의 판정으로 이용하고 있다. 피에조 하중 센서의 감쇄력 신호를 컴퓨터는 감쇄력 변화율로 받아들이며 이것이 기준치를 넘었을 때에는 감쇄력을 부드럽게 전환한다. 감쇄력이 부드럽게 되는 시간은 충격을 억제하는데 필요 최소한의 시간으로 조종성, 안정성이 떨어지지 않도록 하고 있다.

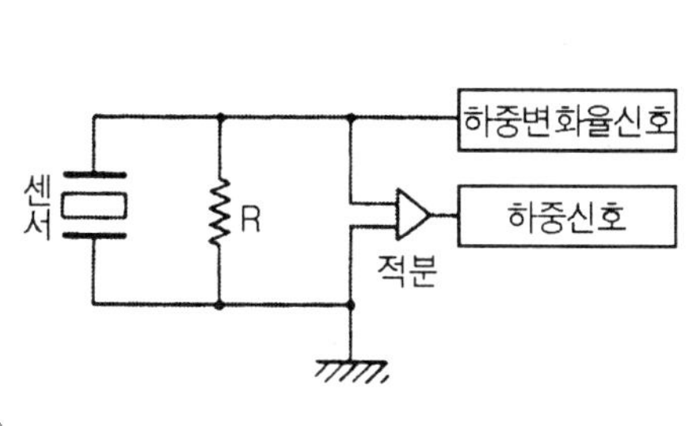

그림3-68 피에조 하중센서의 기본 회로

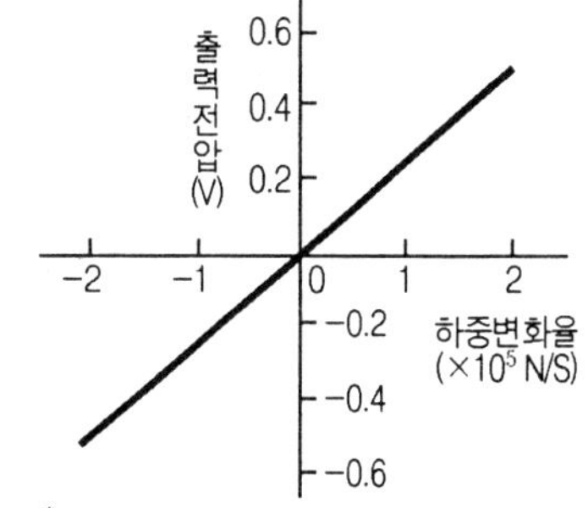

그림3-69 피에조 하중센서의 특성

피에조 하중 센서에 의한 노면 측정은 4륜 독립으로 행하고 감쇄력 변환은 앞바퀴와 뒷바퀴를 독립으로 행한다.

감쇄력 변환의 측정은 노면 상태에 따라 변화시키는데 모든 노면 상태에서 조종성, 안정성과 승차감을 최고로 만들어 준다.

그림 3-70에 피에조 TEMS의 쇽업소버의 구조를 나타내고 있다.

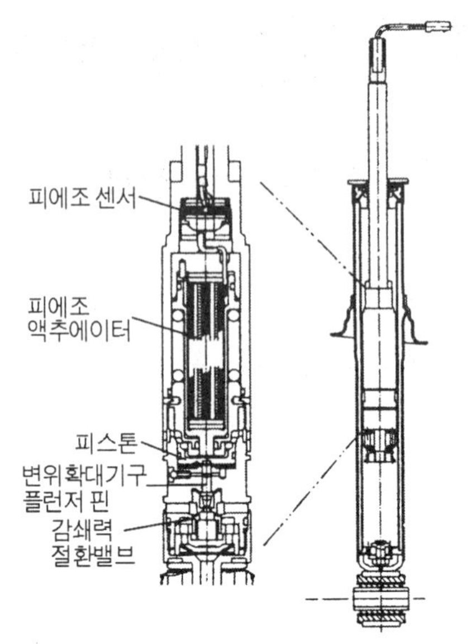

그림3-70 피에조 하중 센서가 내장된 쇽업소버

3-5 마모량 검출 센서

1 브레이크 패드 마모 센서

이 센서로는 검출부의 마모가 한계를 넘은 지점에서 센서 자신을 마모시키는 방법과 센서를 접촉시키는 방법이 있다. 여기서는 그림 3-71의 디스크 브레이크 패드 마모 검출용 센서를 예로 들었다.

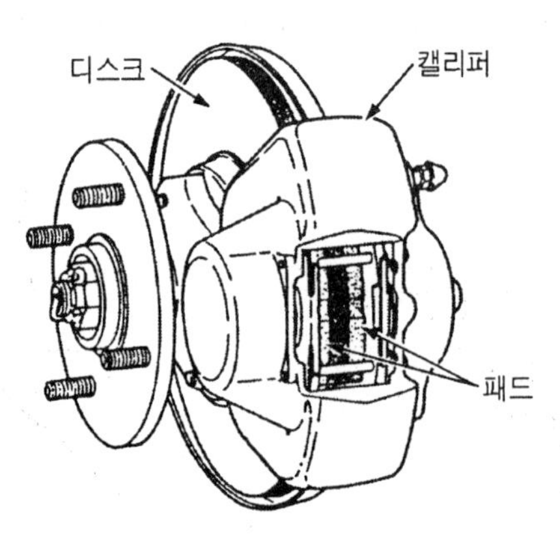

그림3-71 디스크 브레이크 패드의 마모 검출용 센서가 붙어 있음

그림 3-72는 브레이크 패드 내에 설치된 센서의 상태를 표시했다. 브레이크 패드의 마모 한계로 패드 센서의 U자형의 선단이 위치하도록 설치하면 패드가 마모하며 한계점이 되면 U자 부분이 마모 절단되어 전기 회로를 열고 컴퓨터에 이상 신호를 보낸다. 그리고 운전자에게 경고등을 점등하여 알리는 구조로 되어 있다.

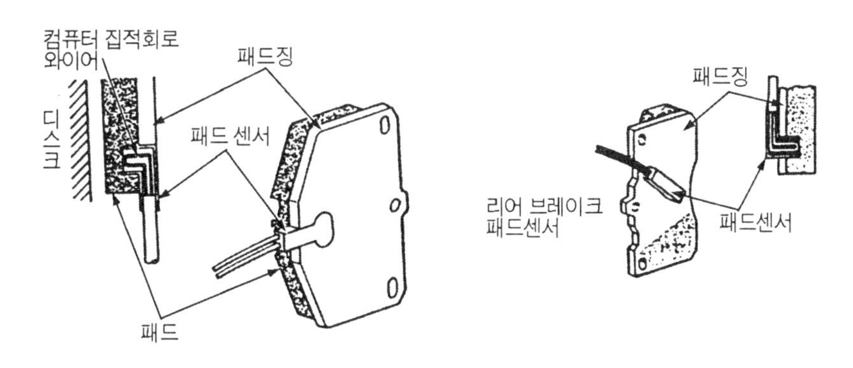

그림3-72 마모 검출용 센서의 설치 위치와 구조

04

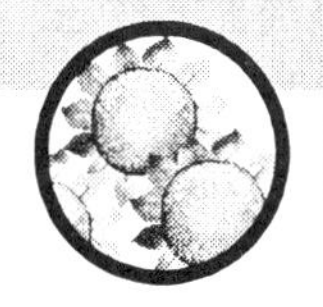

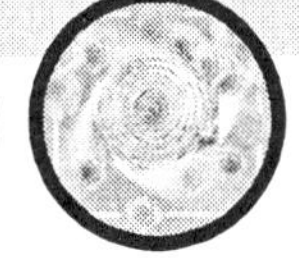

전기·전자제어용 센서

P•A•R•T

SENSOR

04 전기·전자 제어용 센서

4-1 온도 검출용 센서

1 외기 온도 센서

(1) 외기 온도 센서의 구조와 작용

이 센서는 자동차에 유입되는 대기(외기)의 온도를 검출하는 데 사용한다. 대기 중의 수분에 노출되는 환경에서도 사용할 수 있도록 하기 위해 그 외형을 방수구조로 하고 있다. 또한 신호 대기나 교통 정체 등으로 전방(前方) 차량의 배기가스의 열이 이 센서에서 검출될 수 있으므로 열에 대한 응답성이 빠르도록 하고 있다.

그림 4-1은 외기 온도 센서의 구조이며, 검출소자로서 서미스터를 사용하고 있다. 온도 변화를 저항의 변화로서 검출하는데 저항값은 온도가 상승하면 낮아지고 하강하면 높아진다. 자동차에서는 자동 에어컨 장치의 대기 온도를 검출하기 위해서 사용되고 있다.

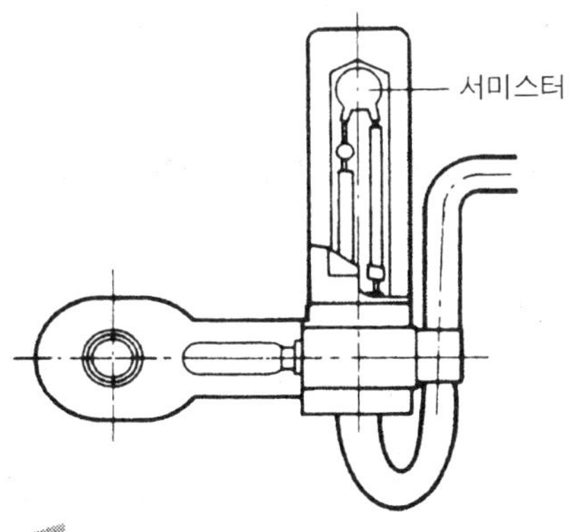

그림4-1 외기 온도 센서의 구조 예

그림 4-2는 자동 에어컨의 온도 제어 장치의 그림이다. 외기 온도 센서는 대기 온도가 변하는 경우에는 같은 온도 변화만큼 실내 온도를 냉방하게 되면 실온은 변화하게 된다. 따

라서 실내 온도 센서, 포텐쇼미터와 직렬로 외기 온도 센서를 넣어 대기 온도가 변하여도 실온은 일정하게 제어할 수 있다. 그림 4-3에는 대기 온도 센서의 특성도를 나타내고 있다.

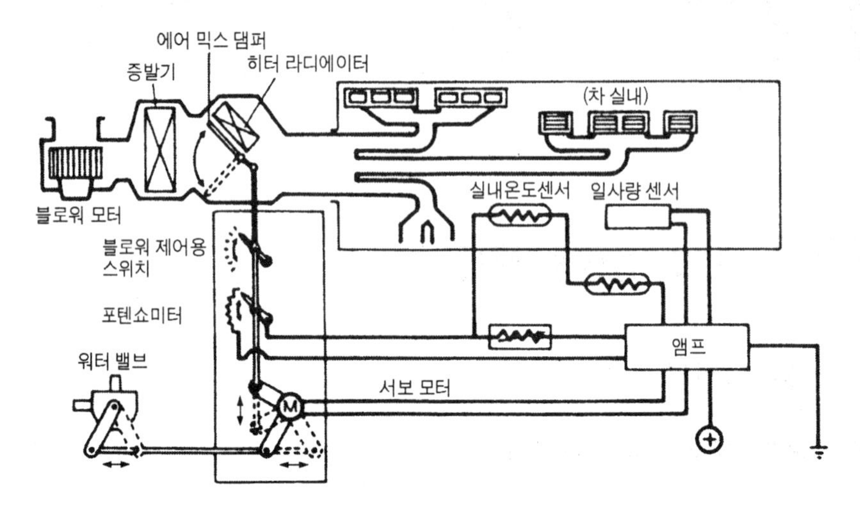

그림4-2 자동 에어컨의 온도제어장치의 예

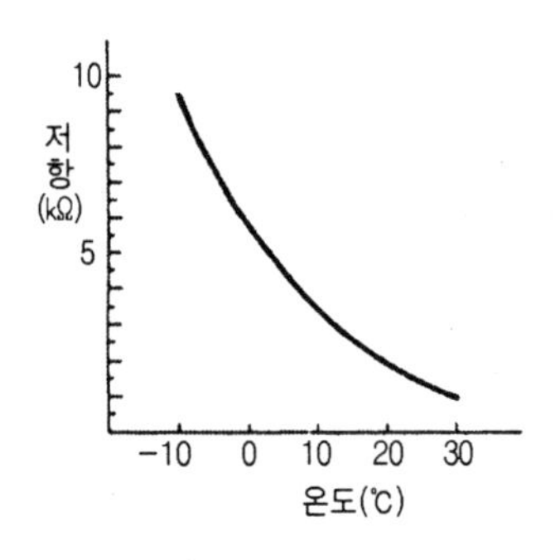

그림4-3 외기 온도 센서의 특성

(2) 외기 온도 센서의 점검 방법

센서 단자의 저항값을 2가지 이상의 조건에서 측정하고 측정값이 그림 4-4의 그래프를 거의 만족하면 양호한 것이다. 단, 점검할 때 온도가 그림 4-4의 범위를 벗어나면 안 된다.

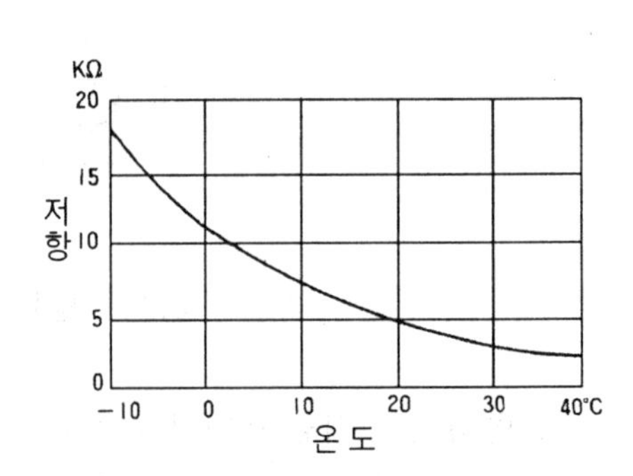

그림4-4 실내온도 및 외기 온도센서의 온도와 저항의 관계

2 증발기 출구 온도 센서

(1) 증발기 출구 온도 센서의 구조와 작용

이 센서는 서미스터를 온도 검출 소자로 하고 있다. 에어컨의 흡입용 증발기의 핀에 설치되어 핀 표면의 온도 변화를 검출하여 압축기의 작동을 제어하고 있다. 사용 온도 범위는 −20℃~60℃ 이다. 그림 4-5는 구조도를, 그림 4-6에는 설치도를 나타내었다.

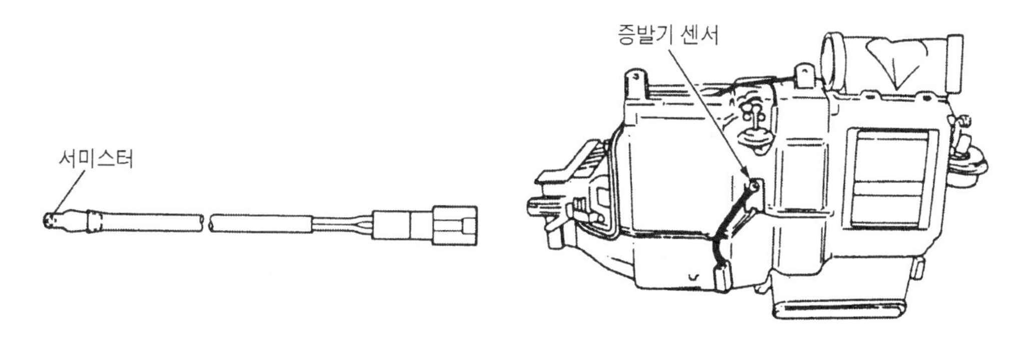

그림4-5 증발기 출구 온도 센서의 구조도 그림4-6 증발기 출구 온도 센서의 설치 상태

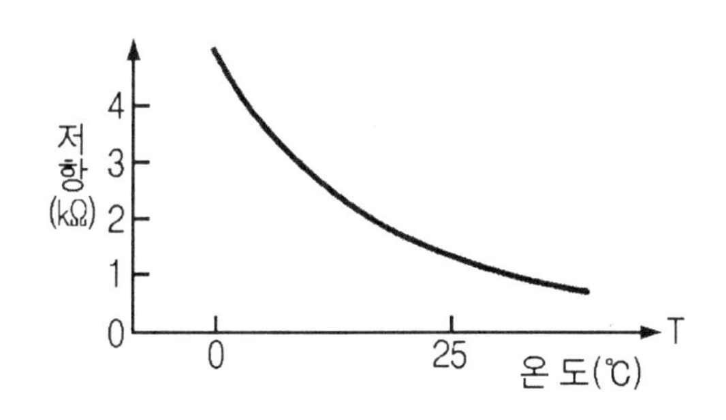

그림4-7 증발기 출구 온도 센서의 특성 예

그림 4-7에는 증발기 출구 온도 센서의 특성도의 예를 나타내고 있다.

그림 4-8은 에어컨 장치의 구성도를 나타내고 있다. 온도 검출용 서미스터와 온도 설정용 컨트롤 볼륨의 신호를 사용하여 서미스터와 컨트롤 볼륨의 입력 신호를 비교 증폭하여 전자 클러치를 ON, OFF로 동작시키고 있다. 더욱이 이 센서의 신호는 증발기의 빙결 방지에도 이용되고 있다.

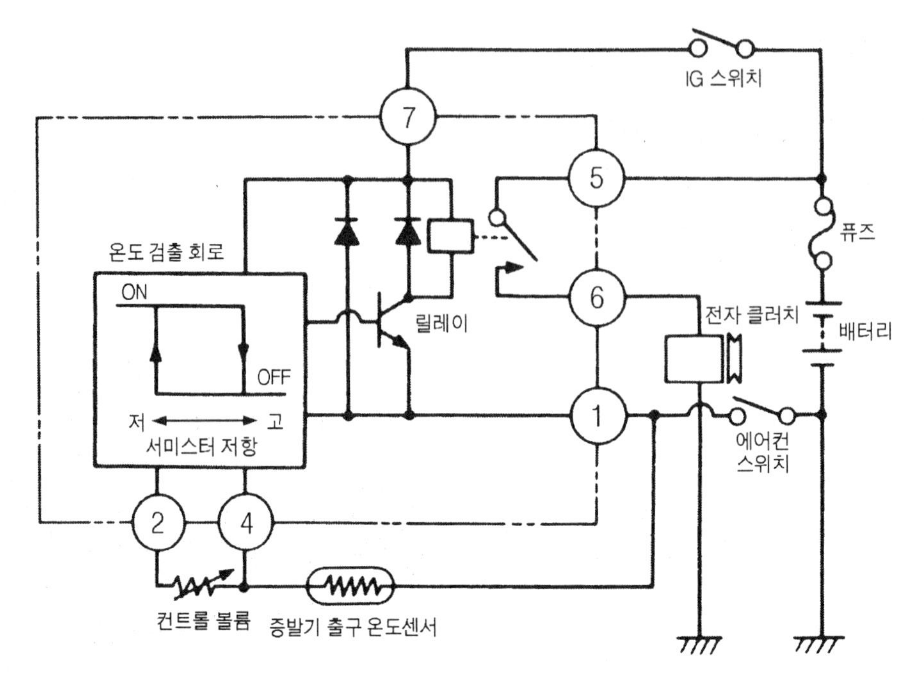

그림4-8 증발기 출구 온도 센서를 사용한 에어컨의 압축기 제어 장치 구성도

(2) 증발기 출구 온도 센서의 점검 방법

에어컨의 증발기 출구 온도 센서의 커넥터를 분리하고 그림 4-9의 L-L 단자 사이의 저항을 측정한다. 이 측정값이 4.85~5.15 내에 있으면 증발기 출구 온도 센서는 정상이다.

증발기 출구 온도센서가 불량이면 엔진의 아이들 상태에서 떨림 현상이 발생한다.

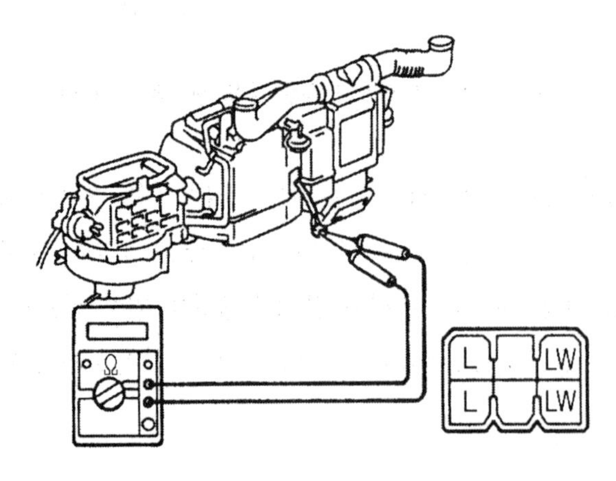

그림4-9 증발기 출구 온도 센서의 점검

③ 에어컨용 서모 스위치

(1) 에어컨용 서모 스위치의 구조와 작용

에어컨의 온도 검출에 이용되고 있는 스위치이다. 설정 상태에 따라 압축기를 제어하는 스위치로서 압축기의 운전 효율을 높이는 것이다. 그림 4-10에 구조도를 나타내었다.

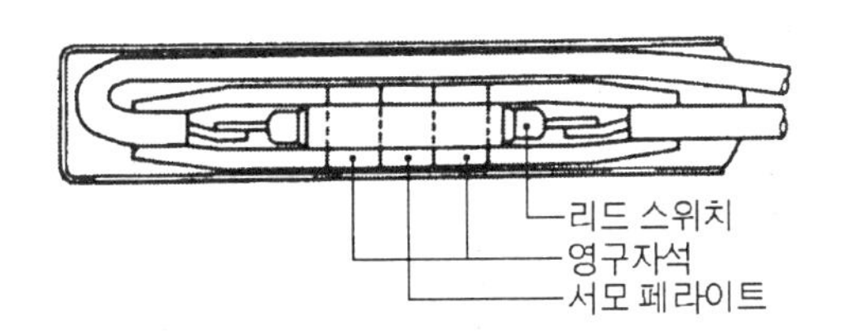

그림4-10 서모 페라이트형 스위치의 구조도

이 센서는 서모 페라이트, 리드 스위치 및 영구자석을 내장하고 있다. 서모 페라이트가 설정 온도 이상으로 온도가 상승하면 급속히 투자율(透磁率)이 저하하는 성질을 이용하여 리드 스위치를 ON, OFF시킨다. 어떤 서모 페라이트를 선택하느냐에 따라서 −20℃~105℃의 사이에서 설정 온도가 선택된다. 그림 4-11에는 이 서모 스위치의 사용 예가 나타나 있다. 온도검출 스위치로서 자동차 에어컨의 가변용량 압축기에 사용될 뿐만 아니라 히터용 수온검출 스위치로서 2개의 온도(20℃와 40℃)에서 작동하는 2개의 일체형 서모 스위치가 에어컨 장치 등의 각종 온도 검출에도 사용되고 있다. 그림 4-12에는 서모 스위치의 특성도의 예가 나타나있다.

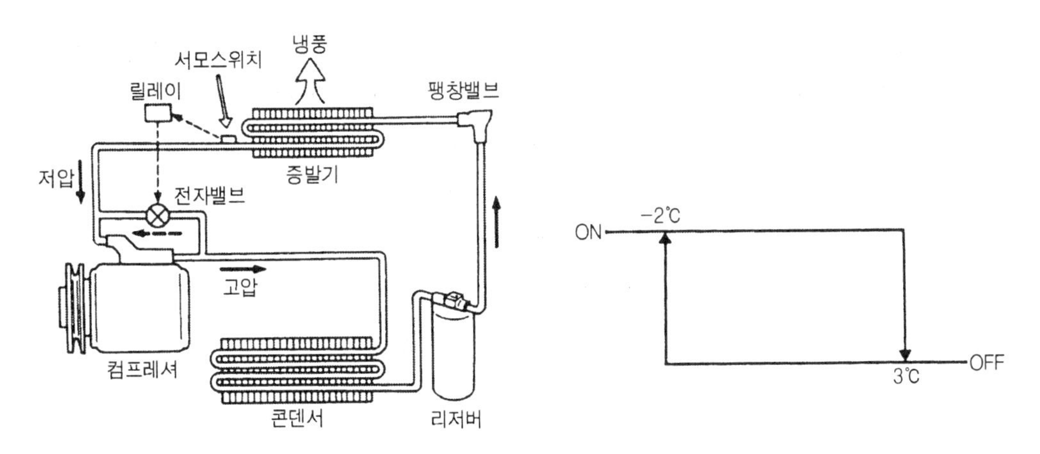

그림4-11 서모 스위치를 사용한 자동차 냉방장치도

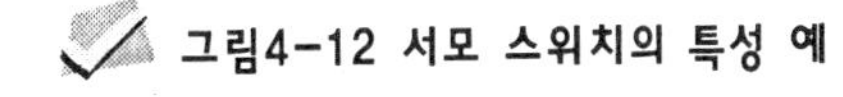
그림4-12 서모 스위치의 특성 예

(2) 에어컨용 센서의 점검

최근에 많은 승용차에 자동 에어컨이 부착되고 있는 현실이다. 이러한 자동 에어컨에는 많은 센서가 사용되고 있다. 그림 4-13에는 자동 에어컨의 센서의 부착위치를 나타내고 있다. 이들 센서의 점검 방법은 다음과 같다.

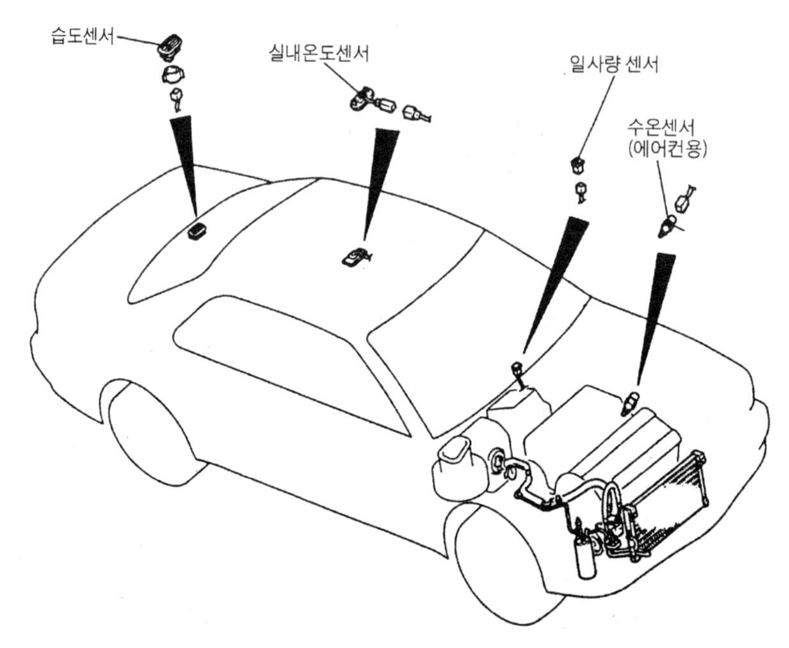

그림4-13 자동 에어컨용 센서의 설치 위치의 예

① 일사량 센서의 점검

일사량 센서의 수광 부분을 손으로 덮고서 그림 4-14와 같이 측정한 단자 1-4의 전류에 비해서 손을 떼고서 측정한 전류가 높으면 정상이라고 판정한다.

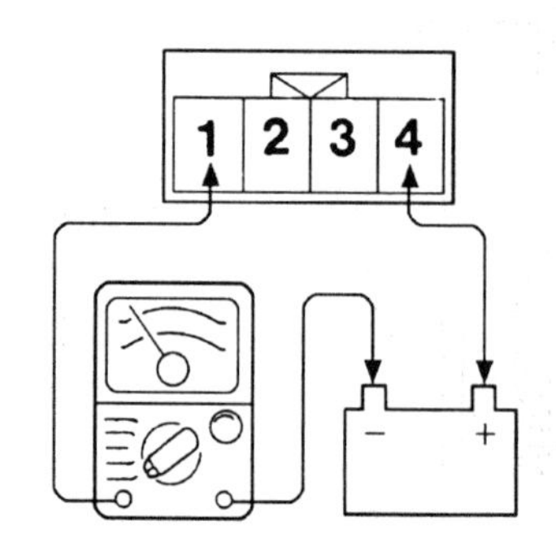

그림4-14 일사량 센서의 점검은 전류 값으로

② 수온 스위치의 점검

이것은 4WD 차량의 에어컨에 부착되고 있는 것으로서 일정한 주행 조건에서 에어컨을 OFF시켜 엔진의 출력의 저하를 방지하기 위한 것으로 그림 4-15에 부착위치를 나타내었으며 차량에서 분리하여 점검한다. 수온 스위치를 분리하여 엔진오일에 넣은 후 가스램프 등으로 가열하여 온도를 상승시킨다. 온도가 108~115℃로 되었을 때 스위치 단자 사이가 도통되지 않은 지를 확인한다.

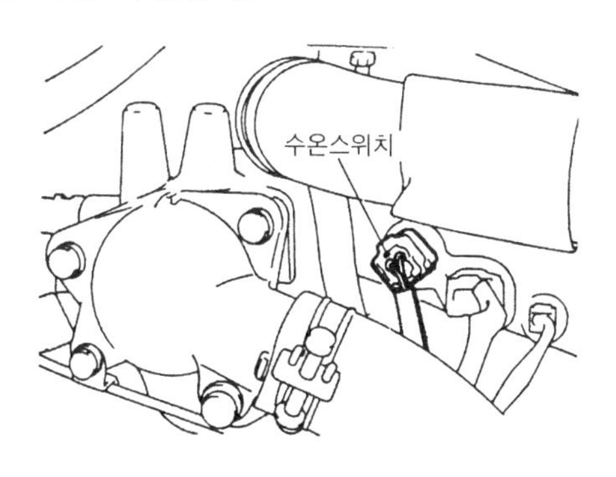

그림4-15 수온 스위치의 부착 위치

③ 습도 센서의 점검

건조 기능이 있는 자동 에어컨의 경우에는 습도센서가 부착되어 있다. 이 센서의 점검은 센서 단자 사이의 출력 전압을 2개 장소 이상의 습도 조건에서 측정하고 출력 전압이 그림 4-16의 특성도의 범위 내에 들어오면 정상이라고 판정한다.

④ 수온 센서의 점검

그림 4-17에 에어컨용 수온센서를 나타내었으며, 차량에서 분리한 후 수온 센서를 물에 담그고 가열하여 22.5~30.5℃에서 수온 센서의 단자 사이가 도통되면 정상이다.

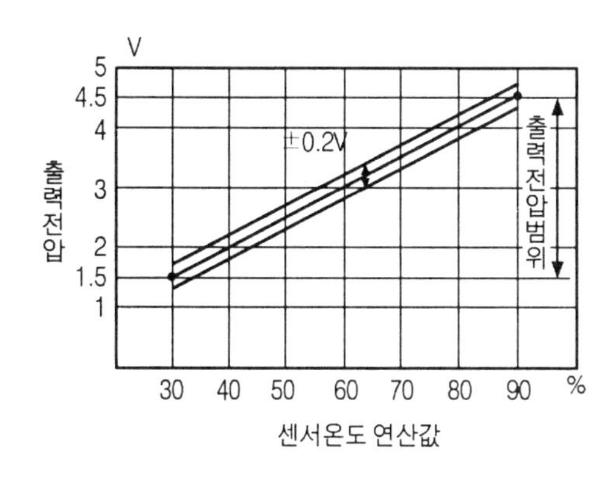

그림4-16 습도 센서의 출력 전압 특성도

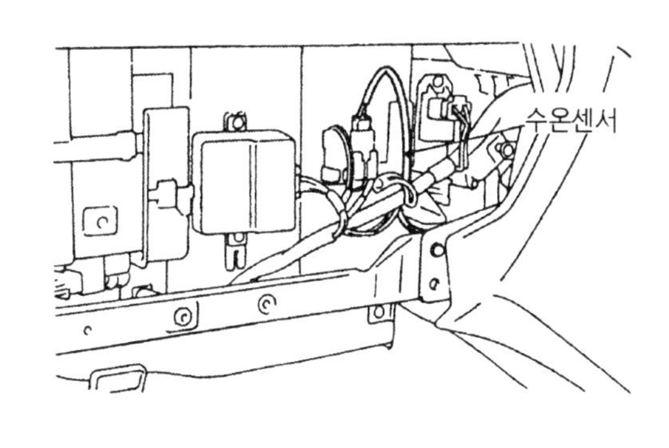

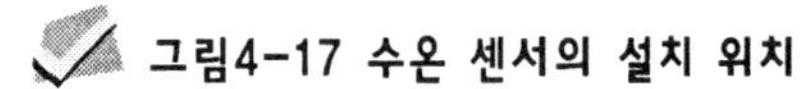
그림4-17 수온 센서의 설치 위치

4-2 압력 검출용 센서

 에어컨 압력 센서

상대 압력형 고압 센서는 자동차 에어컨 냉매 압력을 검출하기 위해 사용되는 것으로 증폭 회로와 온도 보상 회로를 내장하고 있다. 실리콘을 가공한 얇은 다이어프램 부에 확산저항을 형성한 센서 소자로서 실리콘에 압력이 가해지면 전기 저항이 변화하는 성질을 이용한 것이다. 그림 4-18은 에어컨 압력 센서 센서의 구조를 나타내었다. 또한 그림 4-19는 에어컨에 채택되어 사용되고 있는 장치의 예로 냉매의 압력을 검출하여 에어컨 컴퓨터에 냉매 압력 신호를 출력하는 압력 센서의 설치 그림이다. 그림 4-20은 에어컨 압력 센서의 특성도를 나타내고 있다.

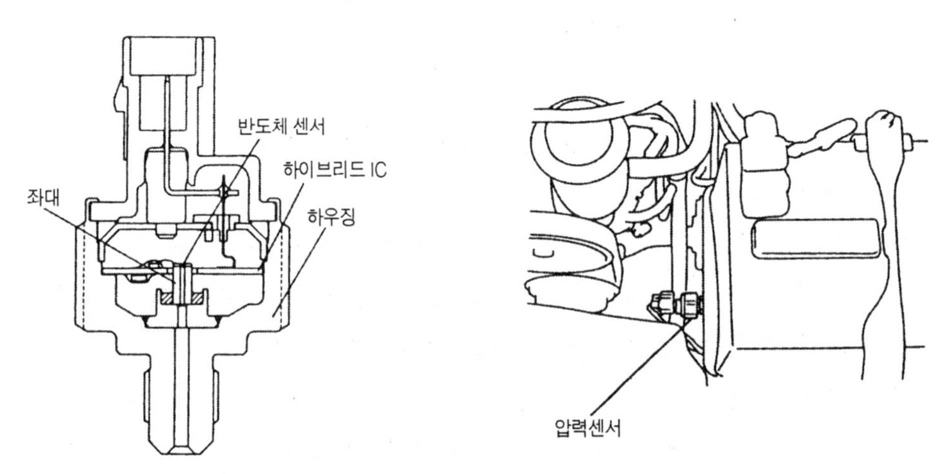

그림4-18 에어컨 압력센서의 구조　그림4-19 에어컨의 냉매압력 검출용으로 설치한 압력센서

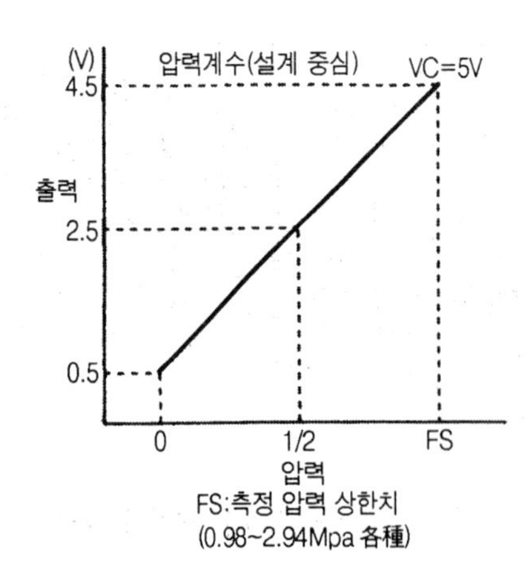

그림4-20 에어컨 압력센서의 특성도

4-3 연기 및 분진 검출용 센서

스모그(smog) 센서

자동차의 실내는 담배 연기나 실외로부터 침입하는 티끌이나 먼지 등으로 의외로 더럽혀져 있는 곳이다. 그대로 방치해두면 사람 눈이나 목에 매우 안 좋은 원인이 된다. 따라서 티끌이나 먼지 등을 공기로부터 제거하여 정화시킬 필요가 있다. 이러한 공기 정화기에 사용되고 있는 것이 스모그 센서이다. 담배를 1~2개피 흡연한 정도의 작은 양의 연기나 티끌, 또는 먼지를 감지하면 자동적으로 공기 정화기는 작동을 시작하며 연기 등이 없어지면 자동적으로 정지해 항상 실내를 쾌적한 상태로 보전한다.

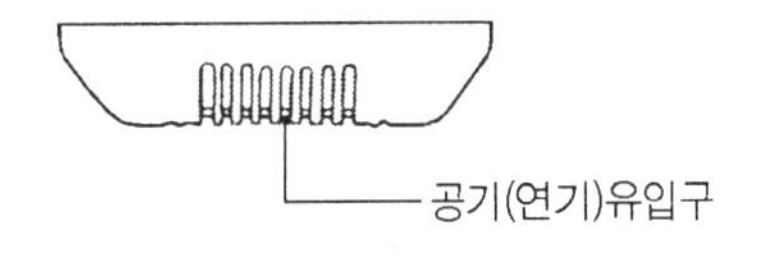

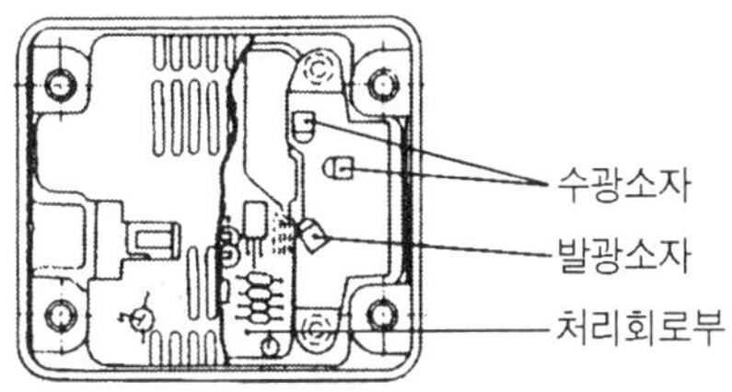

그림4-21 스모그 센서의 구조도

그림 4-21은 그 구조이며, 발광소자, 수광 소자 및 신호처리 회로도가 내장되어 있다.

스모그 센서는 그림 4-22와 같이 슬릿(slit)을 통과하여 공기가 자유로 흐를 수 있도록 되어 있다. 발광 소자(LED)는 눈에 보이지 않는 적외선을 틈틈이 발광하고 있다. 연기가 없는 상태에서는 이 적외선은 수광 소자에는 들어가지 않으므로 회로는 작동하지 않는다. 담배 연기 등이 센서 내에 들어가면 틈틈이 연기 입자를 반사해 수광 소자(포토 다이오드)에 들어가게 된다. 이에 따라 센서는 연기가 있다고 판단하여 공기 정화기의 송풍기 모터를 회전시킨다.

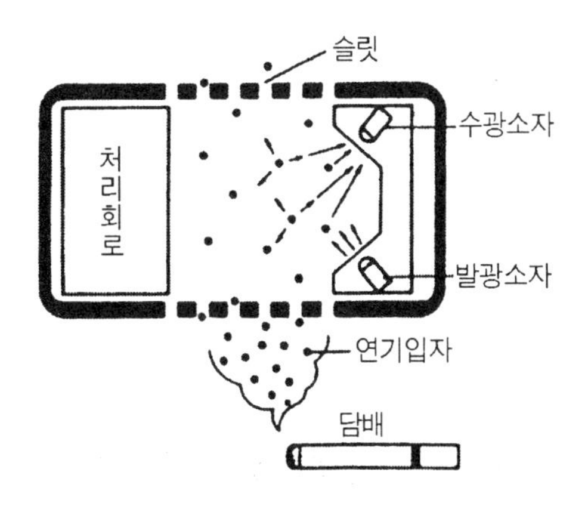

그림4-22 스모그 센서의 원리

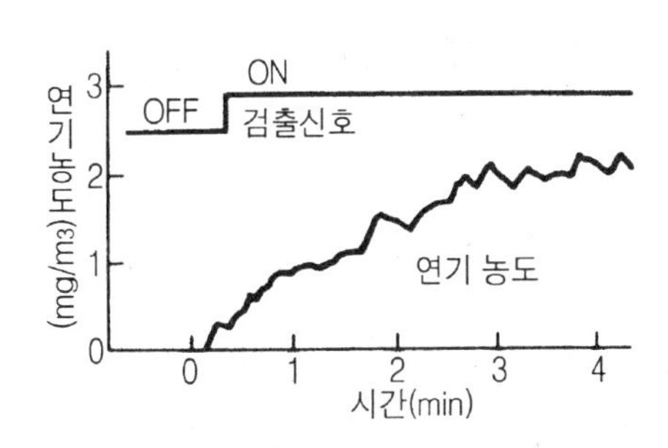

그림4-23 스모그 센서의 특성도

스모그 센서의 내부 회로는 외란에 의한 오 동작을 방지하기 위해 펄스 발진 방식을 사용하고 있다. 똑같은 파장의 적외선이 들어 와도 펄스와 같지 않는 이상 스모그 센서는 연기가 있다고 판단하지 않는다. 또한 한 번 연기를 감지하면 연기가 없어져도 2분간은 송풍기 모터가 계속해 회전하는 방식의 연장 타이머 회로가 부착되어 있다.

그림 4-24는 공기 정화기의 장치도이다. 공기 정화기 본체, 제어 스위치, 스모그 센서로 구성되어 있다. 그림 4-23은 스모그 센서의 특성도이며, 스모그 센서에는 감도 조정용의 볼륨이 설치되어 있다. 통상은 담배 1~2개피의 연기에서도 작동하도록 되어 있는데, 기호에 맞게 감도를 조정할 수 있다. 그리고 공기 정화기 본체는 송풍기 모터, 필터, 송풍기 레지스터(저항기) 및 케이스로 구성되어 있다. 필터는 활성탄이 들어 있는 필터로 중화 시켜서 냄새를 제거하는 팩이 들어 있다.

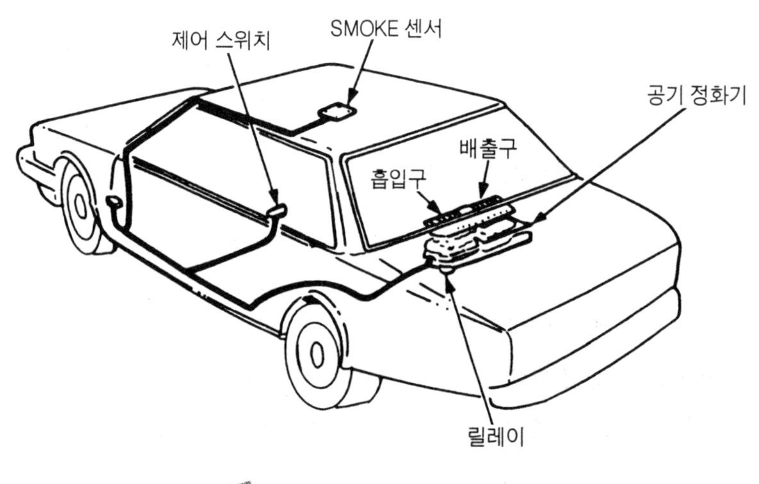

그림4-24 공기 정화기 장치

4-4 에어백 장치의 센서

1 크러쉬(Crush) 센서(G 센서)

(1) 크러쉬(Crush) 센서의 구조와 작용

크러쉬(Crush) 센서(G 센서)는 최근 대부분 승용차의 표준 장비로 된 SRS 에어 백 장치에는 빠질 수 없는 센서이다. 또한, ASC나 VSC 등의 조종 안정성을 확보하는 장치나 ABS 등의 브레이크 관계에도 활용되고 있다.

자동차가 충돌한 경우 등 감속도 또는 가속도에 의해 모터가 설정 각 이상으로 회전하면 접점이 ON된다. 그림 4-25는 그 구조도로 충돌에 의해 감속도가 더하여지면 편심 회전체에 관성력이 작용해 회전체가 회전하며 회전체에 설치되어 있는 회전 접점이 고정 접점에 접촉하여 전기 회로를 닫는다.

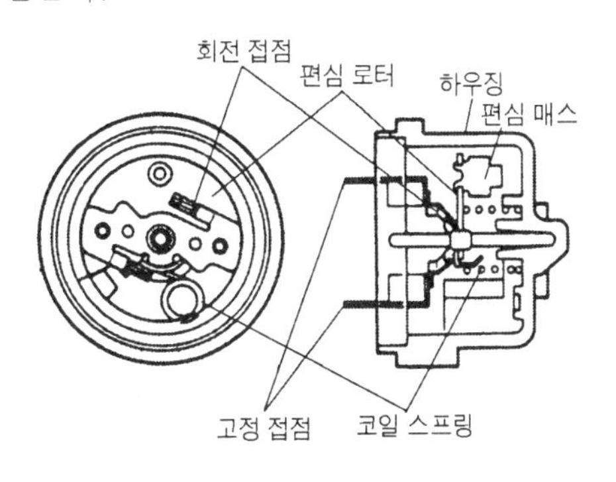

그림4-25 크러쉬 센서 유닛의 구조

이 센서의 특징은 구조가 간단하며 높은 정밀도의 감지가 가능한 점, 충돌 센서로서 최적의 주파수 특성을 가지고 있는 점, 편심 매스와 편심 회전체의 사이즈를 독립시켜 설정 가능하므로 폭 넓게 적용할 수 있는 점, 전기 접점 방식이므로 내환경성(진동, 고온 등)에 뛰어난 점, 전기적으로 독립한 2회로를 가진 센서도 있기 때문에 조수 석 대응도 가능한 점 등이 있다.

그림 4-26은 자동차의 에어 백 장치에 사용되고 있는 기계식의 안전 센서이다. 충돌될 때 자석이 스프링을 압축하여 이동하고 자석의 자력에 의해 리드 스위치의 접점이 닫혀 스위치는 ON이 된다. 그림 4-27은 에어 백 장치의 구성도의 일례이다.

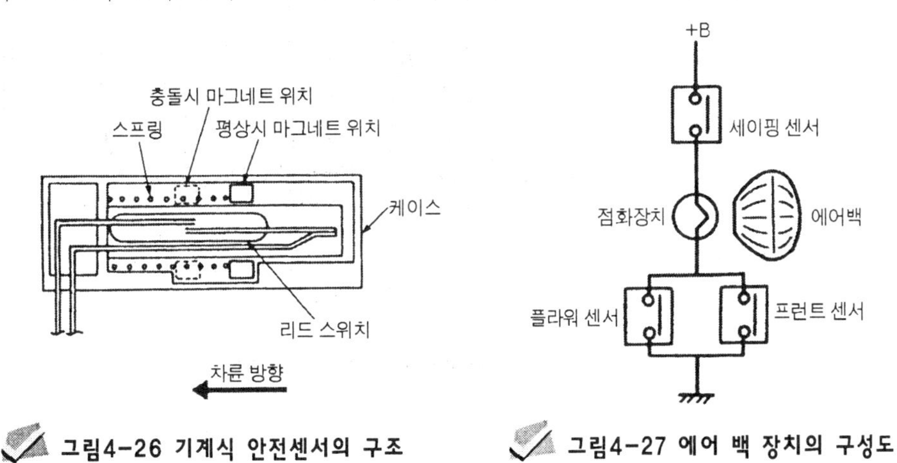

그림4-26 기계식 안전센서의 구조

그림4-27 에어 백 장치의 구성도

(2) 크러쉬 센서의 점검 방법

최근 승용차에서는 운전석, 조수석의 에어백은 물론 사이드 에어백도 부착되고 있다. 사이드 에어백은 프로그래와 같은 커튼 슬라이드 에어백을 정점으로 하여 시트 내장형과 센너 타필라 내장형 등 많은 종류가 있다.

이것들은 에어백의 전개를 지시하는 것은 에어백 컴퓨터이며 이 명령을 출력시키는 것은 각종 크러쉬 센서이다. 자동차 제작 회사에 따라서 G센서, 가속도 센서 등으로 부르는 명칭은 다르며 기계식과 반도체를 이용한 것이 있다. 수은의 이동을 이용한 것도 있다.

그림 4-28의 승용차의 경우 앞좌석 SRS 에어백과 시트 내장 사이드 에어백 및 프리텐셔너(pre-tensioner)가 부착된 시트 벨트가 세트로 되어 있다.

그림 4-28에 이들의 구성도를 나타내었고 그림 4-29에는 부품의 배치도를 나타내었다. 이 자동차에서 에어백용 센서로서 좌우 프런트 새터라이트 센서, 좌우 사이드 에어백 센서 및 센터 에어백 센서와 세이핑 센서를 내장한 센터 에어백 센서 어셈블리에서 충격 신호가 발생한다. 센터 에어백 센서 어셈블리는 충돌될 때 충격을 감지하여 에어백 작동 판정을 한다.

그림 4-30에 앞좌석 SRS 에어백과 프리텐셔너가 부착된 시트벨트의 작동과정이 나타나 있으며 전면 충돌을 세이핑 센서, 프런트 새터라이터 센서, 센터 에어백 센서로 감지하여 일정한 크기 이상의 충격을 감지한 경우에만 작동한다.

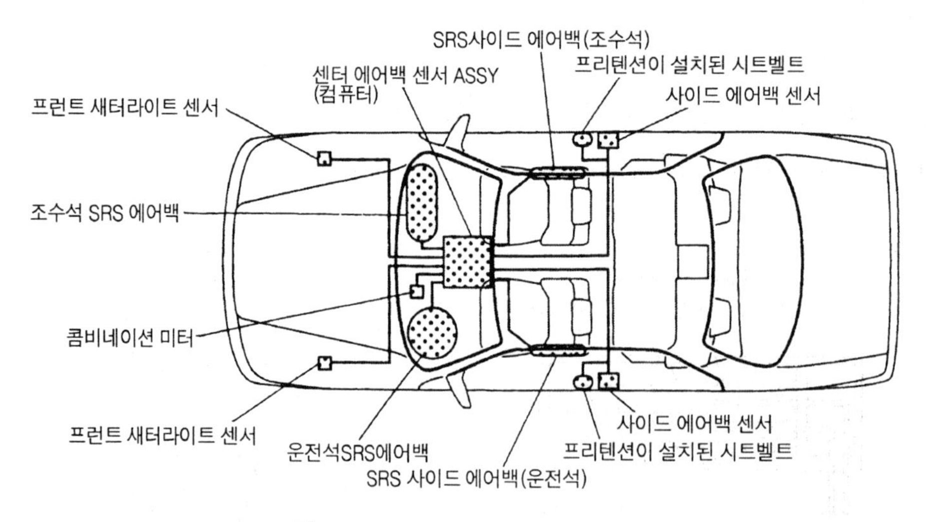

그림4-28 에어백 장치 구성의 예

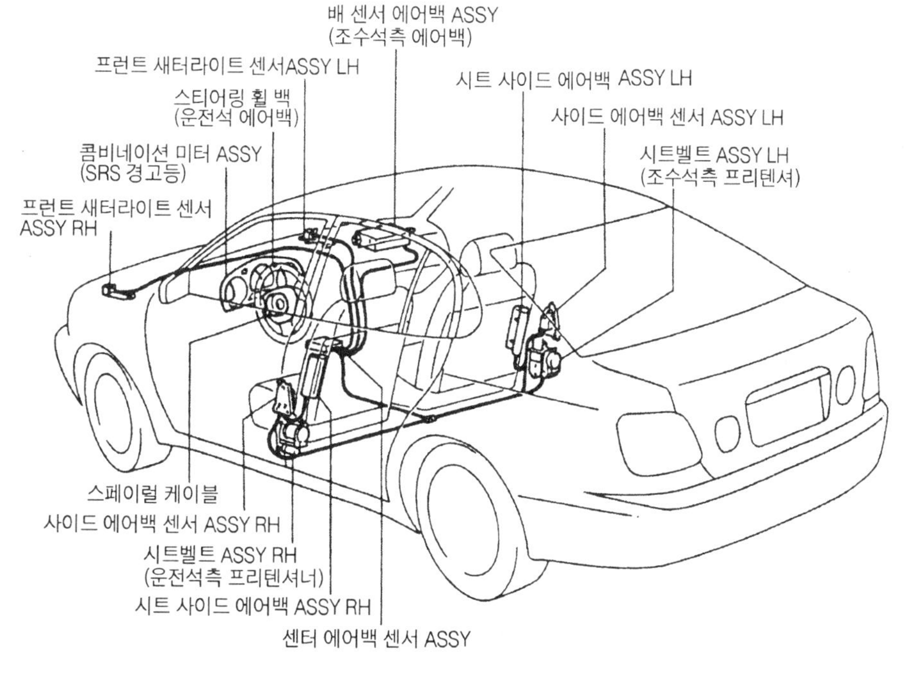

그림4-29 에어백 장치용 부품 배치도

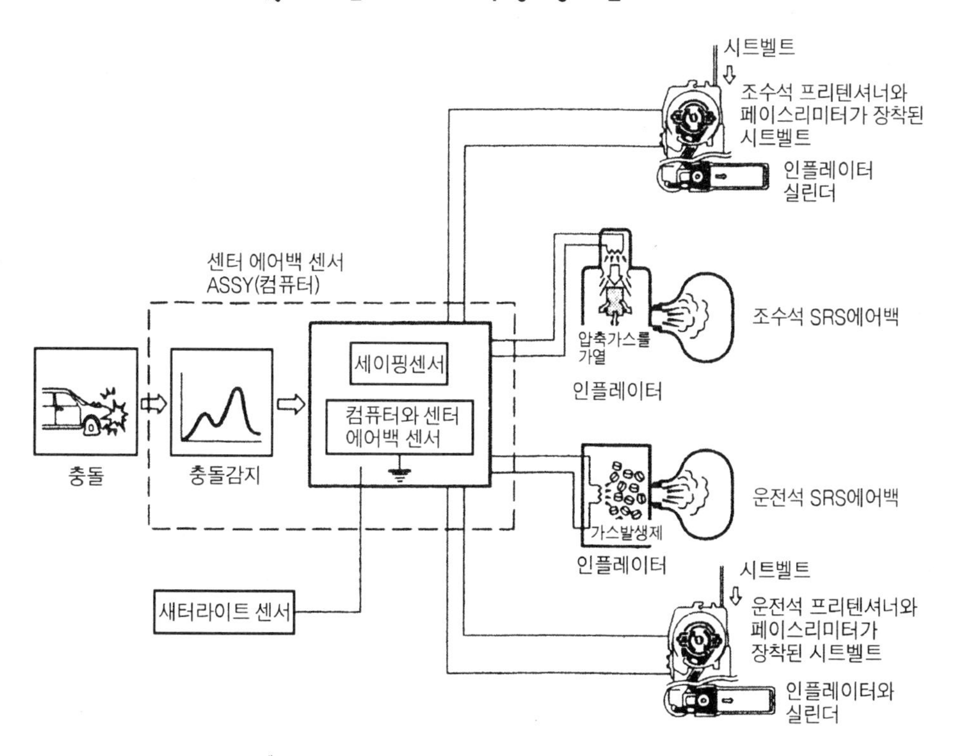

그림4-30 에어백과 프리텐셔너의 작동과정

또한 그림 4-31은 SRS 사이드 에어백의 작동과정을 나타내고 있다. 측면 충돌을 세이핑 센서, 사이드 에어백 센서, 센터 에어백 센서에서 감지하여 일정한 크기 이상의 충격을 감지한 경우에만 작동한다. 세이핑 센서는 센터 에어백 센서 또는 사이드 에어백 센서보다 작은 감속도에서 작동한다. 이 센서가 ON로 되고 센터 에어백 센서 또는 사이드 에어백 센서가 ON하면 에어백이 동작한다.

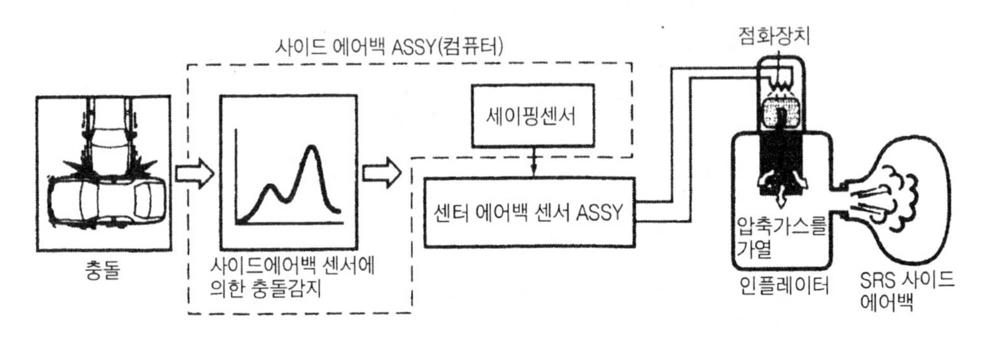

그림4-31 사이드 에어백의 작동 과정

① 에어백 용 센서의 점검은 진단기능을 활용한다.

에어백 장치를 점검하는 경우는 차량이 충돌될 때 에어백이 작동하지 않아서 손상한 경우, 진단 코드가 출력된 경우 등이며, 에어백이 동작한 경우는 각 센서들은 모두 교환한다.

점검 전에는 점화(키) 스위치를 OFF로 하고 배터리의 (-)단자에서 케이블을 분리한다. 이 후 90초 이상 대기하고 나서 점검 작업에 들어간다. 그 이전에 작업을 하면 에어백이 동작할 수도 있다. 따라서 작업 후 시계, 오디오, 트립미터 등의 기억이 지워지기 때문에 다시 조정하여야 한다.

에어백의 점검은 자기진단에서 할 수 있으며 경고등 확인을 한다. 점화(키) 스위치를 ACC 또는 ON로 하고 계기 내에 그림 4-32와 같은 경고등 램프가 점등하는 것을 확인한다. 점화(키) 스위치를 ACC 또는 ON로 하고 점등 또는 점멸하는 경우는 에어백 장치에 고장이 발생한 것이다. 또한 약 6초경과 후에 점차로 점등하면서 점화(키) 스위치를 OFF로 하여도 점등하는 경우는 경고등 램프 계통의 단락이 발생

그림4-32 에어백용 경고등

한 것이다. 경고등 램프는 전면 충돌에서 장치에 이상을 검출하면 점등하고 측면 충돌 또는 프리텐셔너 계통에서 이상을 검출하면 점멸한다. 자기진단코드에서는 점화(키) 스위치를 ACC 또는 ON로 하여 60초간 대기한다. 이것은 센터 에어백 센서 어셈블리나 장치 전체의 자기 진단을 완료하는데 약 60초가 소요되기 때문이다.

그림 4-33의 자기진단 커넥터의 Tc ↔ E1 단자 사이를 테스터 램프 등으로 단락시켜 경고등 램프의 점멸 회수를 확인한다. 그림 4-34에는 자기진단 방법을 나타내고 있다. 아래 표는 자기진단 코드와 이 진단 내용에 관한 표이다. 자기진단 코드를 표시하는 것은 자동차의 고장진단에는 실수가 없이 작업을 하여야 하므로 확실하게 숙지하기를 바란다.

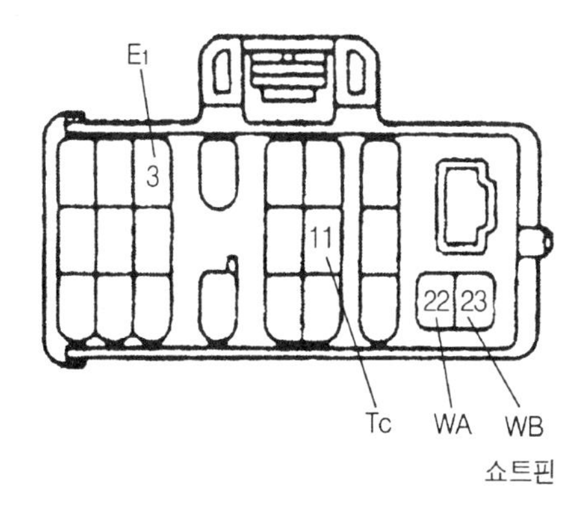

그림4-33 자기진단 커넥터

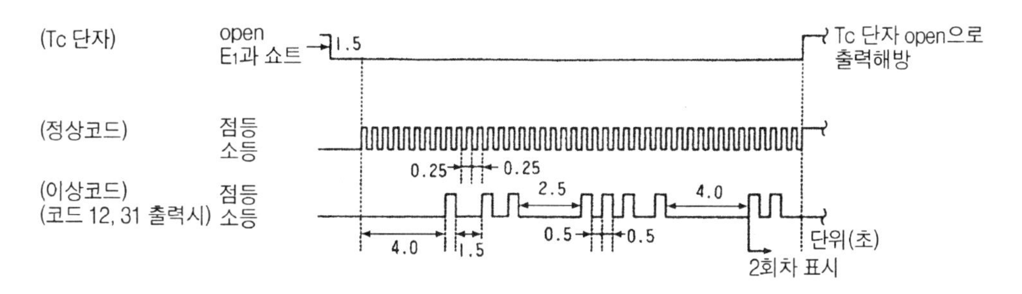

그림4-34 자기진단 코드의 해독

자기진단에서 표시한 코드를 보고 정비 지침서에 따라서 고장 수리를 한다. 또한 점검을 할 때에는 테스터를 사용하는데 이 때 테스터의 저항 범위를 가장 크게 하고 사용한다. 그렇게 하지 않으면 테스터에 내장된 배터리 전류로 에어백을 동작시킬 우려가 있다. 또한 에어백용 커넥터들은 작업 중에 에어백을 동작시키지 않도록 안전기구로 잘 잡아둔다.

표 **자기진단코드와 진단내용**

<table>
<tr><th colspan="2">경고등 코드</th><th rowspan="2">진 단 내 용</th></tr>
<tr><th>운전석측</th><th>조수석측</th></tr>
<tr><td colspan="2" rowspan="2">11</td><td>-센터 에어백 센서 어셈블리~에어백(운전석측)사이가 접지와 단락되었다.
-센터 에어백 센서 어셈블리 내의 세이핑 센서가 항상 ON이다.</td></tr>
<tr><td>-센터 에어백 센서 어셈블리~에어백(조수석측)사이 WH가 접지와 단락되었다.
-센터 에어백 센서 어셈블리 내의 세이핑 센서가 항상 ON이다.</td></tr>
<tr><td colspan="2" rowspan="2">12</td><td>-센터 에어백 센서 어셈블리~에어백(운전석측)사이 WH가 전원과 단락되었다.</td></tr>
<tr><td>-센터 에어백 센서 어셈블리~에어백(조수석측)사이 WH가 전원과 단락되었다.</td></tr>
<tr><td>13</td><td>-</td><td>-에어백(운전석측)내에서 점화장치가 단락되었다.
-센터 에어백 센서 어셈블리~에어백(운전석측)사이 WH가 단락되었다.</td></tr>
<tr><td>14</td><td>-</td><td>-에어백(운전석측)내에서 점화장치가 단선되었다.
-센터 에어백 센서 어셈블리~에어백(운전석측)사이 WH가 단락되었다.</td></tr>
<tr><td rowspan="2">15</td><td rowspan="2">-</td><td>-센터 에어백 센서 어셈블리~새터라이트 센서어셈블리(운전석측)사이 WH가 단선되었다.
-센터 에어백 센서 어셈블리~새터라이트 센서어셈블리(운전석측)사이 WH가 전원과 단락되었다.
-센터 에어백 센서 어셈블리 내부가 고장났다.</td></tr>
<tr><td>-센터 에어백 센서 어셈블리~새터라이트 센서어셈블리(운전석측)사이 WH가 단락되었다.
-센터 터라이트 센서어셈블리(운전석측) 내부가 단락되었다.
-센터 에어백 센서 어셈블리 내부가 고장났다.</td></tr>
<tr><td rowspan="2">-</td><td rowspan="2">16</td><td>-센터 에어백 센서 어셈블리~새터라이트 센서어셈블리(조수석측)사이 WH가 단선되었다.
-센터 에어백 센서 어셈블리~새터라이트 센서어셈블리(조수석측)사이 WH가 전원과 단락되었다.
-센터 에어백 센서 어셈블리 내부가 고장났다.</td></tr>
<tr><td>-센터 에어백 센서 어셈블리~새터라이트 센서어셈블리(조수석측)사이 WH가 단락되었다.
-새터라이트 센서어셈블리(조수석측) 내부가 단락되었다.
-센터 에어백 센서 어셈블리 내부가 고장났다.</td></tr>
<tr><td colspan="2">31</td><td>-센터 에어백 센서 어셈블리 내부가 고장났다.</td></tr>
<tr><td>32</td><td>33</td><td>-사이드 에어백 센서 어셈블리 내부가 고장났다.</td></tr>
<tr><td>41</td><td>45</td><td>-센터 에어백 센서 어셈블리~프런트 사이드 에어백 WH가 접지와 단락되었다.
-센터 에어백 센서 어셈블리 내의 세이핑 센서가 항상 ON이다.</td></tr>
<tr><td>42</td><td>46</td><td>-센터 에어백 센서 어셈블리~프런트 사이드 에어백 WH가 접원과 단락되었다.</td></tr>
<tr><td>43</td><td>47</td><td>-프런트 사이드 에어백 내에서 점화장치가 단락되었다.
-센터 에어백 센서 어셈블리~프런트 사이드 에어백 WH가 단락되었다.</td></tr>
<tr><td>44</td><td>48</td><td>-프런트 사이드 에어백 내에서 점화장치가 단선되었다.
-센터 에어백 센서 어셈블리~프런트 사이드 에어백 WH가 단선되었다.</td></tr>
<tr><td>-</td><td>53</td><td>-에어백 (조수석측) 내에서 점화장치가 단락되었다.
-센터 에어백 센서 어셈블리~에어백 (조수석측) WH가 단락되었다.</td></tr>
<tr><td>-</td><td>54</td><td>-에어백 (조수석측) 내에서 점화장치가 단선되었다.
-센터 에어백 센서 어셈블리~에어백 (조수석측) WH가 단선되었다.</td></tr>
<tr><td colspan="2">61</td><td>-센터 에어백 센서 어셈블리~운전석 또는 조수석측 프리텐셔너 WH가 접지와 단락되었다.</td></tr>
<tr><td colspan="2">62</td><td>-센터 에어백 센서 어셈블리~프리텐셔너 WH가 전원과 단락되었다.
-센터 에어백 센서 어셈블리~에어백 WH가 전원과 단락되었다.
-센터 에어백 센서 어셈블리~사이드 에어백 WH가 전원과 단락되었다.</td></tr>
<tr><td>63</td><td>73</td><td>-프리텐셔너 네에서 점화장치가 단락되었다.
-센터 에어백 센서 어셈블리~프리텐셔너 WH가 단락되었다.</td></tr>
<tr><td>64</td><td>74</td><td>-프리텐셔너 네에서 점화장치가 단선되었다.
-센터 에어백 센서 어셈블리~프리텐셔너 WH가 단선되었다.</td></tr>
</table>

② 작업 후에 자기진단의 소거

정비 및 점검 후에는 반드시 자기진단을 소거하여야 한다. 또한 점화(키) 스위치를 OFF로 하고 커넥터의 Tc 및 AB단자에 리드 선을 접속한다. 이 후 점화(키) 스위치를 ACC 또는 ON로 하여 약 6초간 기다린다. 그림 4-35와 같이 1초 주기로 Tc 및 AB 단자를 차례로 차체에 접지시켜 경고등 램프가 빠르게 점멸(소거완료 코드)하는 것을 확인한다. Tc 단자와 AB 단자를 차례로 접지시키는 것은 한 쪽의 접지를 해제하는 것과 동시에 다른 쪽을 접지 한다.

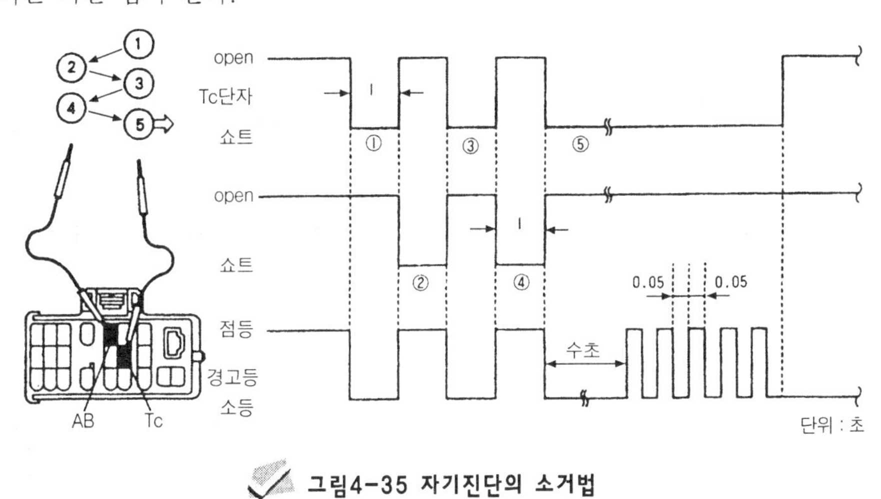

그림4-35 자기진단의 소거법

③ 승용차 에어백의 구성과 점검

다른 승용차의 SRS 에어백의 구성도를 그림 4-36에 나타내고 있다.

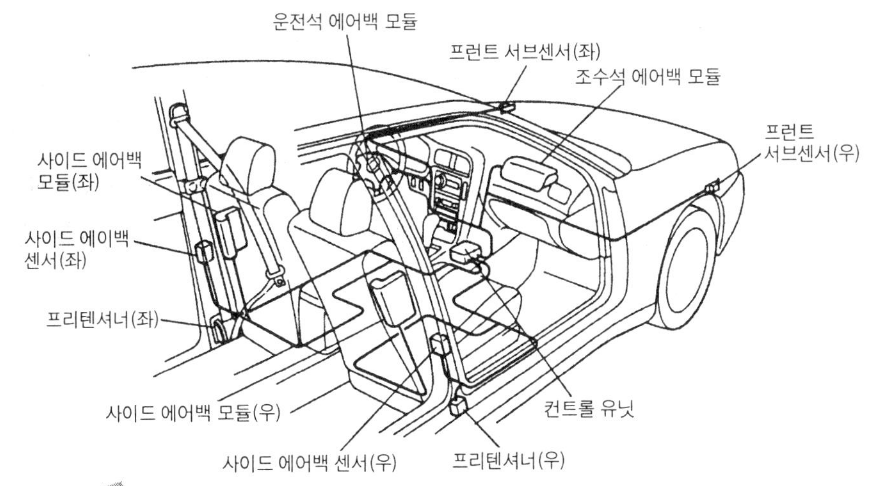

그림4-36 SRS 에어백과 프리텐셔너가 장착된 시트벨트의 구성도

또한 그림 4-37은 프런트 서브센서의 외관이다. 좌우에 2개가 장착되어 있다. 다음에 그림 4-38은 사이드 에어백 센서의 외관을 나타내고 있다. 이것도 좌우의 센터 필러 내에 1개씩 모두 2개가 장착되어 있다.

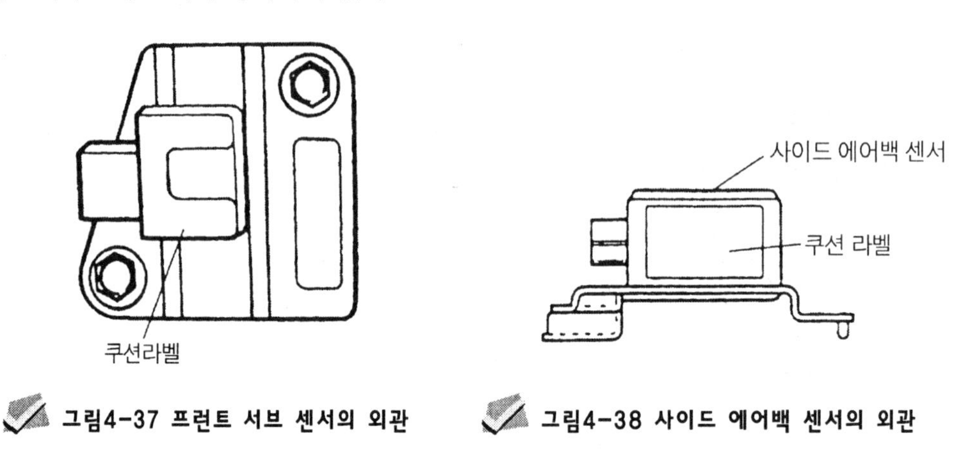

그림4-37 프런트 서브 센서의 외관　　**그림4-38 사이드 에어백 센서의 외관**

프런트 서브 센서는 에어백이 동작하지 않는 경우를 포함하여 충돌 등으로 차량이 자기진단에 해당 고장코드를 출력하였을 때 점검을 한다.

이 결과 프런트 서브 센서의 변형, 균열, 분해 등의 손상이 있을 때, 부착된 브래킷의 변형, 균열, 분해 등의 손상이 있을 때, 커넥터의 균열, 분해 등의 손상이 있을 때, 센서를 떨어뜨렸을 때, 고장 수리에서 교환할 필요가 있다고 판정되었을 때 및 프런트 에어백이 동작하였을 때는 프런트 서브 센서는 교환한다.

사이드 에어백 센서는 에어백이 동작하지 않는 경우를 포함하여 충돌 등으로 차량이 손상하였을 때, 자기진단 점검에서 해당 고장코드가 출력되었을 때 점검한다.

이 결과 사이드 에어백 센서에 변형, 균열, 분해 등의 손상이 있을 때, 부착된 브래킷의 변형, 균열, 분해 등의 손상이 있을 때, 커넥터 손상, 균열, 분해 등의 손상이 있을 때, 센서를 떨어뜨렸을 때, 고장 수리에서 교환할 필요가 있다고 판단되었을 때 및 사이드 에어백이 동작하였을 때(동작한 사이드 에어백 센서를 교환) 사이드 에어백 센서를 교환한다.

프런트에어백 센서의 떼어내기

이 에어백 센서를 점검하거나, 교환하기 위해서는 센서를 떼어내야 한다. 이 경우의 작업 방법은 다음과 같다.

즉, 점화(키) 스위치를 OFF로 하고 배터리의 (-) 단자에서 케이블을 분리한 후 20초 이상 경과하고 나서 작업을 개시한다. 그림 4-39와 같이 로우 커버를 떼어낸 후 에어백 커넥터(7극)를 분리한다. 다음에 그림 4-40, 그림 4-41과 같이 프런트 서브 센서의 하니스와 메인 하니스를 결합하고 있는 커넥터(청색)를 분리한다. 그리고 앞바퀴와 프런트 가드를 떼어낸다. 다음으로 그림 4-42와 같이 프런트 서브 센서 하니스를 묶어 놓은 그립을 풀고 관통형 볼트를 푼다. 마지막으로 그림 4-43과 같이 부착 볼트(좌우에 2개씩)를 풀면 프런트 서브 센서를 떼어낼 수 있다. 결합은 역순으로 하면 되고 볼트는 규정 토크로 조인다. (이 경우는 19.6±3.9N·m [2.0±0.4kgf·m])

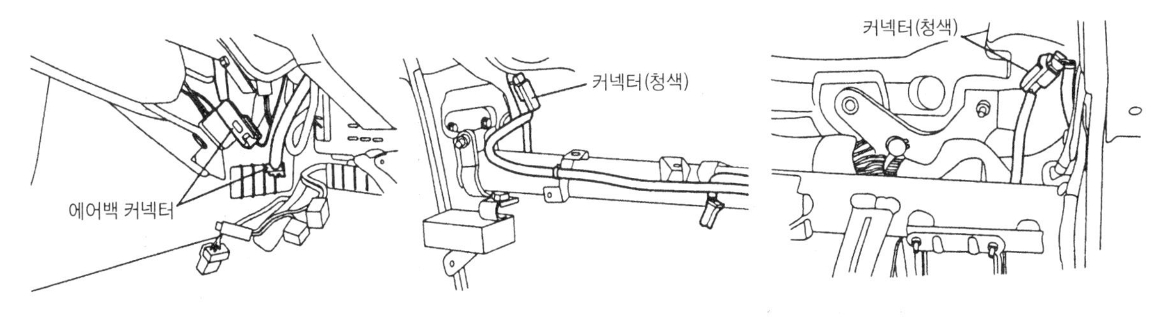

그림4-39 에어백 커넥터의 분리 그림4-40 센서와 메인하니스의 분리 Ⅰ 그림 4-41 센서와 메인하니스의 분리 Ⅱ

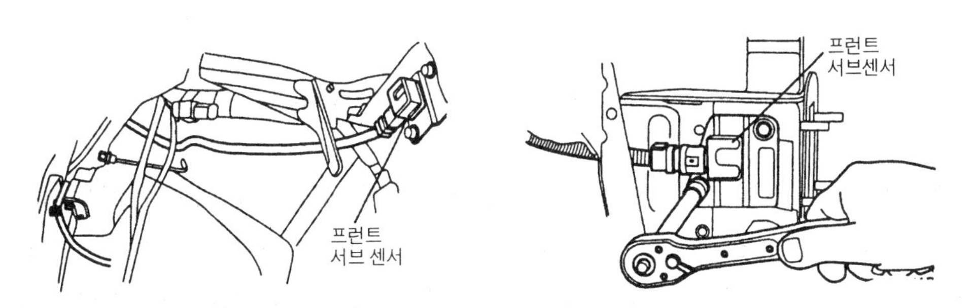

그림4-42 센서 하니스를 체결 클립에서 빼낸다. 그림4-43 좌우 2개의 체결 볼트를 푼다.

 에어백용 가속도 센서

이것도 크러쉬 센서로서 증폭 회로, 온도 보상 회로를 내장하고 출력이 선형적으로 나타나는 가속도 센서이다.

그림 4-44는 구조 예이며 실리콘 기판을 가공한 빔(beam) 부분에 확산 저항 소자를 배치하여 피에조 저항 효과에 의해 가속도를 검출한다. 그림 4-45에 이 센서의 특성을 나타냈다.

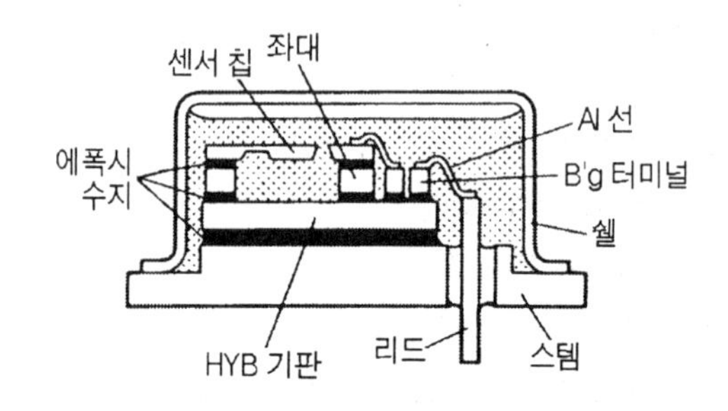

그림4-44 가속도 센서의 구조

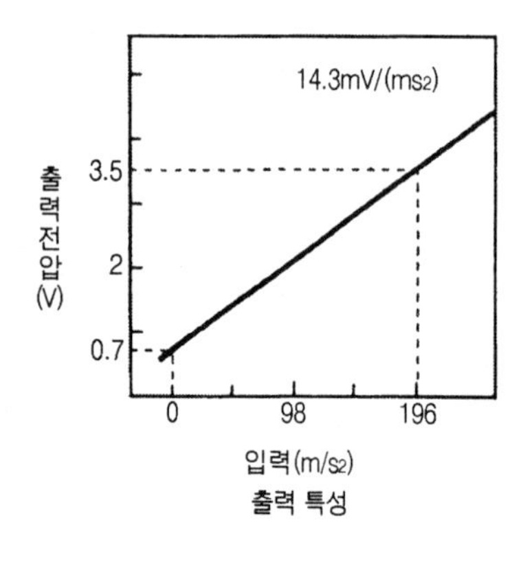

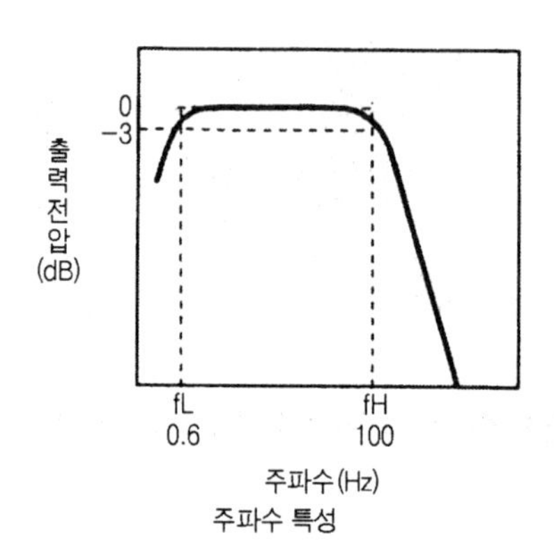

그림4-45 가속도 센서의 특성도

중요 구성 부품은 프런트 에어 백 센서, 에어 백, 포워닝 램프, 센터 에어 백 센서 어셈블리이다. 프런트 에어 백 센서는 좌우 프런트 펜더 내에 1개씩 설치되어 있는 것으로 크러쉬 센서라고도 한다. 센서의 실제 동작은 그림 4-46에 나타나 있듯이 비 작동 시는 코일 스프링의 초기 세트 하중에 의해 편심 회전체는 편심 매스와 더불어 스톱퍼(stopper)에 맞추어져 있고 고정 접점과 회전 접점은 떨어져 있다. 그러나 충돌에 의한 감속도가 더하여지면 회전체가 회전하여 회전체와 회전 접점이 회전하여 고정 접점에 접촉하고 ON 신호를 센터 에어 백 센서 어셈블리에 출력한다.

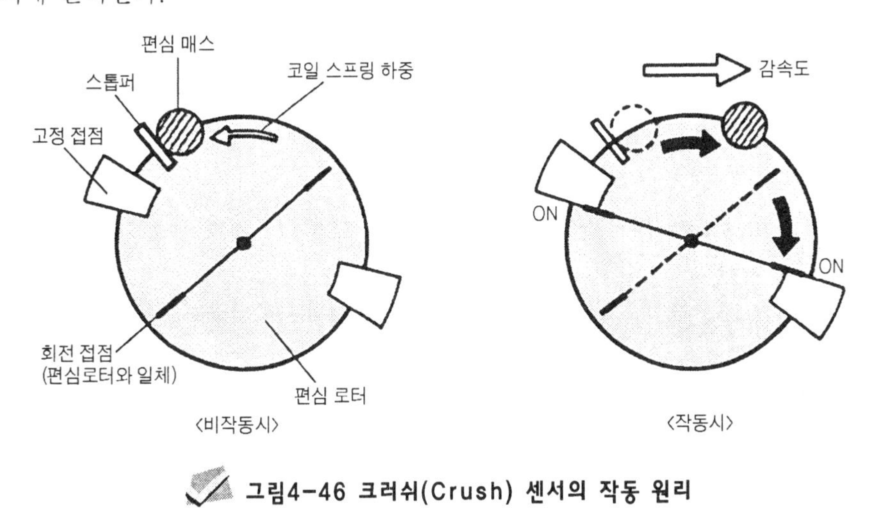

그림4-46 크러쉬(Crush) 센서의 작동 원리

센터 에어 백 센서 어셈블리는 센터 콘솔(console)박스 하측의 바닥에 설치되어 있고 센터 에어 백 센서, 점화 판정 회로, 세이핑 센서, 백업 전원, 진단 회로, 메모리 회로 및 안정 회로로 구성되어 있다. 에어 백 센서의 신호에 의해 에어 백을 작동시킬 것인지 아닌지를 판정하거나 장치 이상 시의 자기 진단 등 종합적인 제어를 행하고 있다. 센터 에어 백 센서에는 장기적으로 안정적인 특성을 얻을 수 있는 반도체 G 센서를 사용하고 있다. 그림 4-47에 그 구조를 나타냈는데 캔틸레버(cantilevers) 방식으로 충돌에 의해 일어난 게이지 부분의 일그러짐을 계측해 전기신호로 바꿔주고 있다. 이 신호에 의해 점화 판정 회로는 소정의 연산을 실시해, 연산치가 사전에 설정된 값을 넘었을 경우에 ON 신호를 출력하며, 스파이랄(spiral) 케이블이 인플레이터(inflater)를 작동하여 질소 가스를 발생시켜 에어백을 전개한다.

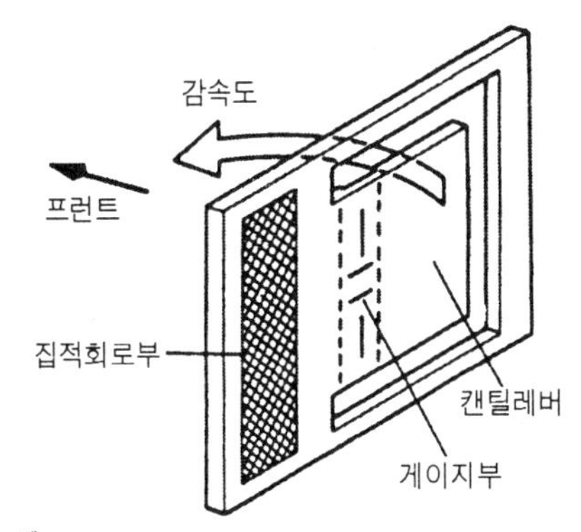

그림4-47 센서 에어 백 센서의 구조 예

그리고 프런트 에어 백 센서와 같은 구조의 세이핑 센서가 안정 회로와 직렬로 설치되어 있으며 이 센서가 사전에 설정된 감속도 이상이 더하여지면 ON하여 통전한다. 이 양자가 동시에 ON되지 않으면 에어백은 전개되지 않는다.

또한, 최근 고급 차량에 사용되는 사이드 에어백에 대해서도 측면으로부터의 충돌을 감지하는 G 센서와 세이핑 센서에 의해 제어되고 있다.

4-5 광(光) 검출용 센서

이것은 광학적 에너지를 검출하는 센서이다. 텔레비전에서 시작된 AV 기기의 리모컨, 카메라의 오토 포커스 기능, CD 플레이어의 픽업 등에 응용되어 각종 일렉트로닉스 제품이 소형, 경량화, 고기능화로 비약적으로 진보해 오면서 가장 널리 보급되어 있는 센서이다.

1 광 센서의 종류

(1) 포토 다이오드

실리콘의 P-N 접합의 광기전력을 이용한 것으로 기본적으로는 일반적인 P-N접합 다이오드와 같은 구조를 가지고 있는 광 센서이다. 그림 4-48에 포토 다이오드의 구조를 나타내었다.

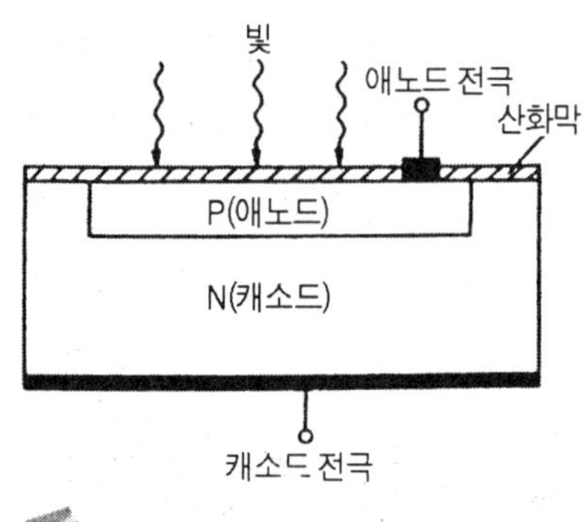

그림4-48 포토 다이오드의 구조

대표적인 포토 다이오드로서는 고속 응답을 목표로 고속 포토 다이오드(PIN 포토 다이오드)와 인간의 시각 곡선에 맞도록 단파장의 감도를 가진 블루 센시티브 포토 다이오드가 있다. 또한 수광 부에 빛이 입사했을 때 빛의 입사위치를 판정할 수 있는 위치 검출소자(PSD) 등이 있다.

(2) 포토 트랜지스터

실리콘의 P-N 접합의 광 기전력을 응용한 광 센서로서 기본적으로는 일반적인 NPN 트랜지스터와 같은 구조를 가지고 있다. 베이스(base)와 컬렉터(collector) 사이의 포토 다이오드에 의한 광 전류를 NPN 트랜지스터로 증폭할 수 있도록 되어 있다. 그림 4-49에 포토 트랜지스터의 구조를 나타냈다. 포토 트랜지스터는 크게 나누어 싱글형과 증폭용 트랜지스터를 다링턴에 접속한 다링턴 형이 있다. 이것은 이미 소개한 발광 소자(LED)와 수광 소자(포토 트랜지스터)를 서로 향하게 한 포토커플러나 포토 인터럽트로서 사용되는 경우가 많다.

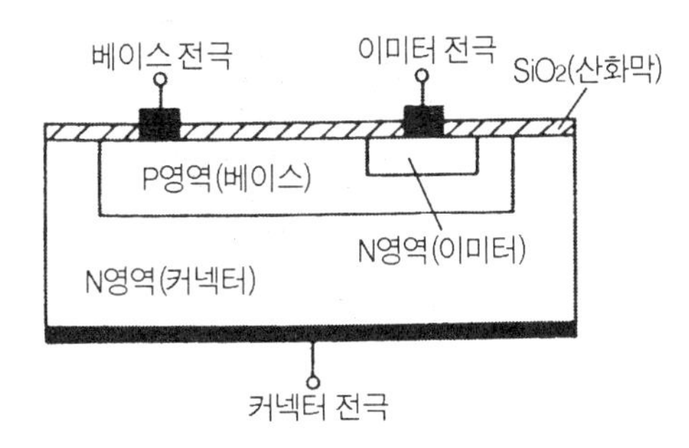

그림4-49 포토 트랜지스터의 구조

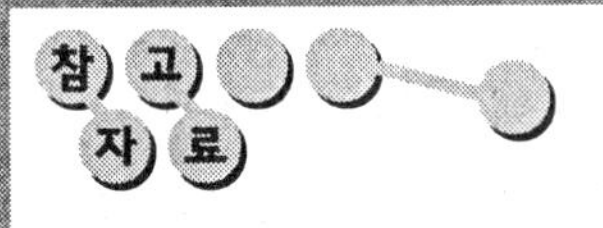

다링턴 접속이란, 2개 또는 여러 개의 트랜지스터를 조합시켜 전류 증폭 율을 크게 하는 접속법이다.

(3) 광학 IC

이것은 포토 다이오드와 신호 처리 회로를 1칩으로 집적한 광 센서이다. 이 중에는 디지털 출력형, 리니어 출력형, 광 변조형 등이 있다.

(4) CdS(황화카드뮴) 광도전 셀

밝기에 의해 저항값이 변화하는 성질을 이용하여 전류가 통하기 쉬워지는 광 도전 효과를 응용한 광 센서이다.

 오토라이트 센서(제어기 내장 형식)

전조등(Head light)이나 미등의 자동 점등 및 소등 장치에서 사용되고 있는 센서이다. 사용 온도 범위가 −30℃ ~ 85℃로 넓고 온도 변화의 영향에도 강하므로 신뢰성이 높은 센서이다. 낮이나 밤 등의 조도의 차이를 검출한다. 그림 4-50은 구조도 인데 광전기 변환 효과를 가진 포토 다이오드의 출력을 IC로서 증폭시켜 전기적인 ON·OFF 신호를 출력한다.

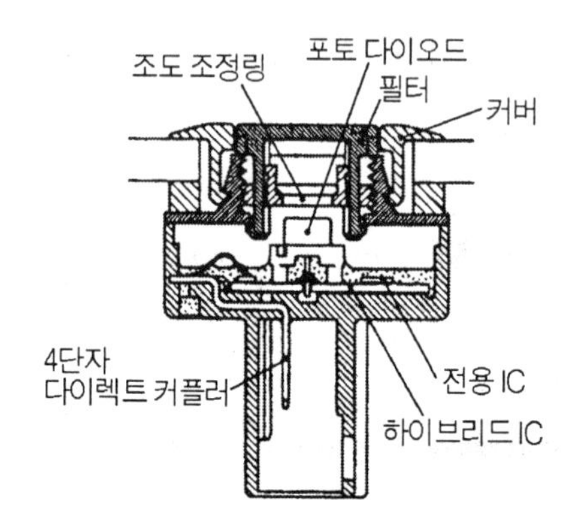

그림4-50 주위 광 센서의 구조

그림 4-51은 자동 점등 및 소등 장치의 장치 구조도 인데 광 센서와 제어 회로를 일체화한 소형 장치이다. 또한 입력 조도에 대한 오 동작이 적으며 수광 부에 기계적인 조광 기구가 있으므로 광 감도 조정이 가능하도록 되어 있다. 그림 4-52는 주위 광 센서의 특성도 이다.

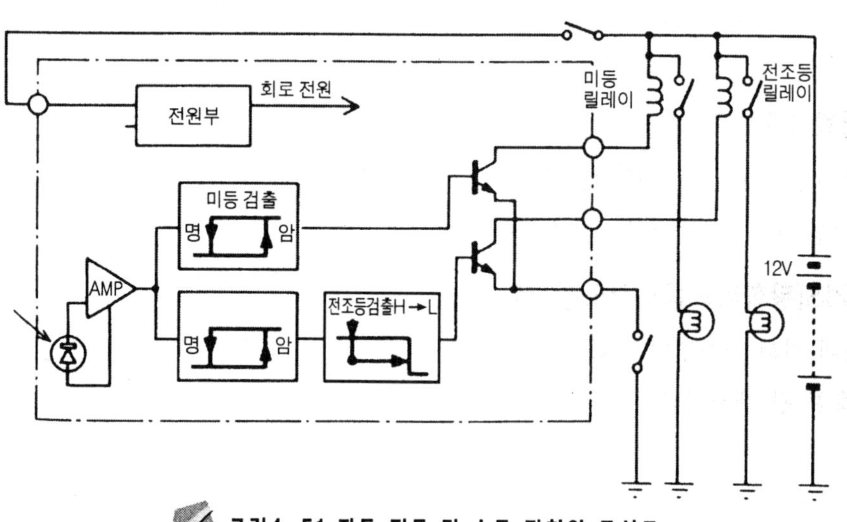

그림4-51 자동 점등 및 소등 장치의 구성도

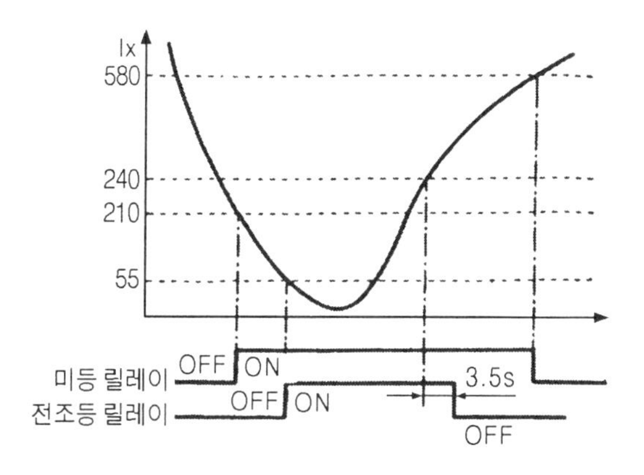

그림4-52 주위 광 센서의 특성도

3 일사량 센서

(1) 일사량 센서의 구조와 작용

자동 에어컨의 장치에 부착되어 일사량(日射量)을 검출하며 에어컨의 흡입이나 출력을 할 때 온도나 풍량(風量)을 조정하는 것이다. 즉 일사량의 변화를 포토 다이오드로 감지하여 이것을 전류로 바꿔주어 검출하는 장치이다.

그림 4-53은 일사량 센서의 구조도이며 포토 다이오드는 일사량에 대하여 뛰어나게 반응하는 특성이 있으며 주위 온도의 영향을 받지 않기 때문에 정확한 일사량을 알 수 있다.

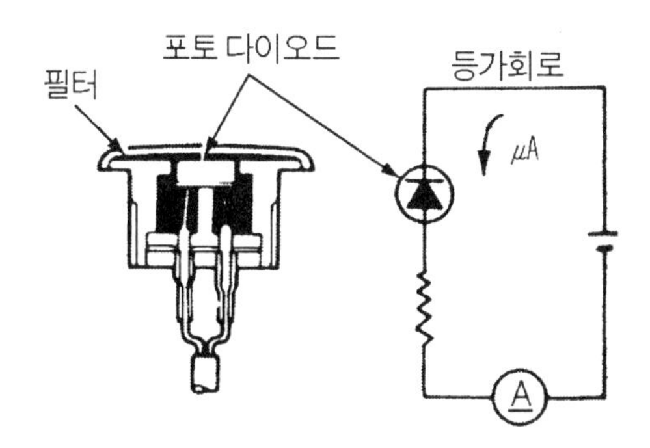

그림4-53 일사량 센서의 구조

그림 4-54에 자동 에어컨의 장치 구성도를 나타냈고 그림 4-55에 일사량 센서의 특성을 나타냈다.

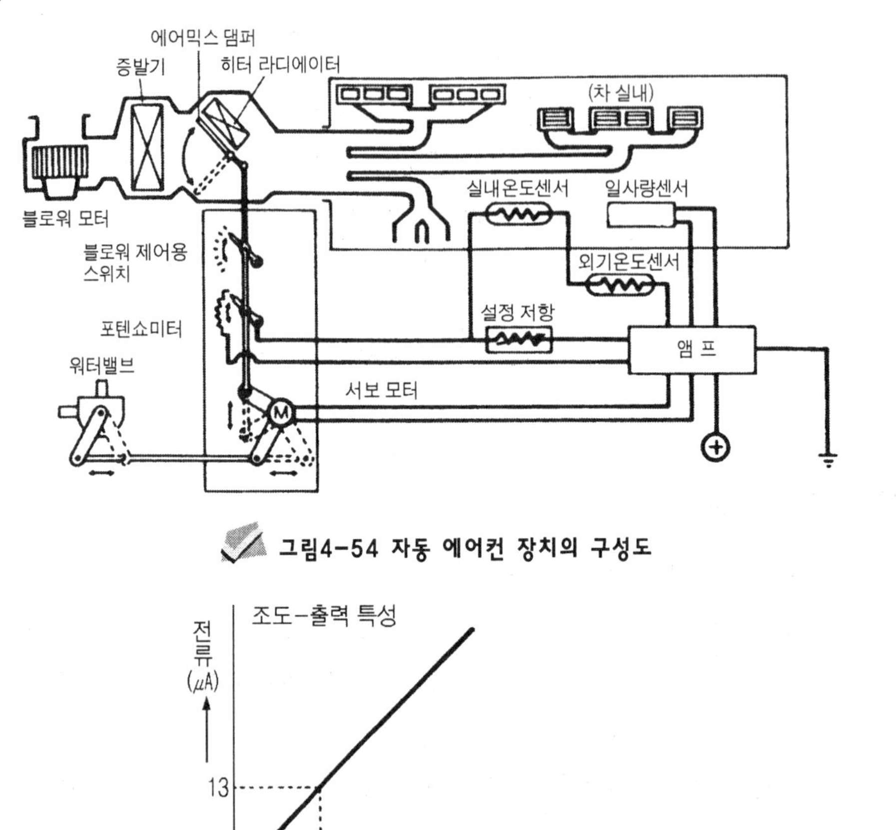

그림4-54 자동 에어컨 장치의 구성도

그림4-55 일사량센서의 특성도

(2) 일사량 센서(자동 에어컨용)의 점검

자동 에어컨에 사용되고 있는 센서로서 최근에 에어컨용 센서로 많이 사용되고 있다. 센서 단품으로 점검을 할 수는 없고 계통 내에서 자기진단을 한다. 그림 4-56은 일사량 센서의 점검 방법으로 일사량 센서의 수광부를 손으로 덮고서 센서의 커넥터 단자①과 ④번의 전류에 비해서 센서를 손으로 덮지 않았을 때의 전류가 많으면 정상으로 판정한다. 또한 일사량 센서의 특성도로 점검하는 방법도 있다.

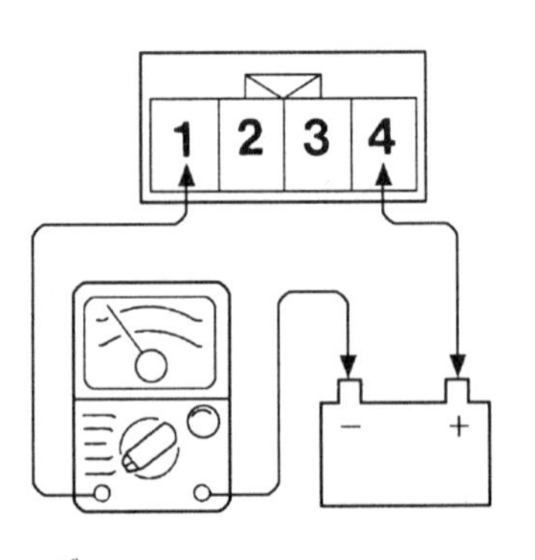

그림4-56 일사량센서의 점검

4 라이트 제어 센서

(1) 라이트 제어 센서의 구조와 작용

자동 전조등과 미등 점등 장치에 사용되고 있는 것으로 자동차 주위의 조도를 스캐너부분(집적화 광 센서)에 의해 검지 되며, 주파수 신호로서 MPX 보디 컴퓨터 No.2로 출력한다. 그림 4-57은 그 구조도이다. MPX 보디 컴퓨터 No.2란 이 센서로부터 조도를 주파수 신호로서 입력해 자동적으로 미등 및 헤드라이트를 점등 또는 소등시키는 라이트 스위치로서 AUTO의 위치에서 작동한다. 단, 하향등과 상향등의 교환은 수동으로 행해진다. 그림 4-58에 라이트 제어 센서의 설치 위치를 나타내었다.

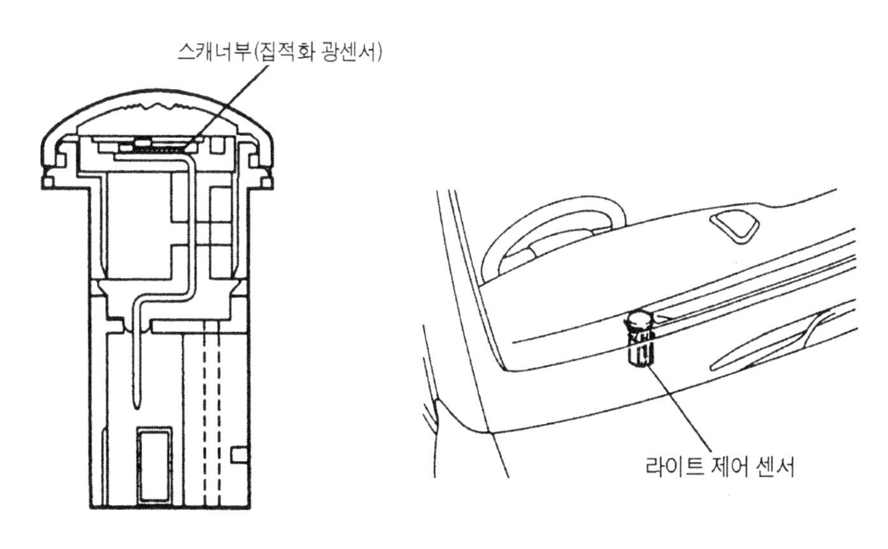

그림4-57 라이트 제어센서의 구조

그림4-58 라이트 제어 센서의 설치 위치

(2) 라이트 컨트롤 센서

자동 라이트 장치는 라이트 스위치를 AUTO에 위치시켜 놓으면 주위의 밝기에 따라서 전조등을 자동적으로 점멸하는 장치이며, 주위의 밝기를 감지는 센서를 라이트컨트롤 센서라 한다. 그림 4-59에는 그 구조를 나타내고 있다.

그림 4-60은 라이트 회로의 일부로 라이트 컨트롤 센서의 점검은 테스터(주파수를 측정할 수 있는 것)의 Hz 레벨로 키 스위치를 ON로 하고 라이트 컨트롤 스위치를 AUTO로 하면 MPX 보디 컴퓨터 NO_2 B3와 보디 접지 사이에 펄스가 발생하는가를 점검한다.

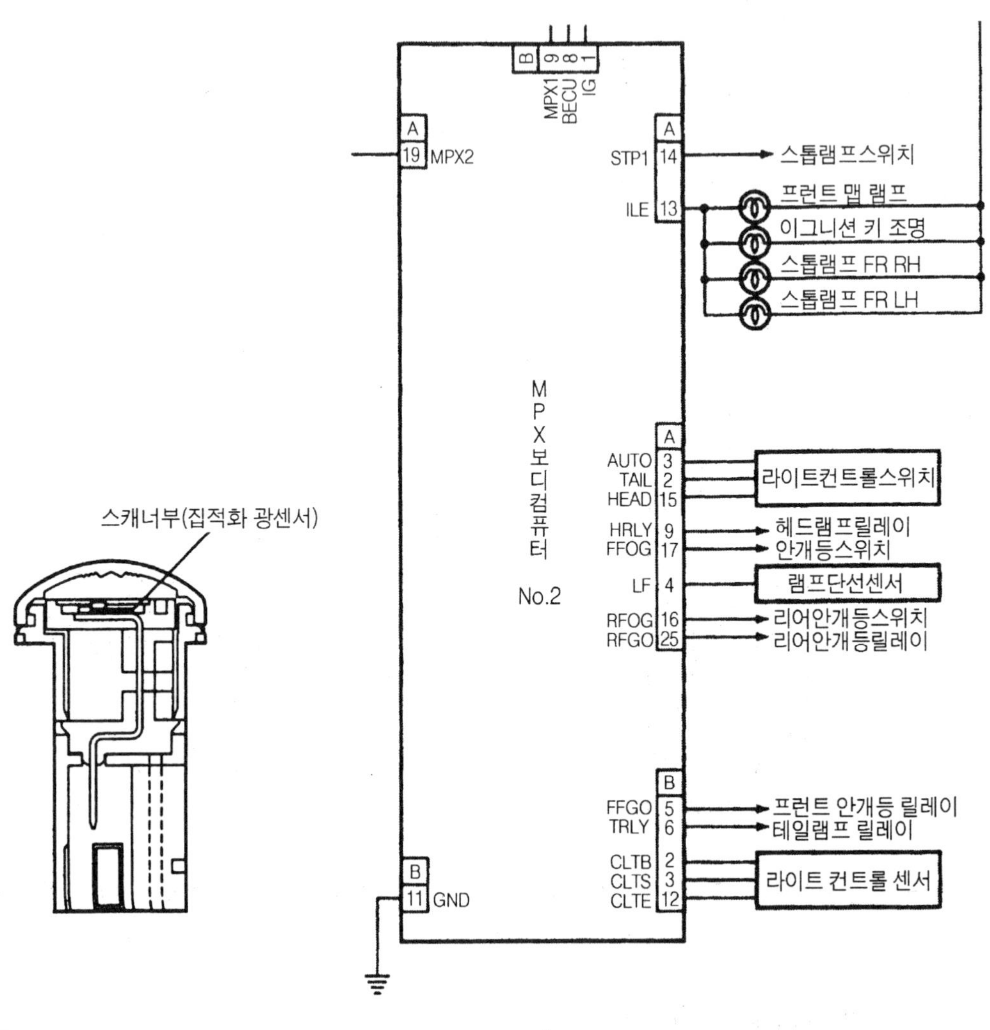

그림4-59 라이트 컨트롤 센서의 구조

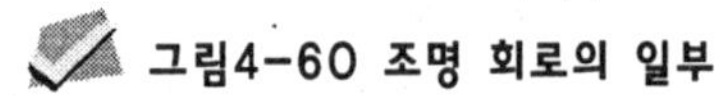
그림4-60 조명 회로의 일부

이 때 펄스가 발생하지 않으면 전원계통을 점검한다. MPX 컴퓨터 NO_2 B3~보디 접지 사이에 10~14V를 표시하지 않으면 센서의 불량이나 MPX 보디 컴퓨터 NO_2 ~라이트 컨트롤 센서 사이의 와이어 하니스 불량이라고 판정한다.

5 광 도전식 광량 센서

빛이 들면 저항값이 변화하는 CdS(황화카드뮴)을 사용한 반도체 소자이며 주위의 밝음의 변화를 저항값의 변화로 바꿔주어 검출하는 센서이다 즉 어두울 때는 저항값이 커지고, 밝을 때는 저항값이 작아진다.

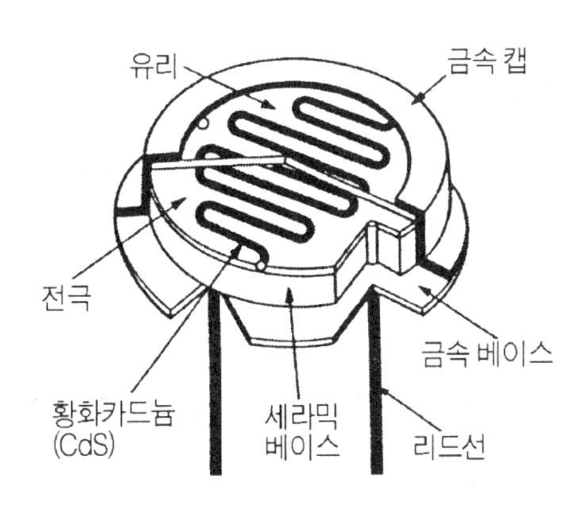

그림4-61 CdS 광량 센서의 구조도

그림 4-61에 이 센서의 구조도를 나타냈는데 필터의 안쪽에 CdS를 설치하였다. CdS는 다결정의 소자로 뱀이 기어가는 것과 같은 패턴으로 작성되어 전극과의 접촉 면적을 크게 하여 높은 감도의 광 센서로서 사용할 수 있다. 이것도 라이트 장치의 초기형에 사용되었었는데 가격이 비싸므로 최근에는 사용되고 있지 않다.

4-6 액면 레벨 검출용 센서

이것은 상당히 이전부터 사용하였던 센서이다. 특수한 반도체를 사용하지 않고 뜨개와 링크 등을 사용하여 기계적으로 액면 레벨을 판정하여 계기 등을 작동시켜 왔다.

오일 레벨 센서(oil level sensor)

(1) 오일 레벨 센서의 구조와 작용

리드 스위치를 내장한 수지 파이프의 외측에 자석을 넣어둔 뜨개가 위, 아래로 움직이는 것에 의해 리드 스위치가 ON·OFF 하며 액면이 기준 레벨의 위에 있는지, 아래에 있는지를 판정하는 센서이다. 그림 4-62는 구조도이다. 엔진 오일 양 검출에도 이용되고 있다. 액면 레벨에 이상이 있으면 레벨 센서는 ON이 되고 표시기 램프를 점등시킨다. 그림 4-63은 오일 레벨 경보 장치 구성도이며 그림 4-64는 이 센서의 특성도 이다.

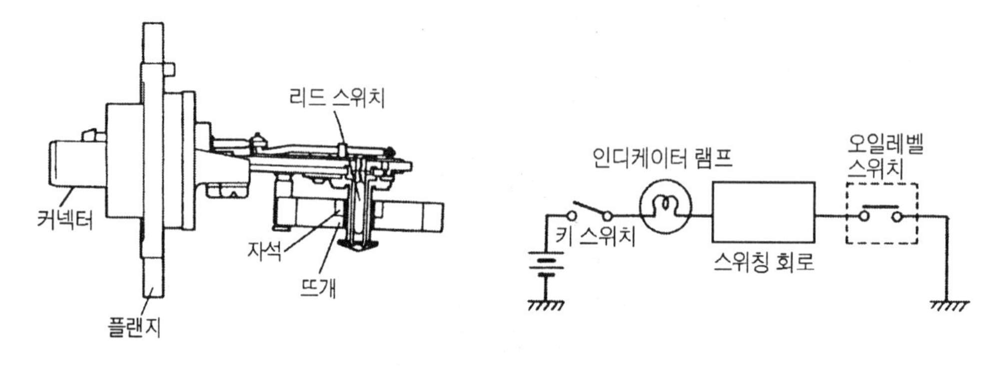

그림4-62 리드 스위치형 레벨 센서의 구조

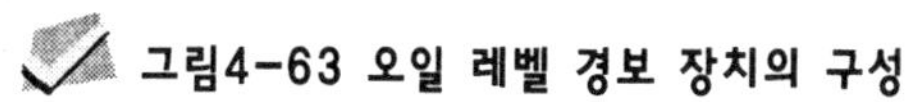

그림4-63 오일 레벨 경보 장치의 구성

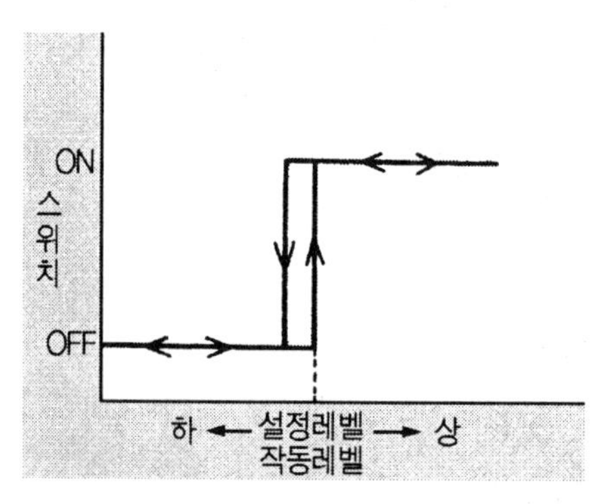

그림4-64 리드 스위치형 액체 레벨 센서의 특성

(2) 오일레벨 센서의 점검

그림 4-65는 오일 레벨 경고등 램프의 회로도이다. 이것은 엔진 오일의 양이 감소하면 계기 내의 경고등을 점등시켜서 운전자에게 알려주는 것이다. 또한 장치에 40초의 지연 회로를 설계하여 주행 중에 오일의 쏠림으로 인한 잘못된 점등을 방지하고 있다. 오일 레벨 센서는 그림 4-66과 같이 오일 팬 측면에 설치되어 있으며 프런트의 상하에 의해서 ON/OFF 하는 리드 스위치와 엔진 오일의 온도에 의해서 ON/OFF 하는 서모 스위치로 구성되어 있다.

엔진 오일의 온도가 55℃ 이하의 경우에는 오일의 점성이 높아서 액면의 검출 정도가 낮아진다. 이와 같은 경우에는 서모 스위치가 ON으로 되고 오일 레벨이 내려가서 리드 스위치가 OFF로 되어도 경고등은 점멸하지 않는다. 엔진 오일의 온도가 55℃ 이상에서 오일 레벨이 낮아지면 서모 스위치 및 리드 스위치가 모두 OFF로 되고 경고등이 점등한다.

엔진오일 레벨 경고등의 점검은 엔진 오일 레벨 스위치의 커넥터를 빼고, 키 스위치를 ON로 한 후 엔진 오일 경고등이 약 40초 후에 점등하면 정상이다.

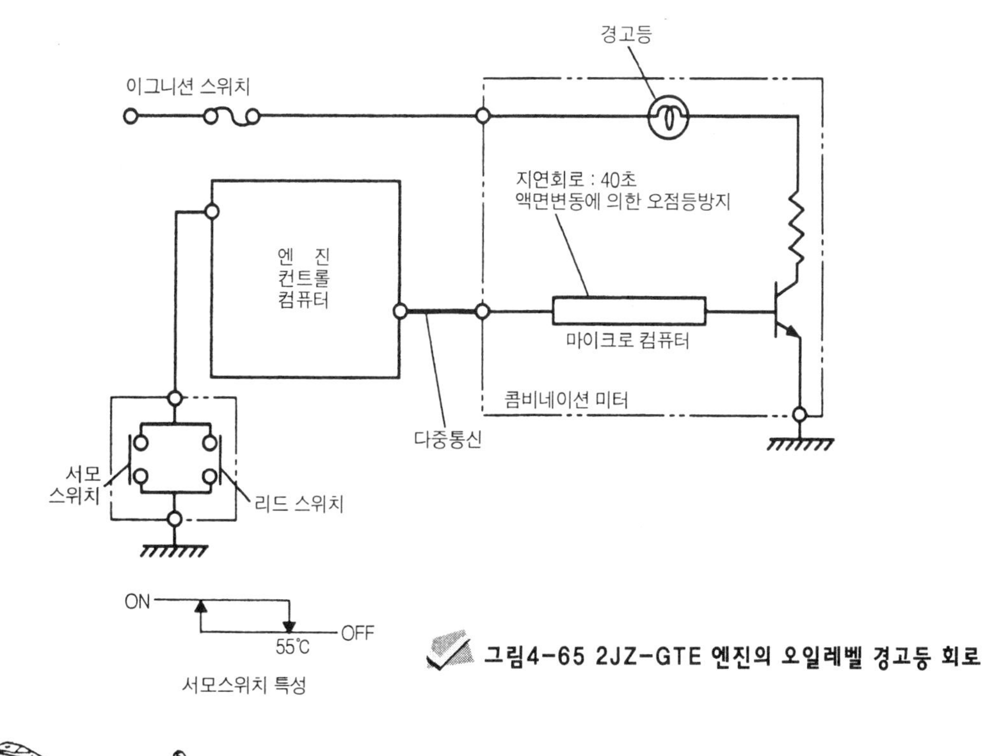

그림4-65 2JZ-GTE 엔진의 오일레벨 경고등 회로

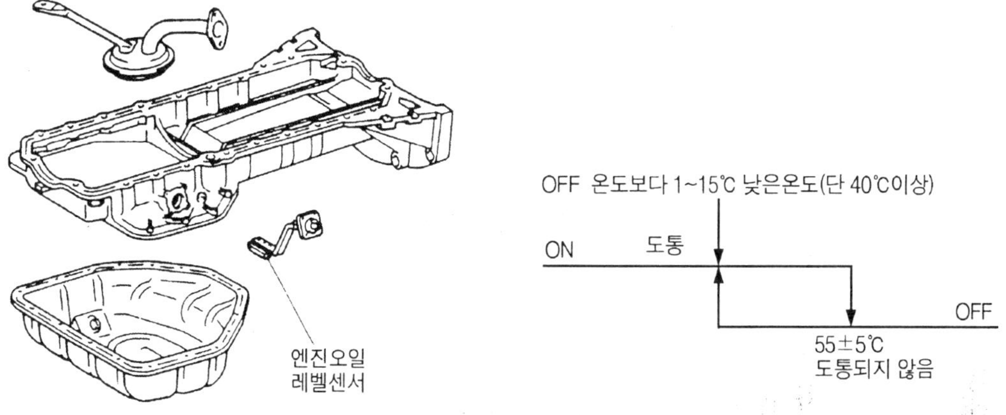

그림4-66 오일 레벨 센서의 설치 위치

그림4-67 오일 레벨 센서의 점검 기준의 예

엔진 오일 레벨 센서의 점검은 도통 상태를 점검한다. 센서가 60℃ 이상의 상태에서 플로트를 위 아래로 움직이면서 커넥터 단자 사이의 도통 상태를 점검하고 플로트를 위로 올리면 도통이 되고 아래로 내리면 도통되지 않으면 정상이다. 또한 플로트를 아래로 내린 상태에서 센서의 주변 온도를 변화시키면 커넥터 단자 사이의 도통이 그림4-67과 같이 되는지를 확인한다.

 서미스터형 연료 센서

이 센서는 연료의 보유량 검출에 이용되고 있다. 서미스터가 민감하게 액면을 검지하고 확실하게 잔유량을 경고한다. 서미스터에 전압을 가하면 약간의 전류가 흐르고 그 전류에 의해 자기 발열하는 성질을 이용하고 있다. 즉, 서미스터가 연료 중에 있을 때는 냉각이 잘 되므로 서미스터의 온도가 올라가지 않고 저항값이 높아진다. 한편, 연료가 감소하여 서미스터가 공기 중으로 나오면 냉각이 나빠져 온도가 상승하여 저항값이 내려간다. 이것을 표시기 램프의 회로에 연결하여 전류의 크고 작음에 따라 램프를 점멸시켜 잔유량을 판정하는 센서이다.

그림 4-68은 연료 레벨 지시 장치의 구성도 이다. 그림 4-69와 그림 4-70은 특성도와 이 센서의 사용 예로 센서가 연료로 잠겨있을 때는 온도가 높아지지 않고 경고 등은 점등하지 않는다. 연료가 적어지면 센서는 공기에 접촉하여 자기 발열 현상에 의해 온도가 내려가 저항값이 작아지고 전류가 흘러 경고 등이 점등한다.

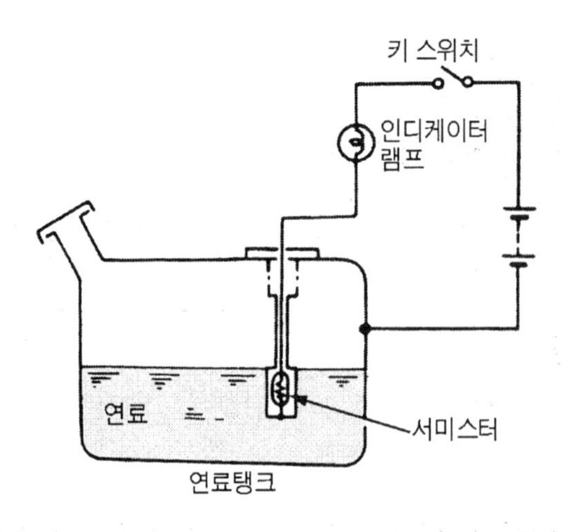

그림4-68 연료 레벨 지시 장치

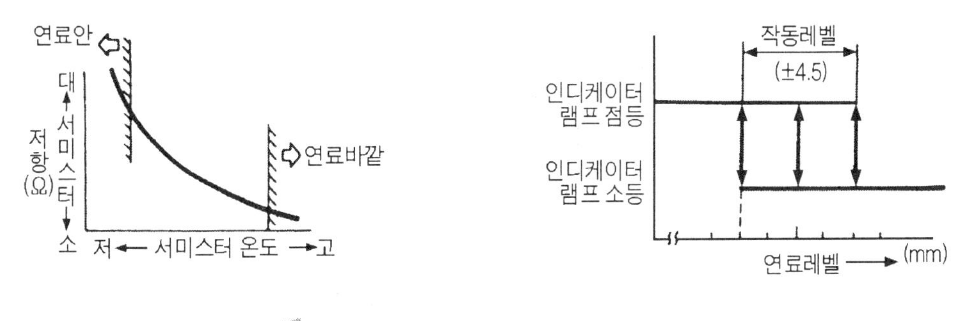

그림4-69 서미스터형 연료 센서의 특성

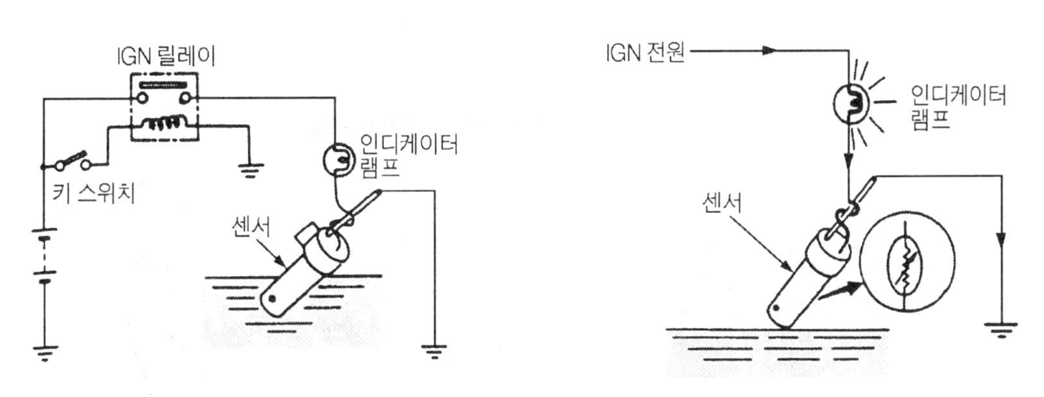

그림4-70 연료 센서의 사용 예와 동작

3 슬라이딩 저항형 연료 센서

가장 널리 사용되는 레벨 센서이다. 연료 잔유량의 검출에 사용되고 연료 센드 게이지이라고도 부른다. 뜨개가 액면의 위, 아래로 움직이는 것과 함께 이동하며, 그 움직임에 의해 회로를 흐르는 전류를 제어하여 신호로 변환하는 센서이다. 뜨개가 이동하는 것에 의해 접점 판이 저항의 위를 미끄러져 저항값이 변화하는 성질을 이용하고 있다. 가솔린, 경유, 알코올 혼합연료의 유량 판정으로 사용되어 유량이 적어지면 뜨개가 저하하여 지침은 E를 표시한다. 또한 많을 때는 그 반대로 F를 표시한다. 그림 4-71에는 연료 센드 게이지 장치 구성도를 나타내었다. 또한, 그림 4-72와 같은 점검에서 연료 센드 게이지의 좋고 나쁨을 판정할 수도 있다.

또한 회로 시험기를 사용하여 뜨개의 위치에 놓인 단자와 접지 사이, F점과 E점에서 저항값을 측정한다. 이 때 E>F에서 E에서 F까지 연속적으로 변화하면 양호한 것이다.

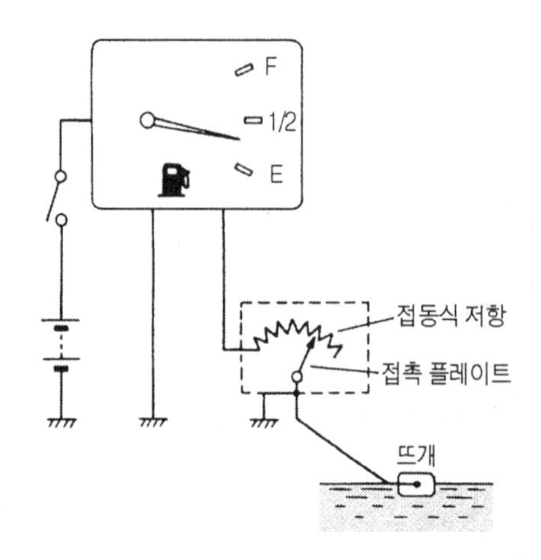

그림4-71 연료 센드 게이지 장치의 구성

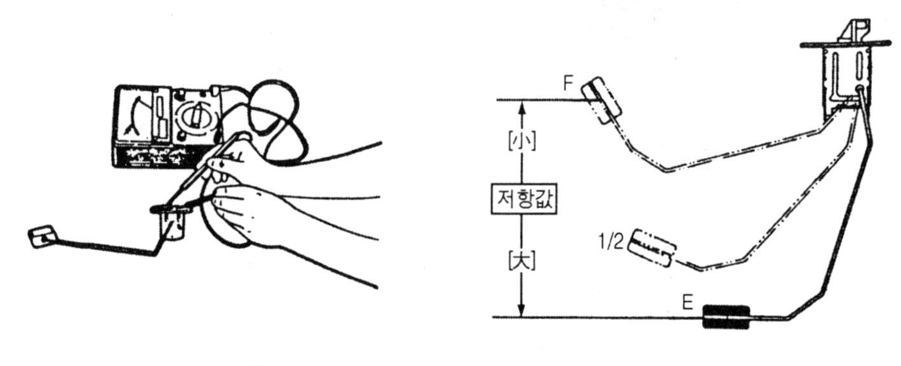

그림4-72 연료 센드 게이지의 점검 방법

(1) 연료 레벨 센서의 점검

그림 4-73은 연료 레벨 센서의 구조도이다. 이것은 연료 펌프와 일체로 되어 있으며 연료 메인 탱크 내에 장착되어 뜨개와 뜨개의 동작에 따라서 저항값이 변화하는 포텐쇼미터로 구성되어 있다. 그림 4-74는 이들 연료 펌프 계통의 구성 부품도이다.

연료 레벨 센서는 그림 4-74의 상태까지 분해하면서 그림 4-75와 같이 레벨 센서의 하니스 커넥터를 분리한다. 다음에 레벨 센서의 안쪽의 2개구멍을 드라이버 등으로 주의해서 들어올린 후 레벨센서를 빼낸다. 이 때 구멍이 깨지기 쉬우므로 무리한 힘을 가하지 않으면서 작업을 한다.

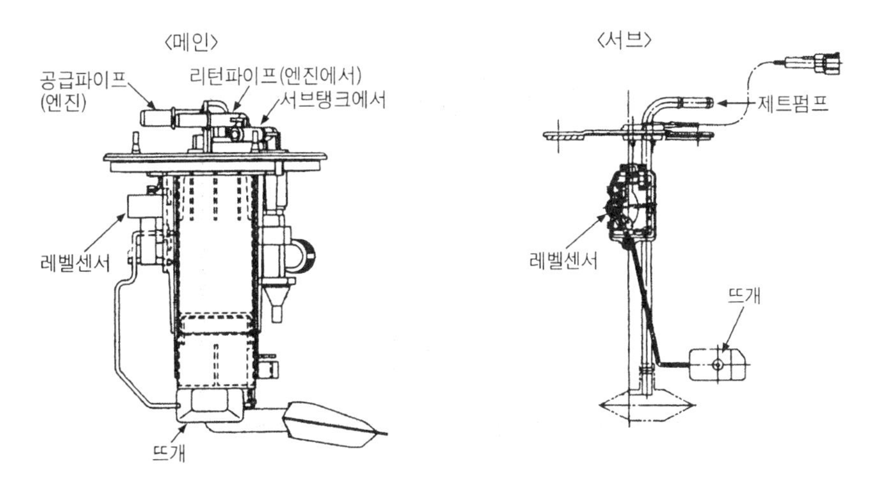

그림4-73 연료 레벨 센서의 구조도

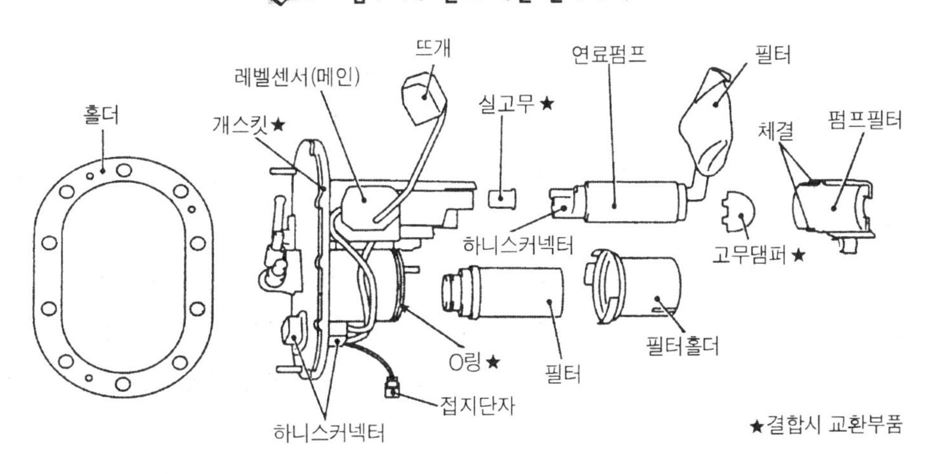

그림4-74 연료 레벨 센서를 포함한 연료 펌프 계의 구성부품도

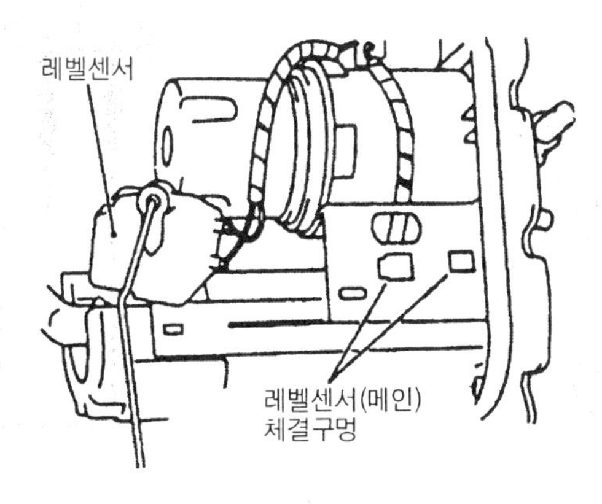

그림4-75 레벨 센서의 체결은 신중하게

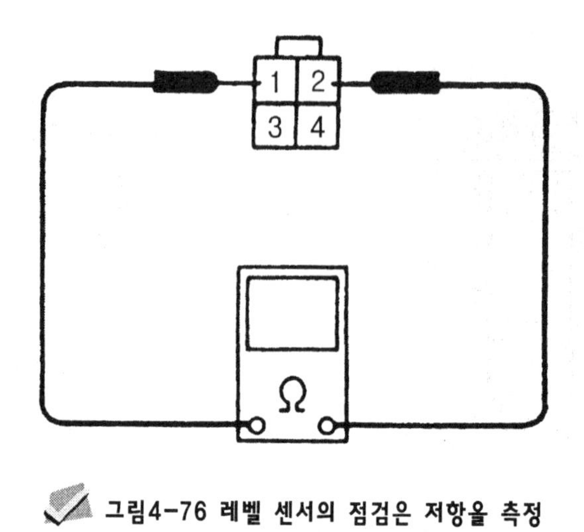

그림4-76 레벨 센서의 점검은 저항을 측정

연료 레벨 센서의 점검은 그림 4-76과 같이 센서의 단자 사이의 저항값을 측정한다. 1단자~2단자 사이에서 뜨개를 위로 올려서 F 상태에서 2.5−2Ω, 뜨개를 아래로 내려서 E 상태에서 52.5±2Ω이 기준 값이다. 기준 값에서 벗어나는 경우는 레벨 센서를 교환한다. 뜨개 위치는 조정되지 않는다.

연료 레벨 센서(서브)를 결합할 때에는 가스켓을 새것으로 교환하여 결합한다. 이 점검은 그림 4-78과 같이 센서 단자 사이의 저항값을 측정한다. 1단자~2단자 사이에서 뜨개를 위로 올려서 F 위치에서 2.5−2Ω, 뜨개를 아래로 내려서 E 위치에서 39.5+2Ω이 기준 값이다. 마찬가지로 이 기준 값을 벗어나면 교환한다.

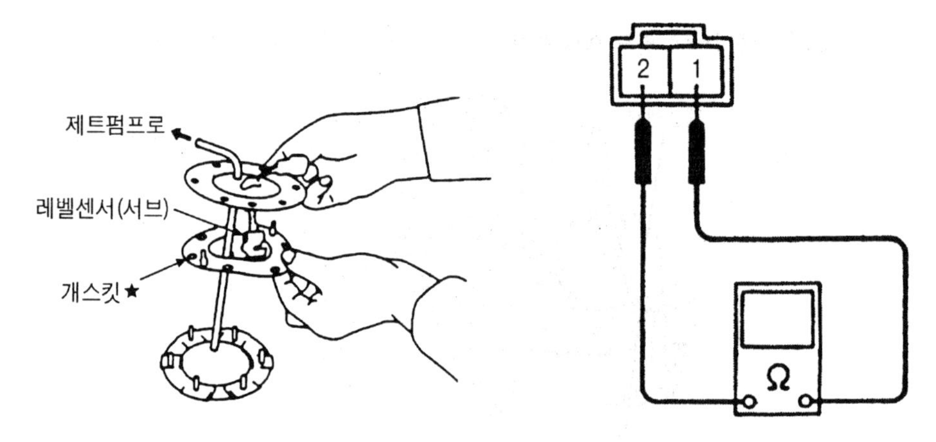

그림4-77 서브레벨센서의 분해와 결합

그림4-78 서브레벨센서의 점검도 저항을 측정해서

(2) 연료 게이지 유닛의 점검

그림 4-79는 연료 게이지가 핀식, 바이메탈 방식, 연료 게이지 유닛이 가변 저항형의 간이 점검 방법이다. 연료 탱크에서 연료 게이지 유닛의 커넥터를 분리하고 테스트 램프(12V 3.4W)를 사용하여 하니스 쪽 커넥터를 접지시킨다. 다음에 키 스위치를 ON으로 하였을 때 테스트 램프가 점등하여도 게이지가 움직이지 않는 때는 연료 게이지를 교환한다. 또한 테스트 램프가 점등하고 게이지의 지침도 움직이는지 연료 게이지 유닛의 점검을 한다. 다음에 테스트 램프가 점등하지 않을 때는 하니스에 단선이나 고장이 발생한 것으로 하니스의 수리를 한다.

연료 게이지 유닛의 점검은 그림 4-80과 같이 연료 게이지 유닛을 연료 탱크에서 떼어내고 연료 게이지 유닛의 뜨개가 F 위치와 E 위치인 때 연료 게이지 유닛 단자와 차체 접지 사이의 저항값이 표준 값인가를 점검한다. 표준 값은 뜨개가 F 위치인 때 17±2Ω, E위치인 때는 120±7Ω이다. 이 때 뜨개를 F 위치와 E 위치의 사이에서 조금씩 상하로 움직이면서 저항값이 조금씩 변하는 가를 확인한다. 또한 뜨개를 움직이면서 뜨개 암이 스톱 바에 해당하는 위치인 F 위치 그림 4-80의 A 및 E 위치B의 높이가 표준 값으로 점검한다.

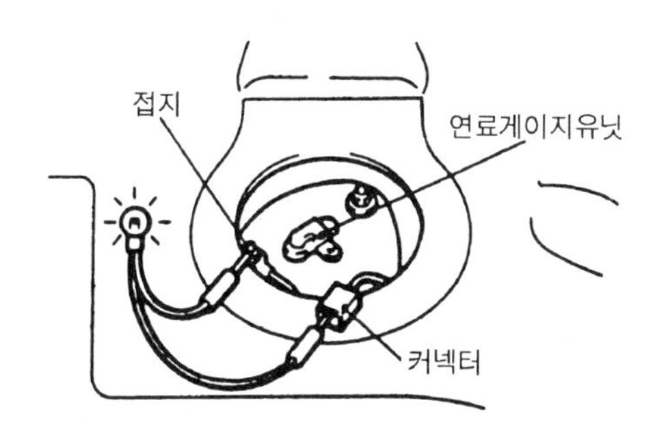

그림4-79 연료 게이지 유닛의 간이 점검 방법

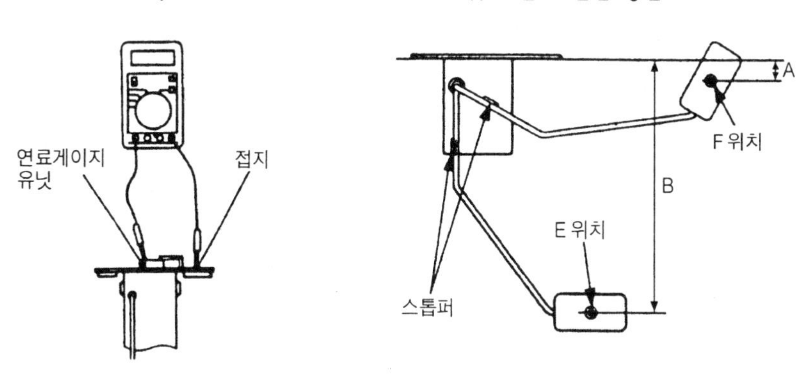

그림4-80 게이지 유닛의 점검은 저항으로 함

(3) 기타 다른 자동차의 연료 게이지의 점검

그림 4-81은 연료 게이지 구성도이다.

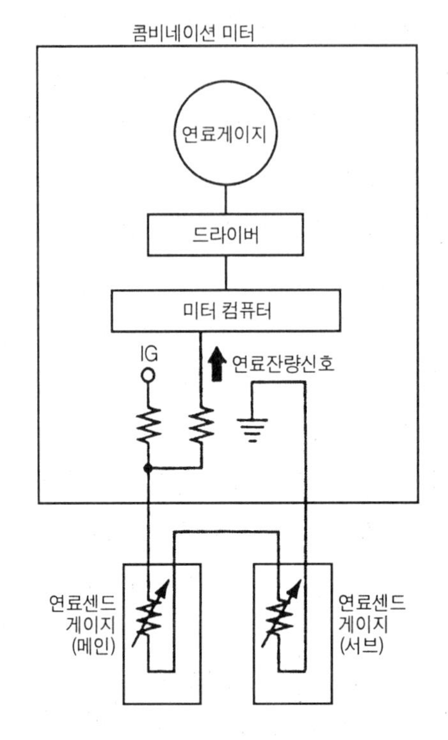

그림4-81 연료게이지 구성도의 예

미터컴퓨터는 연료 센드 게이지에서 출력전압에 따라서 항상 연료의 잔량을 검출한다. 그래서 미터 컴퓨터는 연료 액면 변동에 의한 연료 센드 게이지의 출력 전압의 변화에 따라서 연료 게이지 지침을 지연시켜 구동하는 것으로 지침의 변동을 저감하고 있다.

연료 펌프와 일체로 된 연료 센드 게이지의 점검은 그림 4-82와 같이 커넥터를 빼내서 실시한다. 뜨개가 부드럽게 움직이는 것을 확인하고 그림 4-83 · 그림 4-84와 같이 뜨개 위치를 E 점 ~ F 점까지 변화시키면서 커넥터 1단자 - 2단자 사이의 저항을 점검한다.

그림 4-83은 연료 센드 게이지(메인) 에서 그림 4-84는 연료 센드 게이지(서브)의 경우이다. 이 때 저항값이 연속적으로 변화하는 것을 확인한다.

그림4-82 연료 센드 게이지의 커넥터

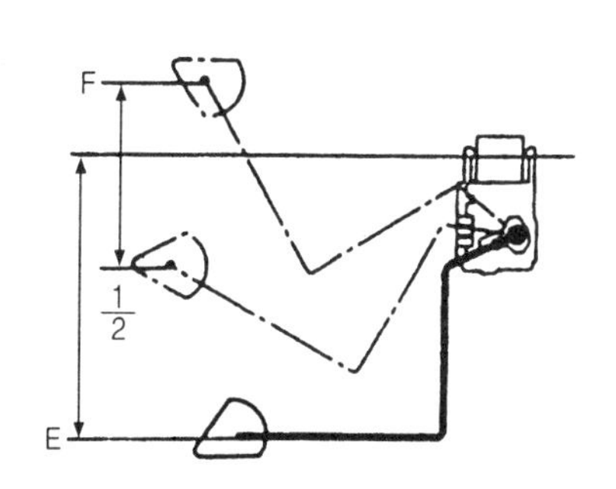

그림4-83 메인 센드 게이지의 점검 요령

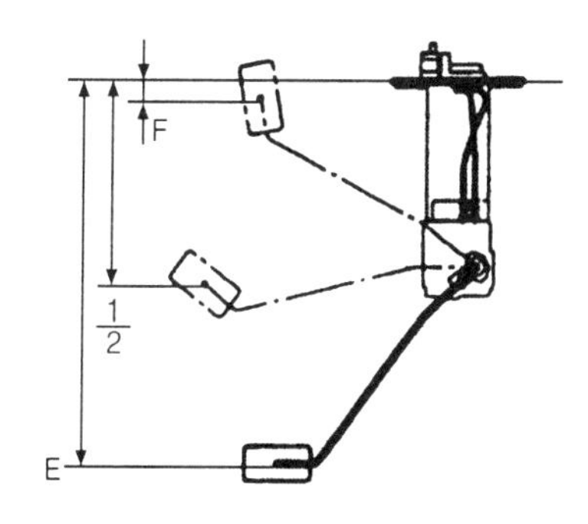

그림4-84 서브(보조) 센드 게이지의 점검 요령

기준 값은 〔표4-2〕·〔표4-3〕과 같으며 기준 값을 만족하지 않으면 센드 게이지를 교환한다.

표4-2 메인센드 게이지 기준표

레벨	뜨개 위치 (mm)	저항(Ω)
F	34.6±3	2.0±1
1/2	52.4±3	26.1±3
E	134.9±3	48.7±1

표4-3 서브(보조)센드 게이지 기준표

레벨	뜨개 위치 (mm)	저항(Ω)
F	9.5±3	2.0±1
1/2	110.5±3	33.0±3
E	206.5±3	61.3±1

뜨개 리드 스위치형 액면 레벨 센서

리드 스위치를 내장한 수지 파이프의 바깥쪽에 자석을 넣은 뜨개가 위・아래로 움직임에 따라 리드 스위치가 ON·OFF하며 액면이 기준 레벨의 위에 있는지, 아래에 있는지를 판정하는 센서이다.

그림 4-85는 구조도이다. 실제로는 윈도 워셔 액, 라디에이터 내의 냉각수 양 등의 액량 검출에 사용되고 있다. OK 모니터에서는 액면 레벨 이상 시에 레벨 센서는 ON이 되고 표시기 램프를 점등시킨다. 그림 4-86은 OK 모니터의 장치 구성도이며, 그림 4-87은 이 센서의 특성도 이다. 또한 그림 4-87에는 워셔 액량 센서의 동작 예를 나타냈다.

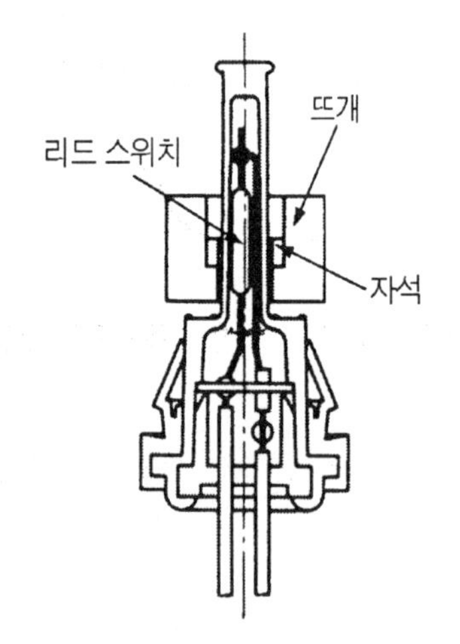

그림4-85 뜨개 리드 스위치형 레벨 센서의 구조도

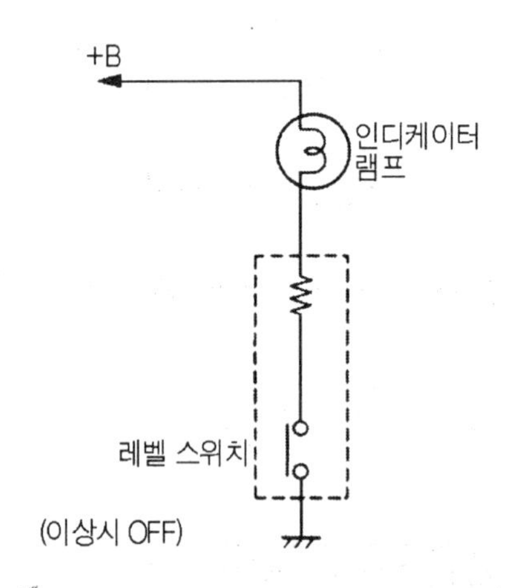

그림4-86 OK 모니터에 사용되고 있는 뜨개 리드 스위치형 레벨 센서의 회로

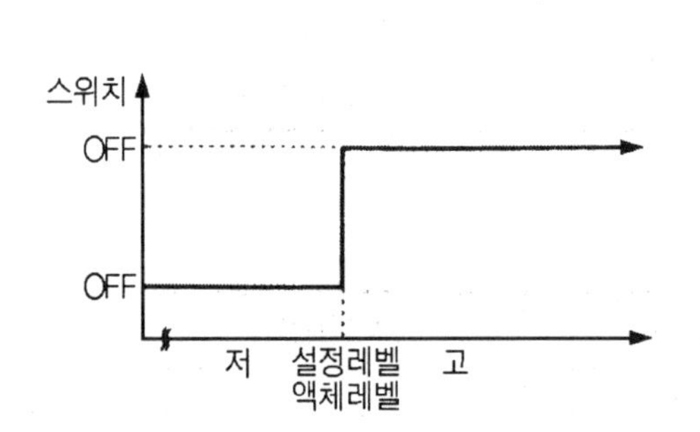

그림4-87 뜨개 리드 스위치형 레벨 센서 특성도

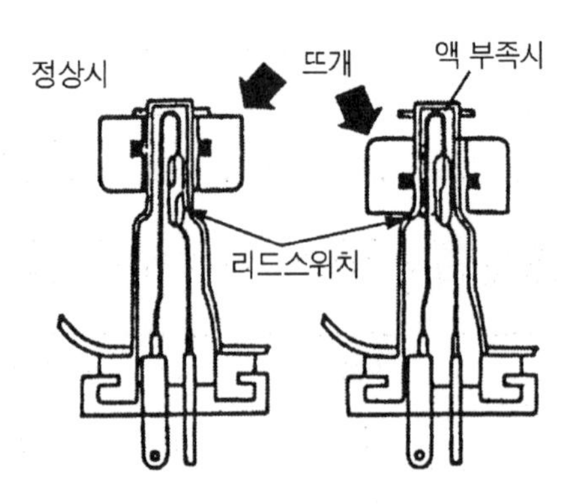

그림4-88 윈도 워셔 액 센서의 동작

그리고 같은 원리를 이용한 레벨 센서는 브레이크의 마스터 실린더에도 사용되고 있다. 그림 4-89에 마스터 실린더 내에 설치된 액면 레벨 센서의 구조를 나타냈으며 이것은 검출 위치가 다르며 뜨개의 위치가 상하 반대로 되어 있다.

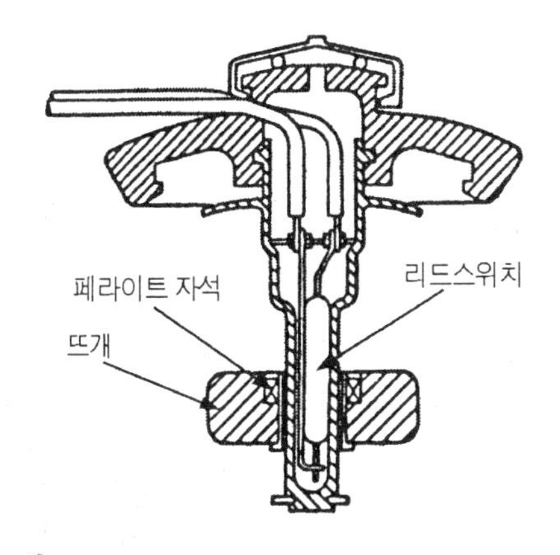

그림4-89 브레이크 액량 센서의 구조도

5 전극식 액면레벨 센서

배터리 상판에 전극이 되는 납봉을 설치한 것으로 배터리 전해액이 규정량 이하로 되면 경고등을 점등하여 전해액이 부족하다는 것을 운전자에게 알린다. 배터리는 음극에 납, 양극에 과산화납을 사용하고 있기 때문에 극판과는 별도로 이 전극식 액면 레벨 센서를 배터리의 전해액에 담그면 그 셀 안에서 음극과 같은 작용을 하여 기전력이 생기게 된다. 전극식 센서의 길이를 전해액 양의 최소 값에 맞춰 놓으면 그 이상에서는 기전력이 생기고 전해액 양이 규정값 이하가 되면 기전력은 발생하지 않다.

그림 4-90은 전극식 액면 레벨 센서의 구조이다. 또한 그림 4-91에 전해액 양 센서의 회로를 표시했다. 센서가 전해액 내에 잠겨있을 때는 기전력이 발생하고, 트랜지스터 Tr_1 은 ON이 되며 배터리의 +극에서 전류는 화살표와 같이 IG 스위치를 통해 트랜지스터 Tr_1 으로부터 배터리의

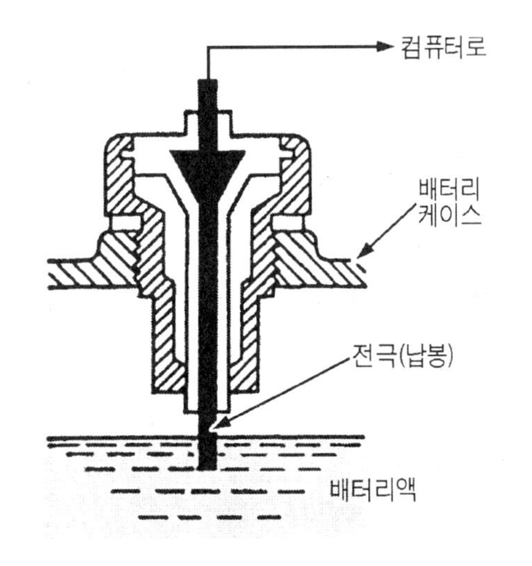

그림4-90 전극식 액체레벨센서의 구조

(−)극으로 흐르며 A점의 전위는 제로에 가깝게 되므로 트랜지스터 Tr_2는 OFF로 된다. 이때 A점의 전위는 상승하므로 트랜지스터 Tr_2의 베이스에 화살표와 같이 전류가 흘러 ON이 되어 경고 등이 점등하는 것이다.

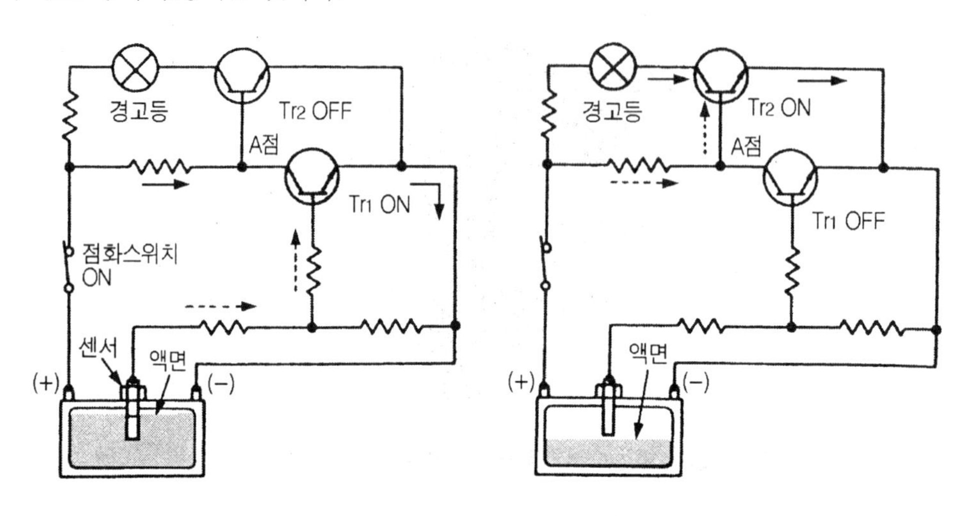

그림4-91 배터리 전해액 양 센서의 회로도와 동작원리

4-7 거리 검출용 센서

거리를 검출하는 센서에는 광학식으로 3각을 이용해서 거리를 측정하는 것과 초음파를 이용하는 것이 있다. 자동차용으로서는 초음파 센서가 이용되고 있다.

단거리용 초음파 센서

이것은 50cm이내의 물체의 유무를 검출하는 센서이며 송수신 겸용방식을 채용하고 있다. 송신을 할 때에는 압전 세라믹 진동자에 교류 전압을 가하여 기계적 진동을 발생시켜 초음파를 방출한다. 이와 반대로 수신을 할 때는 압전 세라믹 진동자에 물체로부터의 반사파에 의해 기계적 진동이 가하여져 교류 전압이 발생하고 그것을 프리앰프에서 증폭하여 출력한다. 이 송신에서 수신까지의 시간을 컴퓨터가 계측하는 것으로서 물체의 거리를 산출할 수 있는 것이다.

그림 4-92는 단거리용 초음파 센서의 구조도이다. 그림 4-93은 그 센서를 사용한 차량 4곳의 구석의 장해물 감지(클리어런스 소나)장치의 예이며 그림 4-94는 그 감지범위를 표시하고 있다.

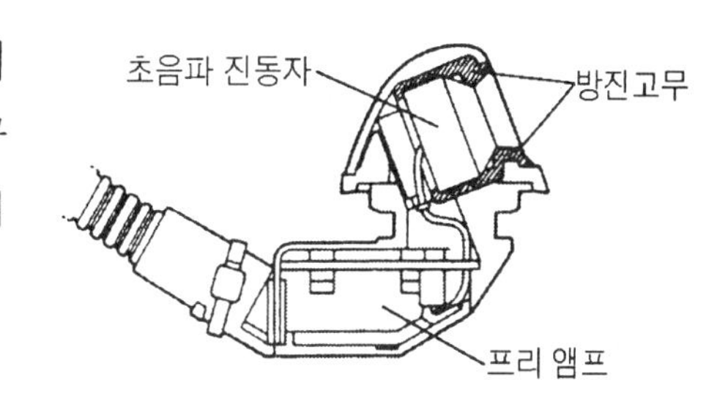

그림4-92 단거리용 초음파 센서의 구조도

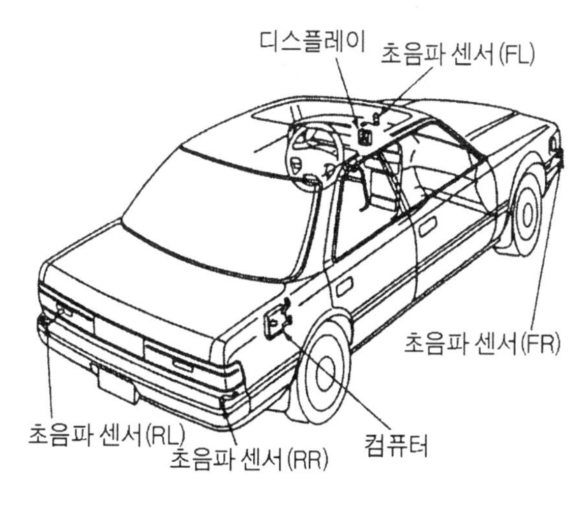

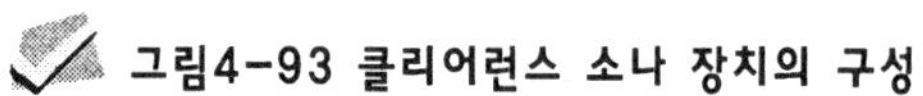
그림4-93 클리어런스 소나 장치의 구성

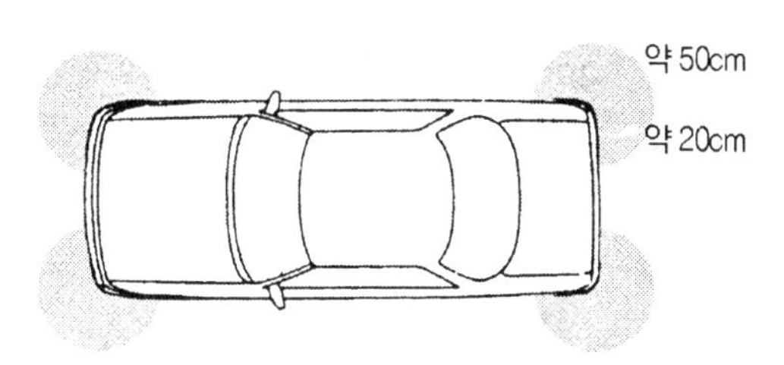

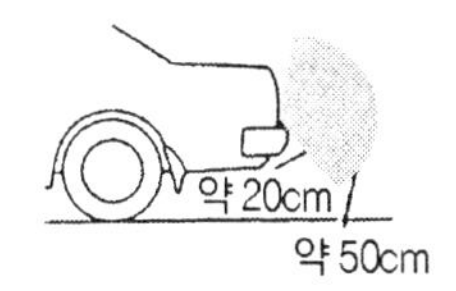

그림4-94 단거리용 초음파 센서의 감지 범위

50cm이내의 장해물을 감지하여 LED와 부저에 의해 운전자에게 알린다. 부저는 50cm 이내는 단속음, 20cm이내는 연속음이 된다.

② 중거리용 초음파 센서

이것은 2m이내의 물체의 유무를 검출하는 센서로서 단거리용과 마찬가지로 송수신 겸용 방식을 채용하고 있다. 동작 원리는 앞에서의 단거리용과 완전히 일치한다. 그림 4-95에 구조를 나타냈다.

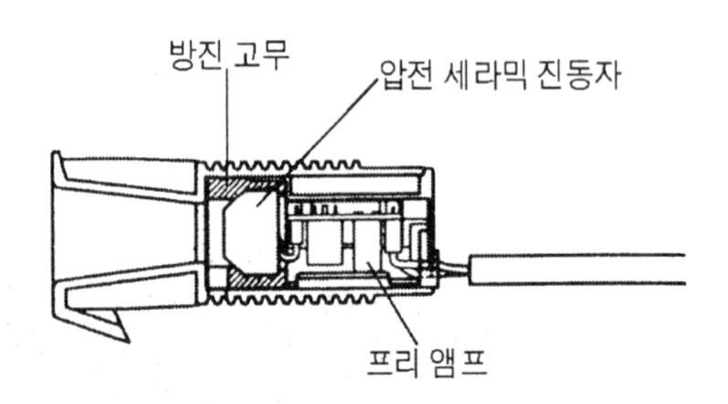

그림4-95 중거리용 초음파 센서의 구조

그림 4-96은 이 센서를 사용한 후방 장해물감지(백 소나)장치 구성도이며, 그림 4-97은 그 감지 범위이다. 차량후방 2m이내의 장해물을 감지하여 부저로서 알린다. 2m이내는 느린 단속음, 1m 이내는 빠른 계속 음, 0.5m이내는 연속음이 된다.

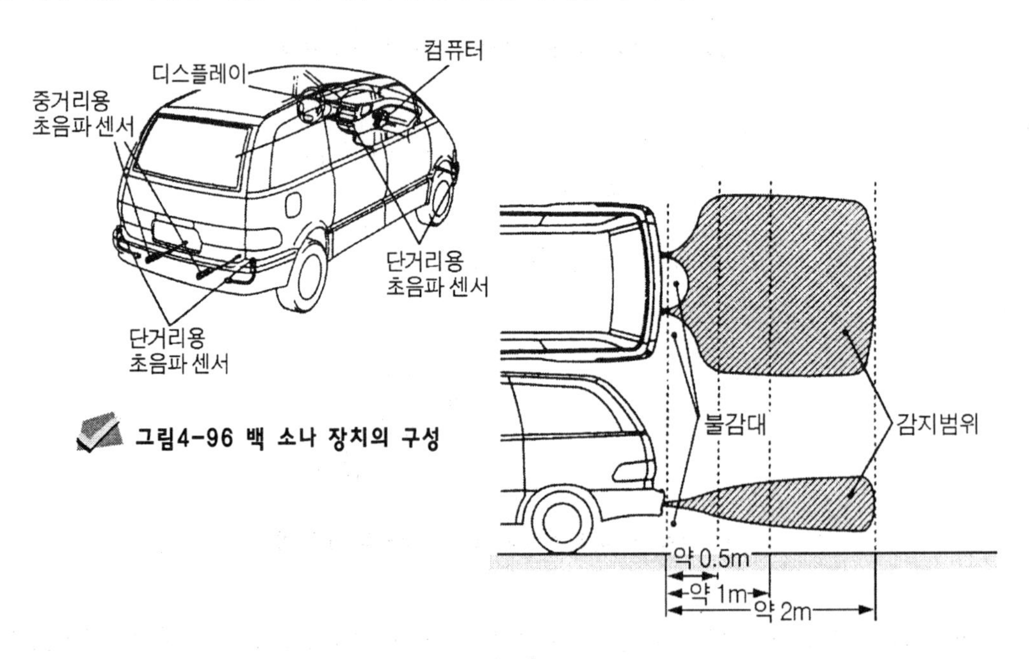

그림4-96 백 소나 장치의 구성

그림4-97 중거리용 초음파 센서의 감지범위

4-8 전압 · 전류 검출용 센서

트랜지스터형 센서

센서 내부에는 전류 검출용 저항을 가지고 있다. 이 저항에 부하 전류를 통전하여 그 전압 강하의 값과 기준 전압의 값을 OP 앰프에서 비교한다. 기준 전압 레벨에 대하여 전류 검출용 저항의 전압 강하가 작은 경우에는 표시등을 점등한다.

그림 4-98은 센서의 회로도, 그림 4-99는 장치의 구성도 이다. 실제로는 정지 등, 미등 등의 램프 점등회로로 사용되고 전등이 2개~4개 사용하는 램프 회로에서 1개 이상 단선되었을 때에 경고 등(표시등)을 점등시킨다. 그림 4-100은 전류 센서의 특성도이며, 램프 전류에 따른 전압 보상 특성을 가지고 있다.

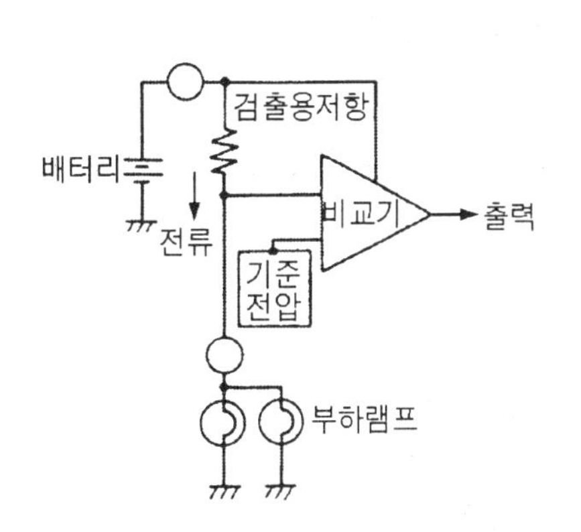

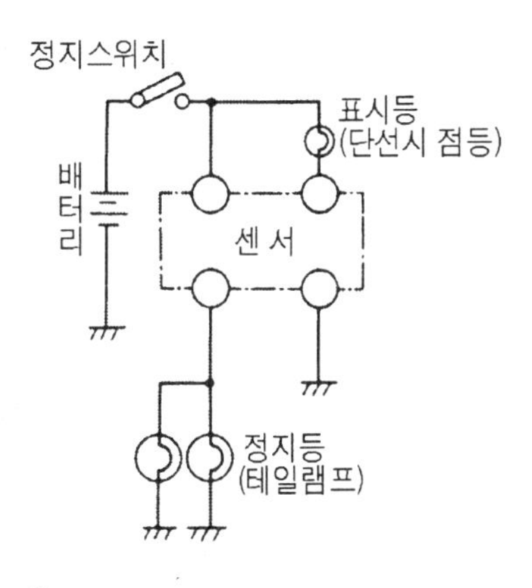

그림4-98 트랜지스터형 전류 센서의 회로도 　 그림4-99 정지등 단선 검출 장치 구성도

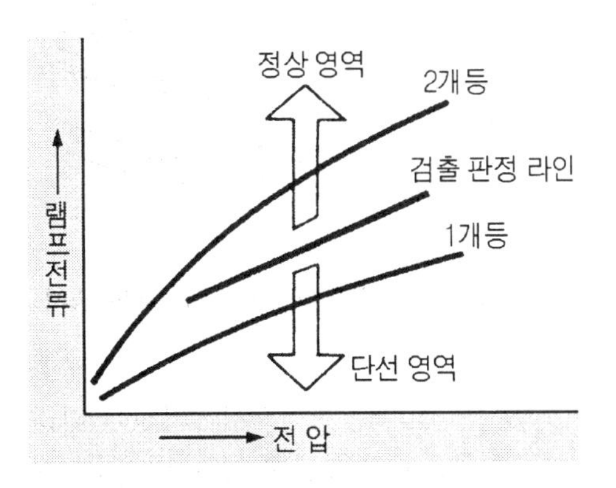

그림4-100 트랜지스터형 전류 센서의 특성도

(1) 뒤 라이트 단선 경고 장치의 점검

제동등과 미등, 하이마운트 제동등 등의 램프 단선을 경고하는 뒤 라이트 단선 경고 장치이다. 램프 단선 경고는 그림 4-101과 같이 콤비네이션 미터 내의 뒤 라이트 단선 경고 표시등을 점등시킨다. 디지털 표시 퓨즈식 에어컨 컨트롤 패널 장착 자동차는 패널 내에 설치된 멀티 스풀 표시부에 램프 단선을 표시한다.

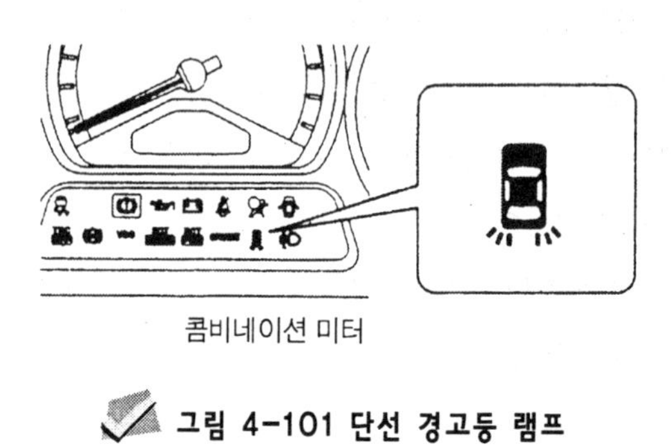

그림 4-101 단선 경고등 램프

이 장치를 제어하는 램프 고장 지시 센서는 그림 4-102와 같은 랩 게이지 룸 내 좌측에 부착되어 있다.

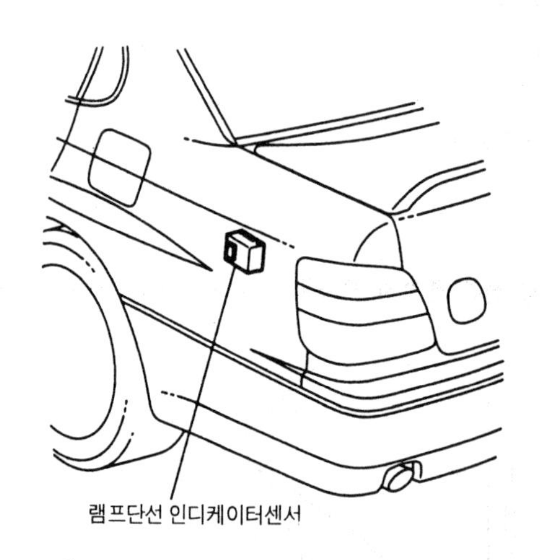

그림4-102 램프 단선 지시등의 위치

램프 고장 지시 센서의 점검은 〔표 4-4〕의 순서 · 지시에 따라서 그림 4-103의 센서 각 단자와 차체 접지 사이의 도통여부와 전압을 측정한다. 또한 〔표 4-4〕의 "접속 단선 차량 측"은 커넥터의 접속을 단선하고, 차량 측의 커넥터에서 점검하는 것을 표시하며 " 커넥터 접속"은 커넥터를 접속한 상태에서 점검을 하는 것을 표시한다. 이 점검에서는 제동/미등은 모두 정상이라는 조건에서 한다.

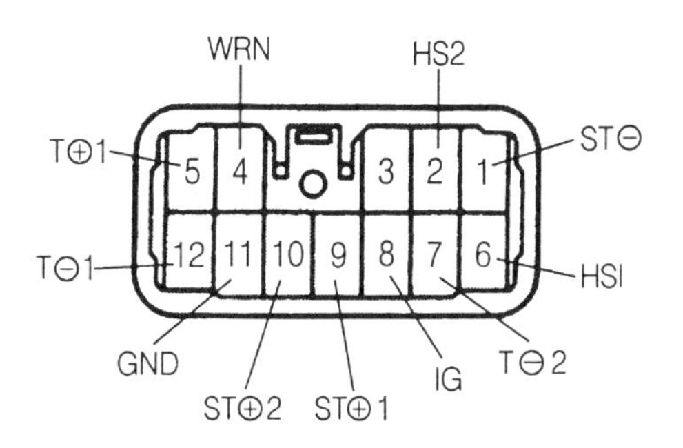

그림4-103 센서 각 단자와 정지의 도통과 전압을 측정

표4-4 램프 고장 지시 센서의 점검방법

순서	측정 커넥터 조건	단자 번호	단자명	항목	측정조건	기준	기준외의 경우 고장위치
1	접 속 단 선 차량측	11	GND	도통	항상	도통됨	차량측
2		8	IG	전압	키스위치 OFF → ON	1V이하 → 10~14V	
3		9	ST⊕1	전압	브레이크 페달 개방 → 누름		
4		10	ST⊕2	전압	브레이크 페달 개방 → 누름		
5		5	T⊕1	전압	라이트 컨트롤 스위치 OFF → TAIL		
6	커넥터 접 속	1	ST⊖	전압	브레이크 페달 개방 → 누름	1V이하 → 9V이상	센서
7		2	HS2	전압	브레이크 페달 개방 → 누름		
8		6	HS1	전압	브레이크 페달 개방 → 누름		
9		7	T⊖2	전압	라이트 컨트롤 스위치 OFF → TAIL		
10		12	T⊖1	전압	라이트 컨트롤 스위치 OFF → TAIL		
11		4	WRN	전압	엔진 회전중, 라이트 컨트롤 스위치를 TAIL , 테일램프 커넥터를 분리	9V이상 → 2초이내에 2.5V이하	
					엔진 회전중, 정지등 커넥터 분리, 브레이크테일램프 커넥터를 분리		
					엔진 회전중, 센터 정지등 커넥터 분리, 브레이크테일램프 커넥터를 분리		

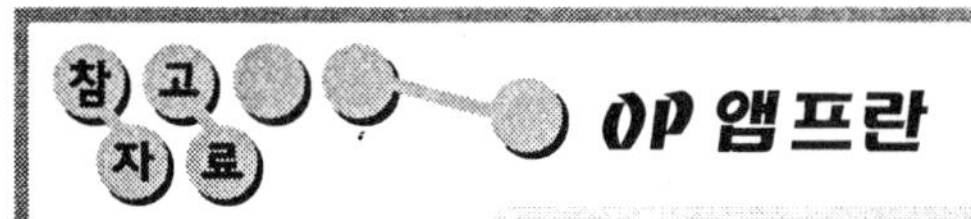

OP 앰프란

차동 증폭기를 말하는데 2개의 입력이 있어 출력에 반대의 전압이 나오는 반전 입력측과 입력 출력이 같은 극성의 전압이 나오는 비반전측이 있다. 또한, 이 특성을 이용하여 비교기로 사용되고 있다.

2 IC형 램프 단선 검출 센서

이것도 램프(전조등, 미등, 제동등, 라이센스 램프)의 단선 검출로 이용되고 있다. 램프의 전체 등의 점등 전류와 한 개의 램프가 단선되었을 때 전류의 변화량을 검출하여 운전자에게 경고하는 센서이다. 그림 4-104는 장치 구성도이다.

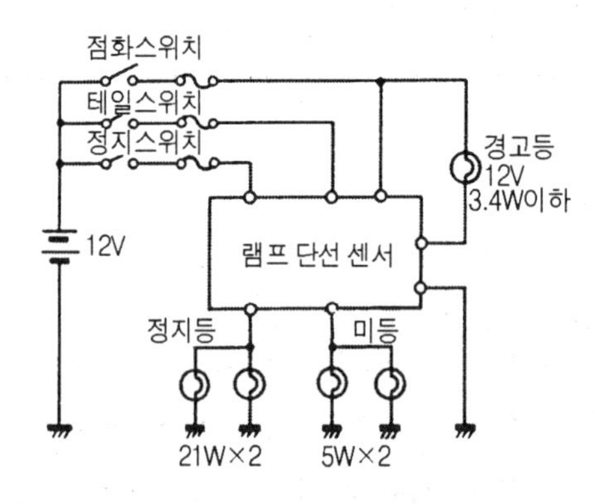

그림4-104 정지 등 및 미등 단선 검출 장치

IC형 단선 검출 센서는 검출을 IC 비교기에 의해 실행한다. 그림 4-105에는 전체 램프가 점등되었을 때 전류의 특성(a)에서 한 개의 램프가 단선되었을 때 전류의 특성(b)으로 변화하는 영역 내에 반전기준 레벨(c)을 설정하면 램프 단선의 유무를 감지할 수 있다는 것이다.

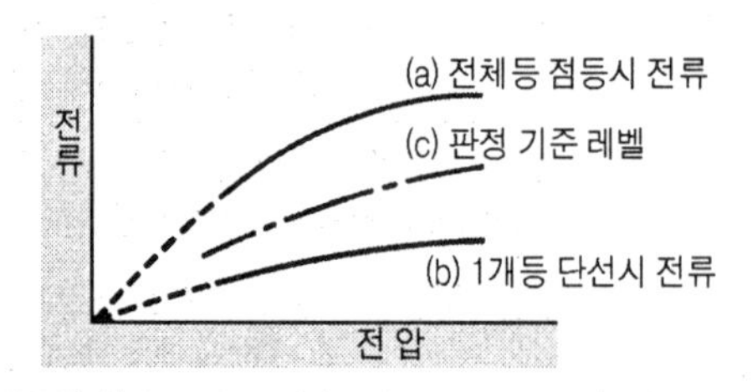

그림4-105 IC형 단선 검출 센서의 특성도

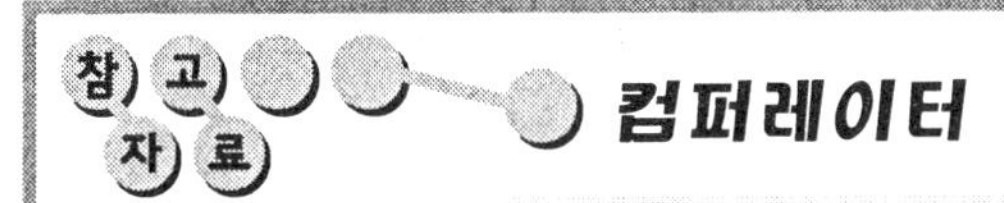

컴퍼레이터

비교기로 불리는 장치이다. 2개의 신호의 크기를 비교하는 회로로 한 방향의 입력 단자에 기준 전압을 부가하여 놓고, 또 하나의 방향의 입력 단자에 검출할 만한 입력 신호를 넣어 양자를 비교해 양쪽 입력이 일치했을 때 "출력"을 얻는 것이 일반적인 사용 방법이다.

3 리드 스위치형 전류 센서

이것도 실내에서 램프의 단선을 확인할 수 없는 점화 회로의 단선을 검출하는데 사용되는 센서이다. 그림4-106에 그 외관을, 그림4-107에 구성도를 나타내고 있다. 전류 코일의 주변에 전압 변동에 의한 오 동작을 막기 위한 전압 보상 코일이 감겨져 그 축의 가운데에 리드 스위치를 부착한 상태로 되어 있다.

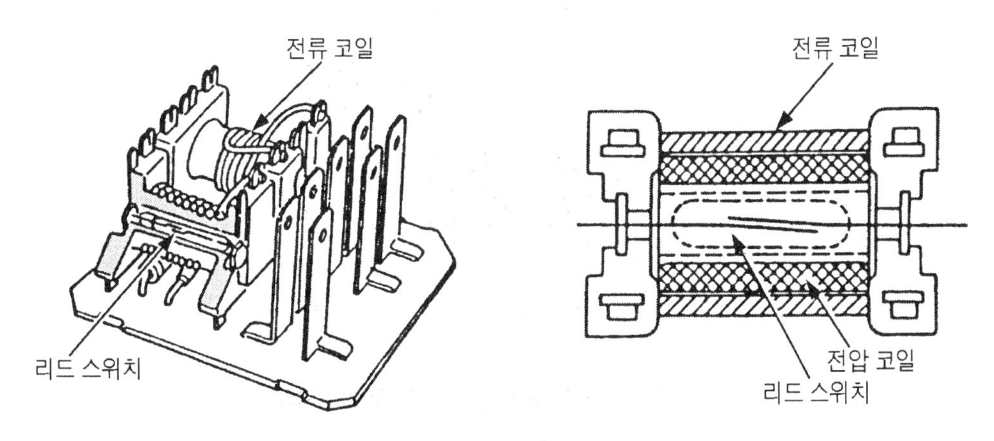

그림4-106 리드 스위치형 전류 센서의 외관 그림4-107 리드 스위치형 전류 센서의 구조

그림 4-108은 전류 센서의 회로인데 스위치를 닫았을 경우 램프가 전부 정상이면 전류 코일에는 규정의 전류가 흐른다. 이 때 전류 코일이 생기는 전자력에 의해 리드 스위치는 닫혀서 ON이 된다. 만약 램프가 한 등이라도 단선되면 그 만큼의 전류가 감소하므로 전자력이 약해서 리드 스위치가 열리고 OFF로 되어 이상 상태를 알린다. 이와 같이 리드 스위치가 닫히면 정상, 열리면 이상이라고 판단하는 릴레이의 한 예이며 정지등, 미등의 단선 검출용 센서로서 사용되고 있다.

그림 4-109는 램프 단선 표시 릴레이의 예로서 제동등, 미등 단선 검출용 센서로서 사용한다.

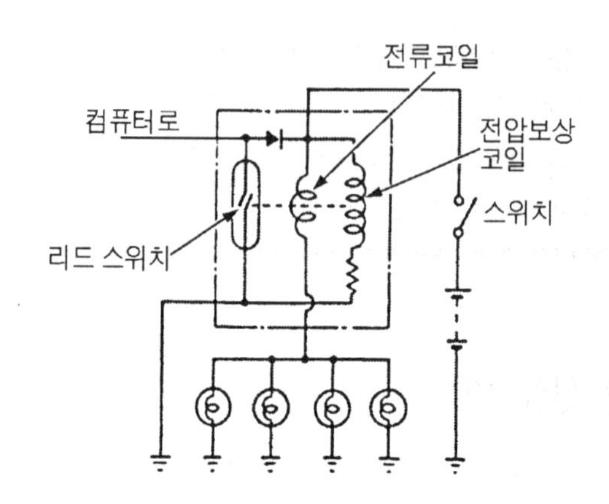

그림4-108 리드 스위치형 전류 센서의 회로

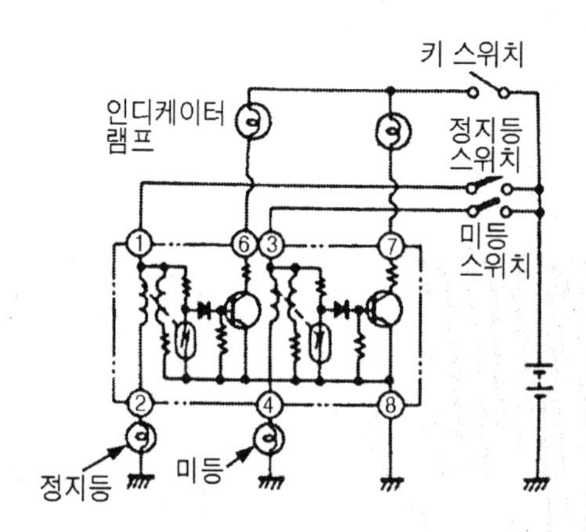

그림4-109 램프 단선 표시 릴레이 회로

4 PTC형 전류 센서

PTC(Positive Temperature Coefficient)는 세라믹 반도체로 주성분은 티탄산바륨으로 각종 첨가물을 가하여 소성한 센서이다.

그림 4-110에 전기 가열식 자동 쵸크에 사용된 PTC식 전류 값 센서의 부착 위치와 자동 쵸크의 단면을 나타냈다. PTC의 특성을 그림 4-111에 표시했다. 온도가 낮을 때는 저항값도 작아지므로 많은 전류를 소비하여 발열한다. 저항값이 정상 온도의 2배가 되는 점을 퀴리

점이라 하며, 그 때의 온도를 퀴리 온도라고 말하는데 이 PTC는 퀴리 점 이상으로 온도가 올라가면 저항값도 증대하여 전류를 제어한다. 즉, PTC 소자 자체가 항상 전류 제어를 행하여 일정 온도를 유지하며 방열량만 발열하는 특성을 가지고 있는 것이다.

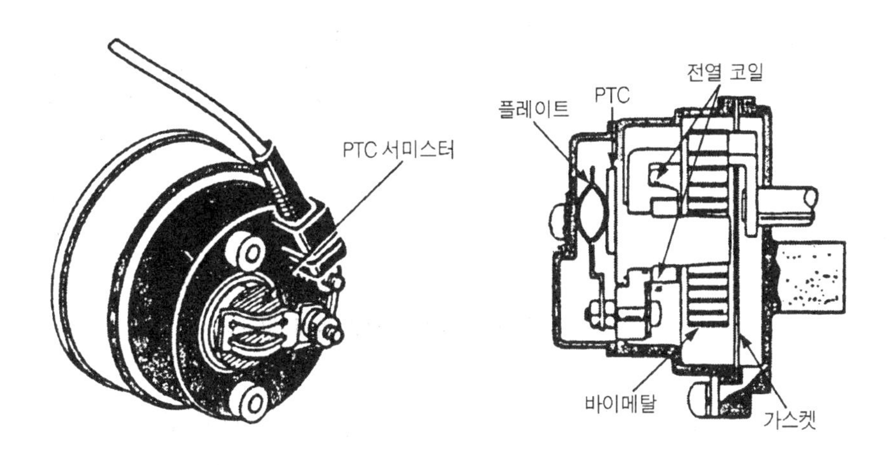

그림4-110 PTC형 전류 센서의 위치 및 단면

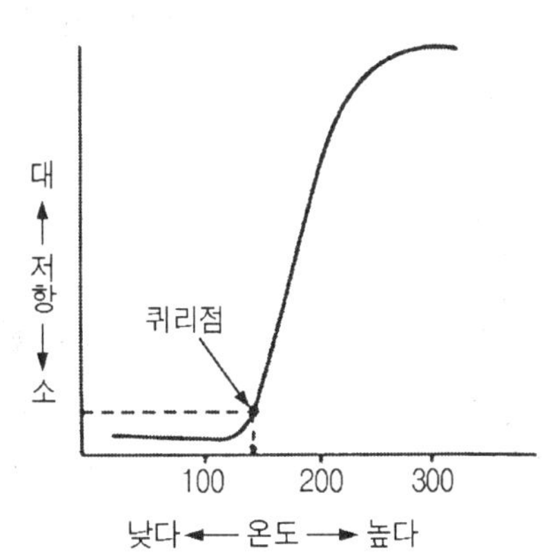

그림4-111 PTC형 전류 센서의 특성도

그림 4-112에 전기 가열식 자동 쵸크의 예를 나타냈다. 바이메탈, 전열 코일, 쵸크 릴레이 등으로 구성되며, 쵸크 밸브는 바이메탈에 의해 규정 온도 이하에서는 전부 닫힌다. 엔진을 작동하면 충전 장치의 레귤레이터의 L단자로부터의 전압에 의해 쵸크 릴레이의 포인트가 닫혀 전열 코일에 전류가 흐르며 바이메탈이 가열되어 온도가 상승하면 쵸크 밸브가 서서히 열린다. 바이메탈이 충분히 가열되면 쵸크 밸브는 전부 열려 전열 코일에 필요 이상의 전류가 흐르지 않게 한다.

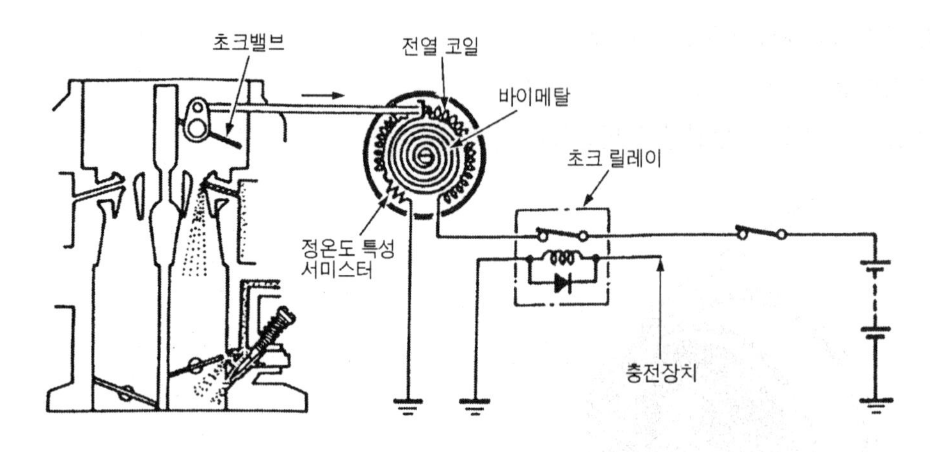

그림4-112 전기 과열식 자동 초크 회로도

그림 4-113은 도어 제어 모터에 사용되는 PTC식 전류 값 센서의 회로도로 모터 회로에 PTC를 브레이커 대신 사용하여 모터 정지 전류를 제어하도록 한 장치이다. 모터 정지의 경우는 PTC에 정지 전류가 흘러 PTC 자체의 온도가 올라가 저항값이 커지므로 일정 시간이 경과하면 그림 4-114와 같이 정지 전류는 작은 값이 되고 모터의 과열을 방지하도록 되어 있다.

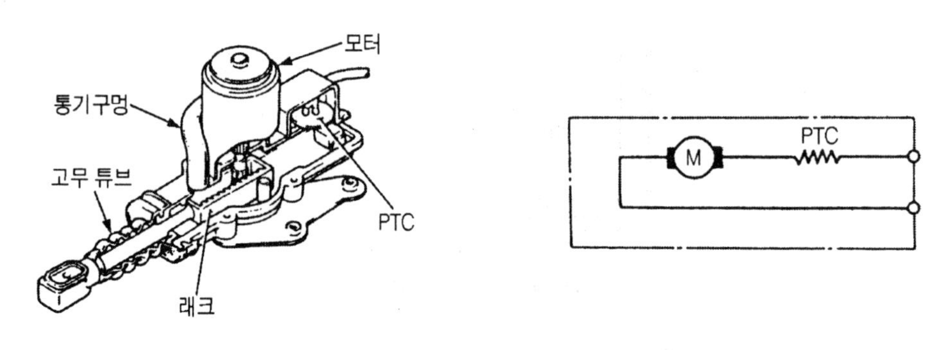

그림4-113 도어 제어 모터의 구조와 회로

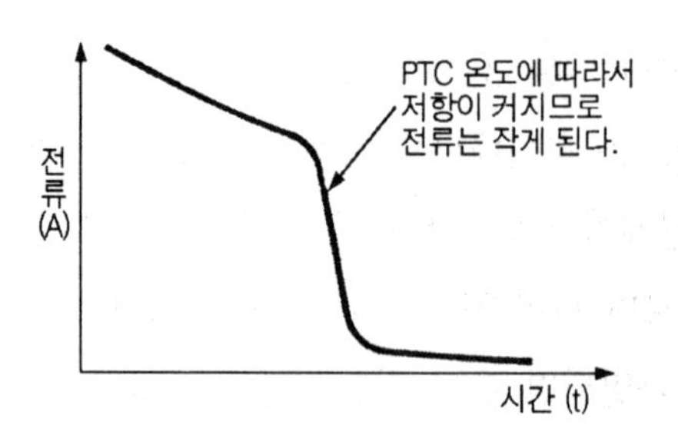

그림4-114 브레이커의 특성도

그림 4-115는 에어컨의 송풍기 모터 보호용의 PTC 레지스터(저항기)의 구조도이다.

그림 4-116과 같은 회로이며 송풍기 모터의 연소하는 손실을 방지한다.

그림 4-117은 PTC의 저항값과 전류의 관계를 나타내고 있다. 모터 정지가 풀리면 재 사용할 수 있다.

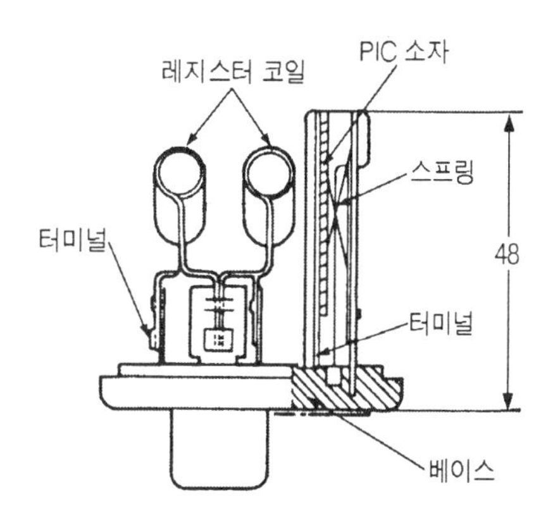

그림4-115 PTC 레지스터의 구조

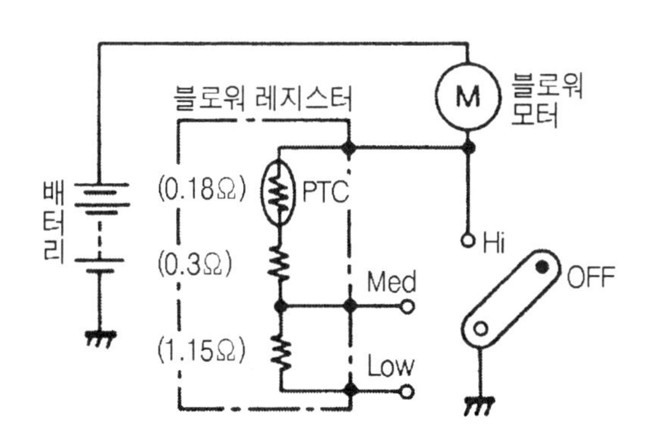

그림4-116 에어컨의 송풍기 모터 보호용 장치

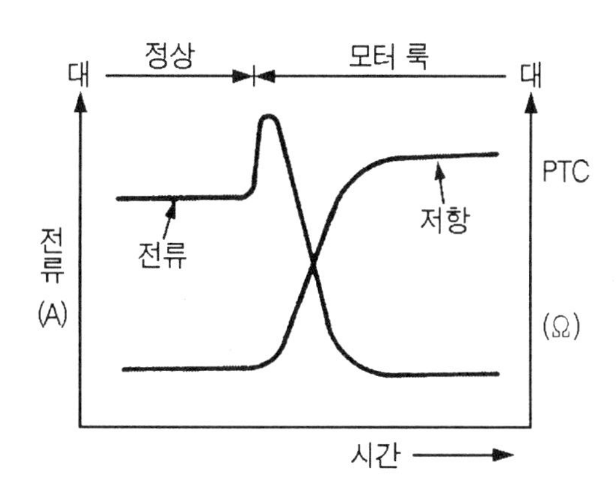

그림4-117 PTC저항과 전류의 관계

4-9 자동 와이퍼 센서

빗방울 감지 와이퍼용 센서

빗방울 감지 와이퍼 장치이란 빗방울 감지 센서가 비의 양을 검출하여 이것을 제어기에 의해 신호 변환하여 자동적으로 비의 양에 적합한 와이퍼의 순간 시간을 설정하여 모터를 수시 제어하는 센서이다. 빗방울 센서에는 빗방울의 충돌 에너지의 변화, 물의 비유전율을 이용해 정전기 용량의 변화, 또한 빛의 빗방울에 의한 광량 변화를 이용한 것 등이 있다.

그림 4-118은 빗방울의 충돌 에너지 변화를 이용한 센서의 작동 원리이다. 압전 진동자의 피에조 효과로서 센서의 표면에 빗방울이 맞으면 빗방울의 세기와 빈도에 의해 표면이 진동한다. 그 진동에 의해 피에조 소자의 단자에 전압이 발생한다. 비가 약할 경우는 진동이 작아지고 비가 강하면 진동이 커지게 되므로 진폭의 변화를 나타내는 파형으로 변환하여 와이퍼 제어기에 입력하여 간결 와이퍼의 작동 시간을 설정한다. 정전기 용량의 변화를 이용한 센서의 경우 물과 공기의 비유전율이 다름으로 전극간에 부착되어 있는 비의 양에 의해 정전기 용량이 달라진다. 이 정전기 용량의 변화를 이용하여 발진회로를 만들면 발진주파수가 비의 양의 변화에 맞춰 변화한다. 이 주파수 신호를 제어기에 입력하여 와이퍼 작동 시간을 설정한다.

또한 광량 변화를 이용한 센서의 경우 발광소자로부터 발광 파형이 발광되었을 경우 비가 내리지 않고 있으면 수광 파형은 발광 파형과 같다. 비가 오게 되면 빗방울에 의해 빛이 교란되어 진동 변화를 발생한 수광 파형이 된다. 진폭의 변화는 빗방울의 크기, 비의 양에 의해 비례적으로 감쇄하므로 진폭 변화의 피크를 검출하여 제어기에 입력하여 피크 치에 비례한 순간 와이퍼 작동 시간을 설정한다.

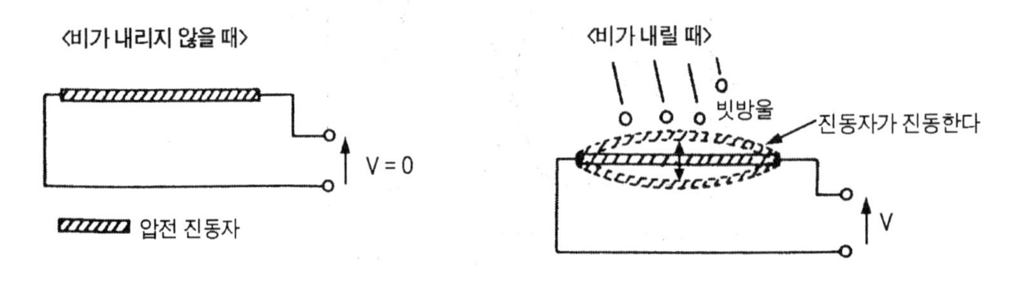

그림 4-118 압전 진동자를 이용한 빗방울 센서

4-10 기억 센서(memory sensor)

1 마이크로 컴퓨터 파워 시트용 센서

사전에 기억시켜 놓은 시트 위치(슬라이드 위치, 전후 버티컬(수직) 위치, 래크 라이닝 각도)의 재 설정이 한 번에 행하여질 수 있는 마이크로 컴퓨터 시트에 사용되고 있는 센서이다. 그림 4-119에 위치 센서(4종)의 외관과 구조를 나타냈다. 위치 센서의 시트 슬라이드 센서, 앞 버티컬 센서 및 뒤 버티컬 센서는 하우징 내의 웜 기어에 부착되어 영구 자석과 홀 소자로 구성되어 있다. 또한 래크 라이닝 센서는 래크 라이닝 모터의 하우징 내에 있는 헬리컬 기어에 부착되어 이것도 영구자석과 홀 소자로 구성되어 있다. 그림 4-120에 각 센서의 부착 위치를 나타냈다.

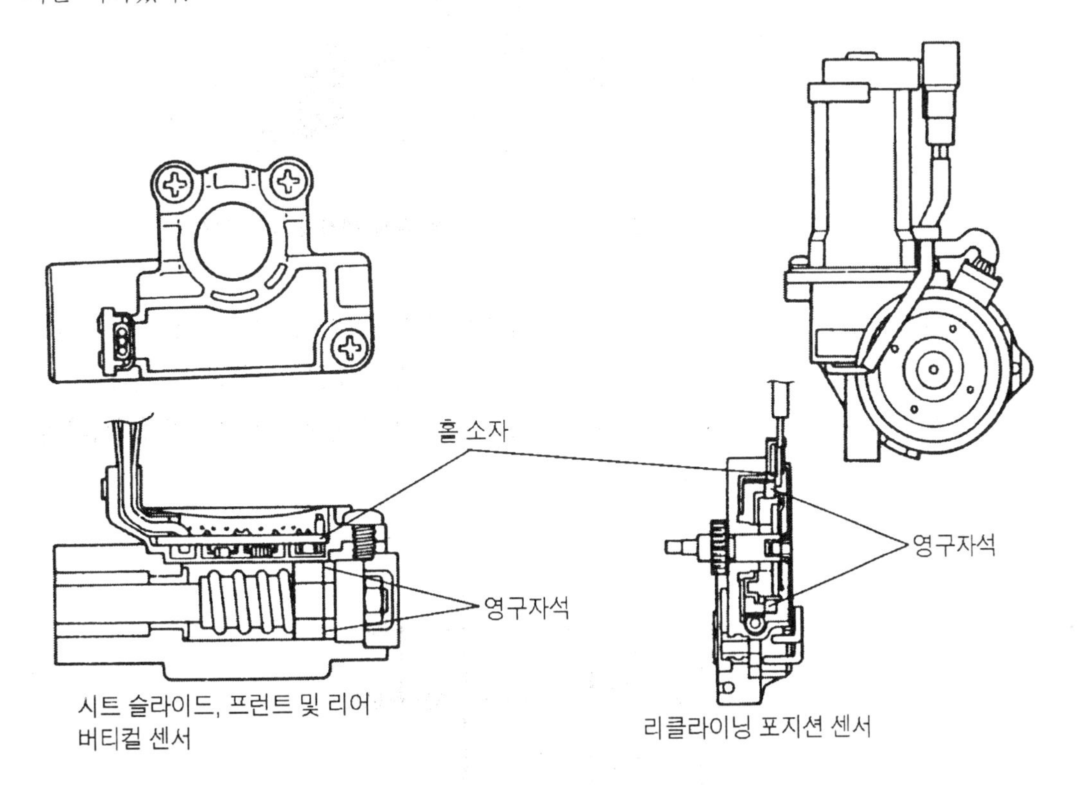

그림4-119 마이크로 컴퓨터 파워 시트용 위치 센서의 외관과 구조도

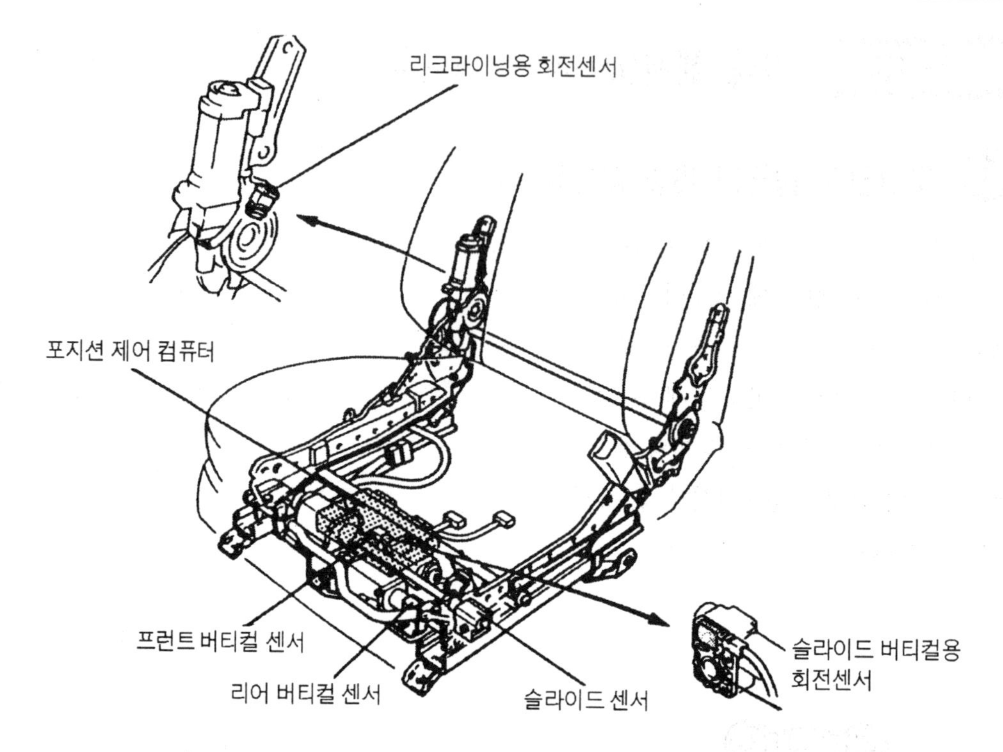

그림4-120 마이크로 컴퓨터 파워 시트용 위치 센서의 설치 위치

위치 센서는 회전하는 자석의 위치에 의해 변화하는 자속 밀도를 홀 소자로 검출하여 전압으로 변환한 후 펄스 신호로서 제어 컴퓨터로 보낸다. 그림 4-121은 그 회로도이다.

컴퓨터는 그 신호를 받아 각 모터를 제어한다. 조향 각의 틸트와 텔레스코픽 컴퓨터와의 상호 통신으로 시트의 기억 재생 작동을 제어한다.

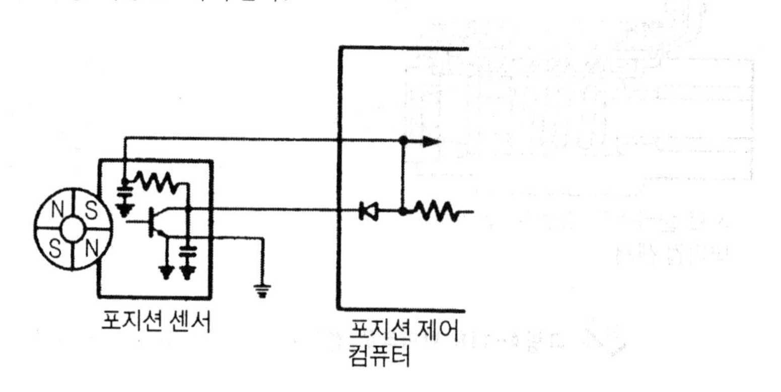

그림4-121 위치 센서와 컴퓨터 회로

기억 거울 센서

자동적으로 부착되어 있는 도어 거울의 각도를 틸트와 텔레스코픽 조향 각과 연결되어 동작하여 상하좌우 방향의 각도를 기억하고 있는 대로 조정하는 것이 메모리 거울이다. 이 장치의 센서는 상하좌우 방향용의 2쌍의 위치 센서이다. 거울 홀더에 부착한 홀 소자와 거울 구동용 피봇 스크루 후두부에 넣어져 있는 영구 자석으로 구성되어 있다. 홀 소자의 자속 밀도의 세기에 비례하여 출력 전압이 변화하는 특성을 이용하여 거울 각도의 변화를 출력 전압의 변화로 전환하여 거울 제어 컴퓨터로 출력한다.

그림 4-122는 이 센서의 배치와 작동을 나타내는 그림이며, 그림 4-123은 센서의 출력 특성도 이다.

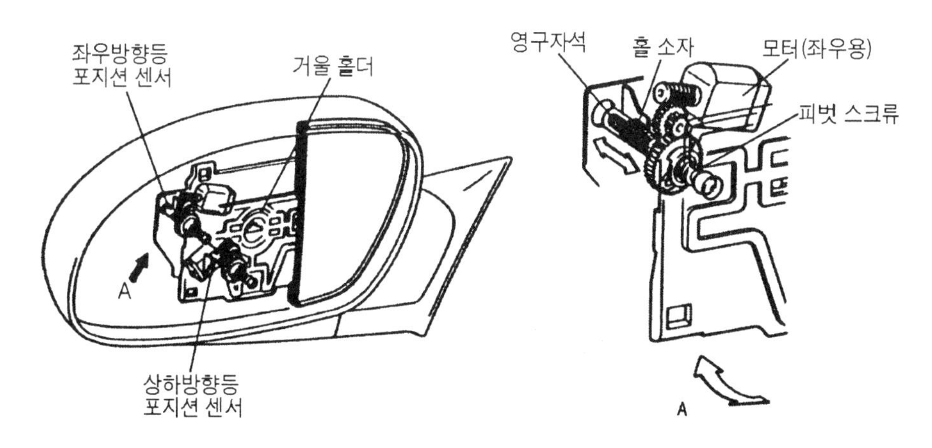

그림4-122 기억 거울용 센서의 구조와 설치 위치

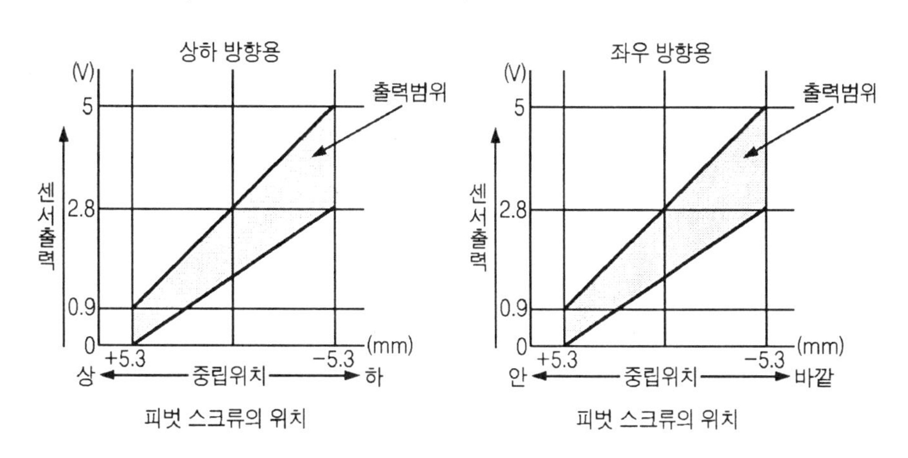

그림4-123 기억 거울 위치 센서의 출력 특성

4-11 승차인원 감지 센서

① 승차인원 감지 센서

최근 자동차에서는 안전성을 확보하기 위하여 조수석에도 시트 벨트를 착용시키도록 경고하는 조수석 시트벨트 경고 표시등이 콤비네이션 미터 내에 장착되어 있는 자동차가 많이 있다. 이것은 조수석에 사람이 승차하면 그 하중을 감지센서가 감지하여 인디케이터를 점멸시키는 것이다.

이 센서의 단품 점검은 그림 4-124와 같은 조수석의 시트 쿠션의 검지 범위에 하중이 가해지면 단자 사이의 도통을 점검한다. 하중 15kg 이상에서 도통되고 하중이 없으면 도통되지 않으면 센서는 정상이다. 센서가 정상인데도 인디케이터가 점멸하지 않으면 인디케이터를 점검하여야 한다.

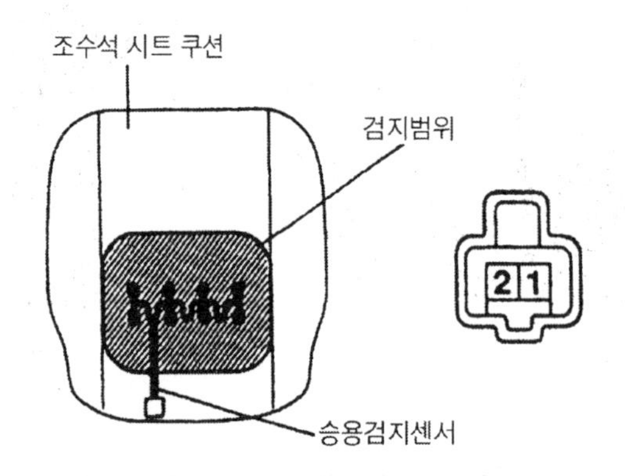

그림4-124 승용 검지 센서의 점검은 하중을 가해서

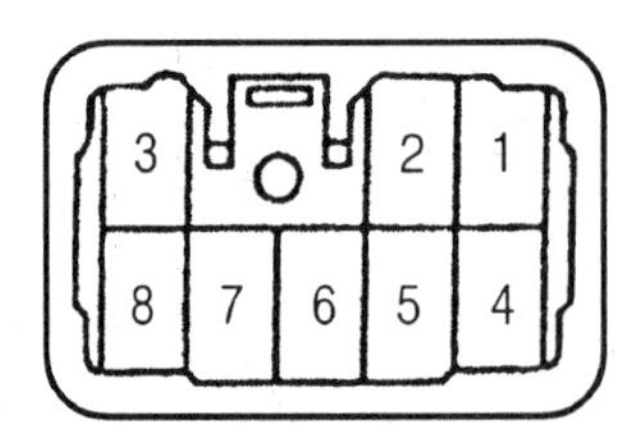

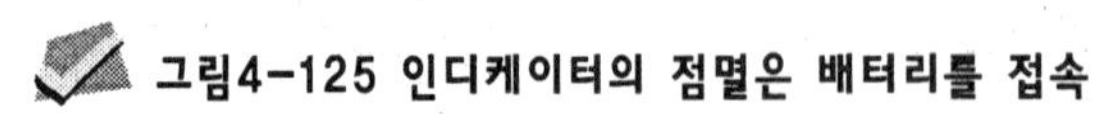
그림4-125 인디케이터의 점멸은 배터리를 접속

지시기의 점검은 그림 4-125의 배터리 (+)단자와 5단자, 배터리의 (−)단자와 3단자를 접속시키고 지시기가 점멸하는가를 점검하여 지시기의 작동 여부를 확인한다.

집중 경고 장치의 점검

그림 4-126은 집중 경고 장치의 회로 예이다. 고장진단을 하기 전에 각 퓨즈의 점검을 한다. 퓨즈의 단선이 있으면 하니스의 수리, 사용 부하의 수리 또는 교환을 한다.

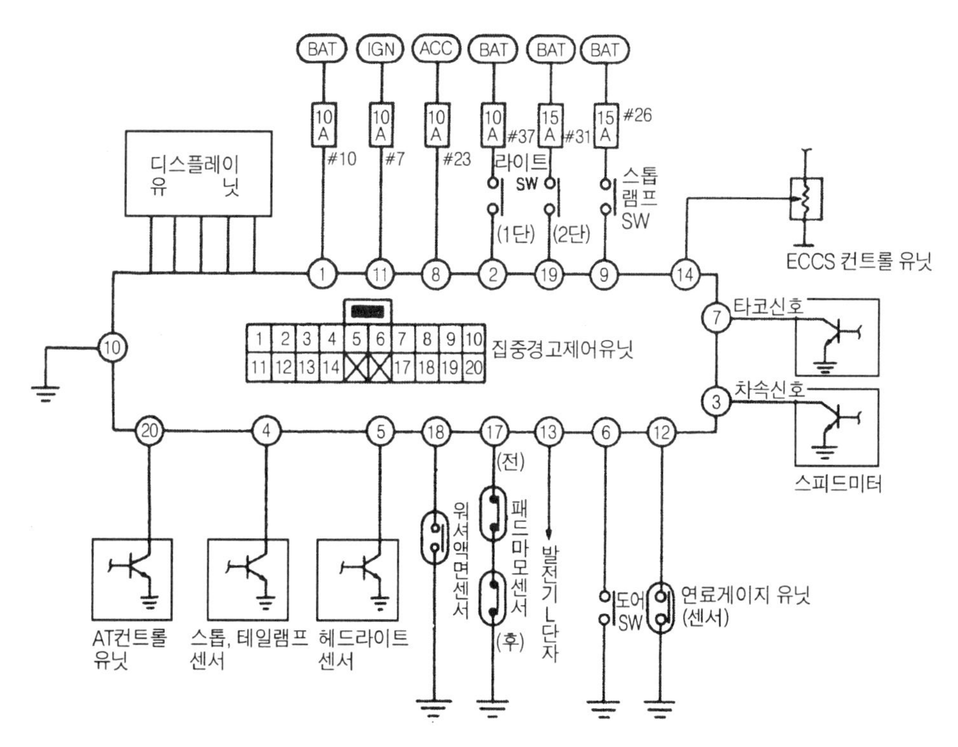

그림4-126 집중 경고 장치의 회로

디스플레이에 표시되지 않는 때의 고장 진단은 그림 4-127의 집중 경고 제어 유닛의 커넥터를 분리하고 컴퓨터의 전원 전압을 점검한다. 또한 컴퓨터의 차량 측 커넥터의 각 단자~차체 접지 사이의 측정값을 〔표 4-5〕의 표준 값과 비교한다.

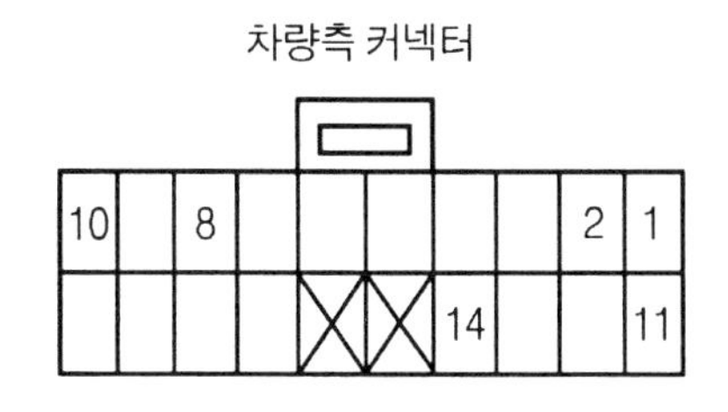

그림4-127 컴퓨터의 차량 측 커넥터

이 때 ①, ②, ⑧, ⑪ 단자가 표준 값을 벗어나는 경우에는 하니스의 불량이다. 또한 ⑭단자가 표준 값을 벗어나는 경우는 하니스 또는 일류미네이션 컨트롤 스위치의 불량이다.

모든 전압이 표준 값을 벗어난 경우는, 컴퓨터의 접지회로를 점검한다. 이 때에는 컴퓨터의 차량 측 커넥터 ⑩ 단자~ 차체 접지 사이의 저항이 약 0Ω이 되는지를 점검한다. 저항값이 ∞인 때에는 하니스 또는 접지 불량이므로 수정 또는 교환하여야 한다.

약 0Ω을 나타내는 때에는 그림 4-127의 집중 경고 컴퓨터의 커넥터를 접속하고 그림 4-128의 디스플레이 유닛의 커넥터를 떼어낸다. 그리고 디스플레이 유닛의 각 단자~차체 접지 사이의 전압을 측정한다. 〔표 4-6〕에 표준 값을 나타내었다. 표준 값을 벗어나는 경우는 집중 경고 컴퓨터가 불량이기 때문에 교환을 한다.

표준 값을 나타내는 경우에는 그림 4-128의 커넥터를 접속하여 디스플레이 유닛의 밸브의 고장여부를 확인한다. 밸브가 고장이면 밸브를 교환하며, 이 외의 경우에는 디스플레이 유닛이 불량이므로 유닛 자체를 교환하여야 한다.

컨트롤 유닛측 커넥터

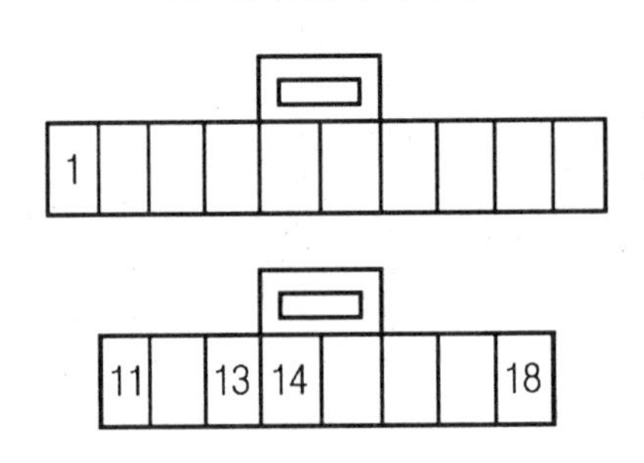

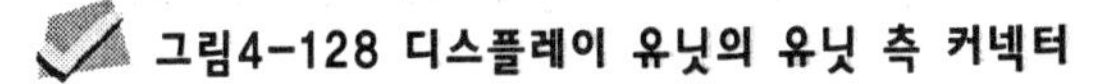
그림4-128 디스플레이 유닛의 유닛 측 커넥터

표 4-5 차량측 커넥터와 접지 사이의 전압 표준값

점화(키) 스위치	라이트 스위치	측정단자		표준값
		⊕	⊖	
OFF	-	1	차체접지	약 12V
ACC	-	8		
ON	OFF	11		
		2		0~1V
		14		0~1V
	ON	11		약 12V
		2		0~1V
		14		0~12V 부하에 의한 변화

표 4-6 컴퓨터(ECU)와 접지의 표준값

점화(키) 스위치	라이트 스위치	측정단자		표준값
		⊕	⊖	
ON	OFF	1	차체접지	약 12V
		11		약 5V
		13		약 0V
		18		약 6V
	ON	1		약 12V
		14		0~1V

05

하이스캔 사용방법

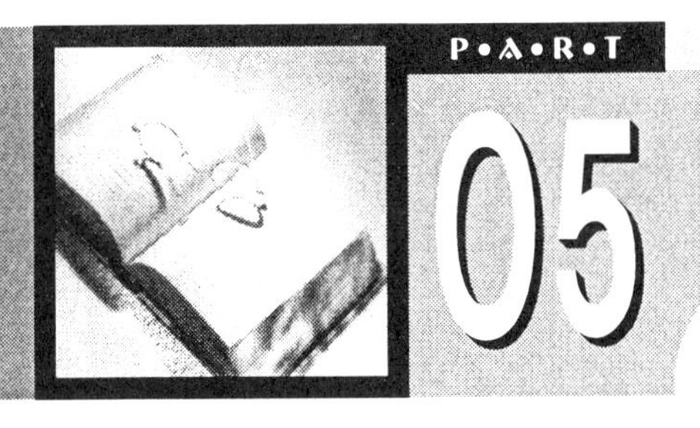

P•A•R•T 05

하이스캔 사용방법

1 하이스캔의 진단기능 소개

(1) 프로그램 메뉴 구성

하이스캔으로 진단 및 측정 가능한 프로그램 메뉴의 구성은 다음과 같다.

00. 기능선택
    - 01. 차종별 진단기능
    - 02. CARB OBD-II 진단기능
    - 03. 주행데이터 검색기능
    - 04. 공구상자
    - 05. 하이스캔 사용환경
    - 06. 응용진단기능

01. 차종별 진단기능
    - 01. 현대 자동차
        - 01. 자기진단
        - 02. 센서출력
        - 03. 주행검사
        - 04. 액추에이터 검사
        - 05. 센서출력 & 시뮬레이션
    - 02. 대우자동차
    - 03. 기아자동차
    - 04. 쌍용자동차

02. CARB OBD-II 진단기능

03. 주행데이터 검색기능

04. 공구상자
    - 4.1 오실로스코프
    - 4.2 액추에이터 구동시험

(2) 각종버튼 조작방법

하이스캔은 LCD 화면을 보면서 사용자가 각종 버튼을 조작하여 사용자가 필요한 각종 전자제어 시스템의 점검 및 측정을 할 수 있다.

1) 하이스캔 각부의 기능

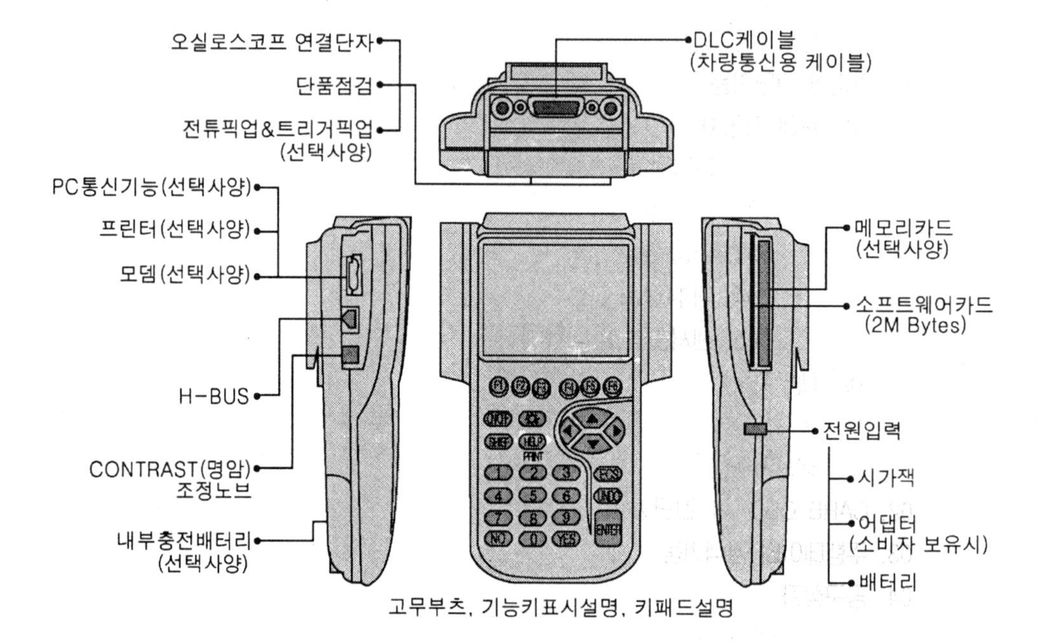

고무부츠, 기능키표시설명, 키패드설명

2) 각종 버튼의 사용법

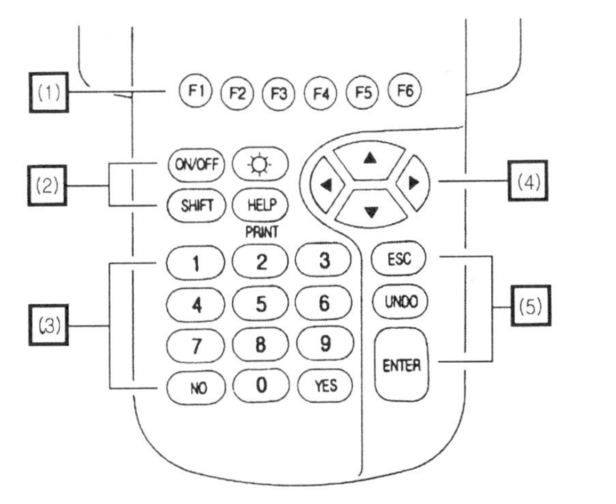

(1) : 기능키
(2), (3) : 고정 기능키
(4) : 숫자키
(5) : 방향 이동키

① **기능키**(function key)

현재의 정비사가 보고 있는 화면 하단의 메뉴를 선택하여 누를 때 사용하는 키.

② **고정 기능키**

키 위에 쓰여 있는 작동을 하는 고정 키.

(☼) : 액정화면의 조명을 켜고, 끌 때 사용.

(ON/OFF) : 하이스캔의 전원을 켜고, 끌 때 사용(끌 때는 2초 이상 누름).

(SHIFT) : 다른 고정키와 함께 고정 키 위에 쓰여 있는 또 다른 기능을 수행할 때 사용.

(HELP) : 현재 화면과 관계되는 도움말을 볼 때 사용.

(SHIFT)+(HELP) : 현재 표시된 화면을 프린트 할 때 사용.

(ECS) : 이전 화면으로 복귀할 때 사용.

(UNDO) : 프린터 작업을 하다가 중단 할 때 사용.

(ENTER) : 화면상의 기능을 수행할 때 사용.

(YES) : 화면상에서 YES 응답을 수행할 때 사용.

(ON) : 화면상에서 NO 응답을 수행할 때 사용.

③ **숫자 키**

키 위에 표시된 숫자를 입력하는 기능을 수행할 때 사용.

④ **방향 이동키**

커서를 움직이기 위해서 사용되며, 다음과 같은 4개의 방향 이동 키가 사용됩니다.

▲ : 커서를 위로 움직일 때 사용.

▼ : 커서를 아래쪽으로 움직일 때 사용.

◀ : 커서를 좌측으로 움직일 때 사용.

▶ : 커서를 우측으로 움직일 때 사용.

② 차종별 진단 기능

(1) 연결방법

OBDⅡ 규정을 지원하는 16핀 데이터 링크 커넥터(DLC)가 부착되어 있는 차량에서는 별도의 전원 공급 없이도 DLC 케이블을 통해 전원이 공급된다. 그러나 16핀 데이터 링크 커넥터를 사용하지 않는 기존의 차량의 DLC 측으로 전원단자가 없는 경우가 있습니다. 이 경우 시가 라이터 케이블을 사용하여 별도의 전원을 공급하여야 한다.

이 경우에는 DLC 케이블(16핀)의 전단에 해당 차량 어댑터 케이블을 차량의 데이터 링크 커넥터와 연결하여야 한다.

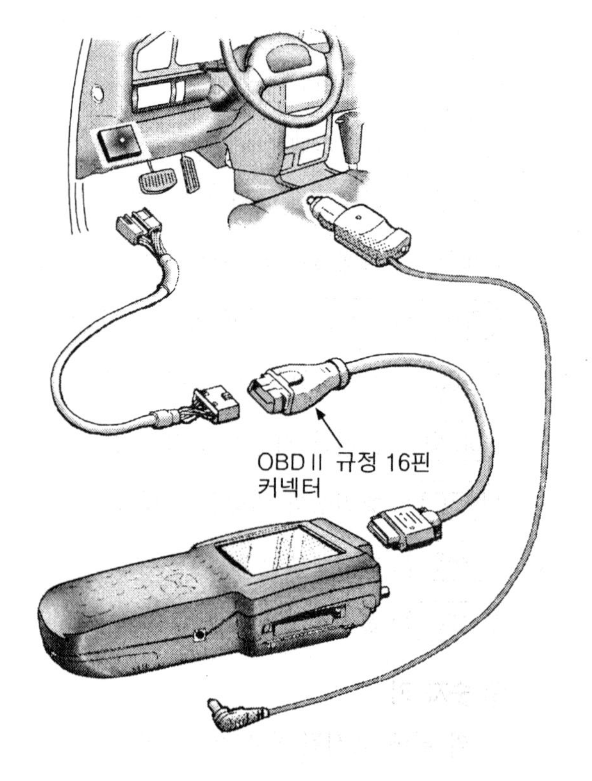

(2) 차종 및 시스템 선택

하이스캔을 ON하게 되면 제일 먼저 본체 로고가 표시된 후 일정 시간이 지나면 소프트웨어 카드 로고와 함께 소프트웨어의 버전, 제작일자가 표시된다(소프트웨어 로고 및 버전, 제작일자는 소프트웨어 카드에 따라서 달라질 수 있다.). 소프트웨어의 버전, 제작일자가 표시된 상태에서 ENTER 키를 누르게 되면 다음화면이 나타나게 되며 사용자가 필요에 따라 버튼을 조작하여 사용하게 된다. 먼저 차종 선택을 해보기로 하자.

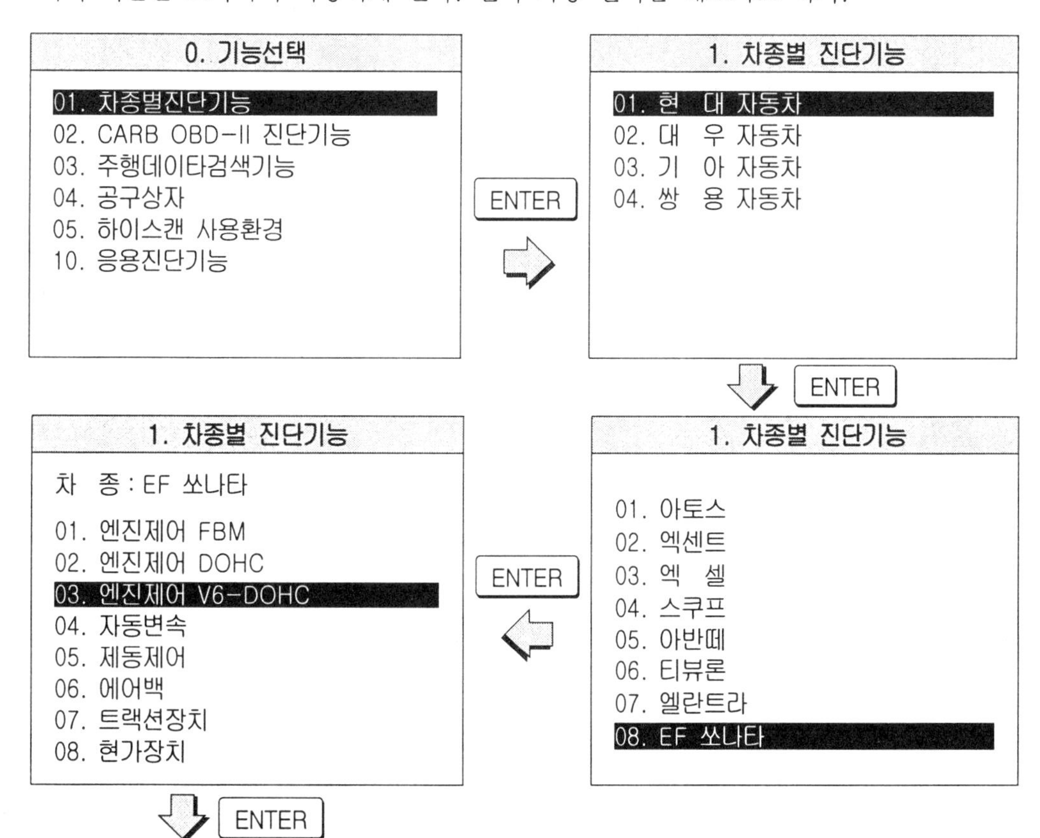

(3) 자기진단

이 단계에서는 선택된 컴퓨터의 자기진단 즉, 전자제어 시스템의 이상여부가 화면상에 나타나게 되며 진단 중에 발생하는 고장진단코드도 화면에 추가되어 나타날 수 있다.

차종선택을 한 후에 엔진시스템의 자기진단을 해보자.

1. 차종별 진단기능

차 종 : EF 쏘나타
사 양 : 엔진제어 V6-DOHC

01. 자기진단
02. 센서출력
03. 주행검사
04. 액추에이터 검사
05. 센서출력 & 시뮬레이션
06. 각종학습치소거
07. A/T&TCS 학습 수정

ENTER

1.1 자기진단

P1602 ECU-TCU 통신선 이상

고장항목개수 : 1개

TIPS ERAS

상기차량에서는 엔진시스템에 위와 같은 고장이 있음을 보여주고 있다.

만약에 고장코드가 없다면 "자기진단결과 정상입니다" 이라는 메시지가 나올 것이다.

위의 화면에서 만약에 고장코드가 8개 이상이 나오게 되면 화살표 키 ▲ , ▼ 를 이용하여 화면을 위/아래로 움직여서 화면의 상단과 하단을 볼 수 있다.

만약 위의 화면에서 고장 코드에 대한 정비 지침이 있을 경우에는 화면 하단에 있는 TIPS 키를 눌러 정비 지침을 볼 수 있으며 정비 지침이 없는 경우에는 "정비 안내가 지원되지 않습니다"라는 메시지를 볼 수 있다.

정비사가 현재 저장되어 있는 고장코드를 삭제하려면 위의 화면 하단에 있는 ERAS 키를 눌러 삭제할 수 있다. ERAS 키를 누르면 다음과 같은 화면이 나타나게 된다.

오른쪽 화면에서처럼 고장코드를 삭제하려면 YES , 취소하려면 NO 키를 눌러주면 된다.

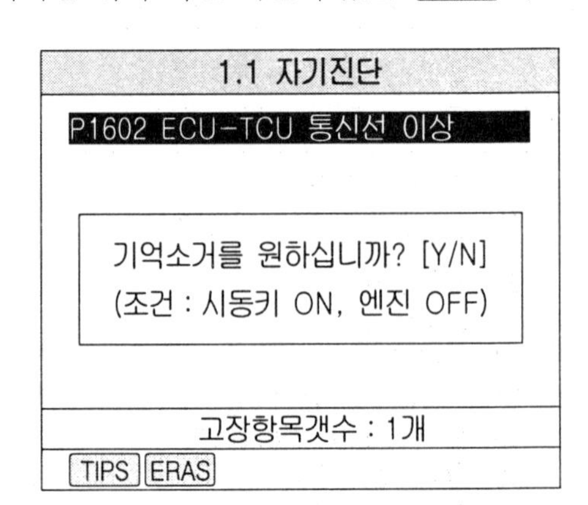

(4) 센서 출력

이 단계에서는 각종 전자 제어 시스템의 센서 출력값과 각종 스위치의 상태가 나타나게 되며 [▲], [▼] 키를 이용하여 화면의 위, 아래 항목을 볼 수 있다.

1) [FIX] 키의 기능

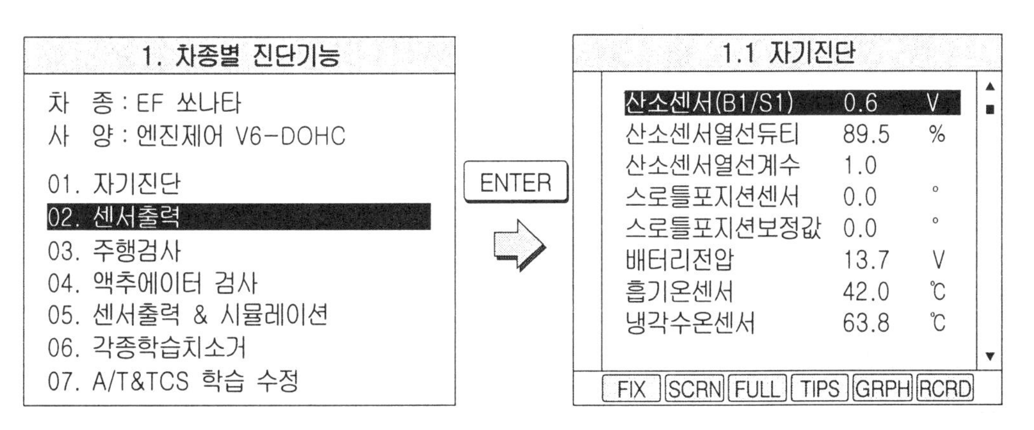

위의 오른쪽 센서출력 화면에서 화면 하단의 [FIX] 키를 누르면 커서(화면상의 검정색 화면)가 있는 항목을 화면 상단으로 옮기면 이때 선택된 항목은 고정되어 커서가 화면 아래로 계속 내려가도 항상 그 위치에 있기 때문에 다른 특정 항목과 직접 비교하는데 유용하다. 고정된 항목은 화면 좌측에 *표시가 되며 고정된 항목은 [FIX] 키를 한번 더 눌러 해제 가능하며 위의 화면에서 [FIX] 키를 누른 화면은 아래 좌측과 같다.

1.2 센서출력

*	산소센서(B1/S1)	0.5	V
	산소센서열선듀티	81.6	%
	산소센서열선계수	0.9	
	스로틀포지션센서	0.0	°
	스로틀포지션보정값	8.0	°
	배터리전압	13.8	V
	흡기온센서	41.3	℃
	냉각수온센서	83.2	℃

FIX SCRN FULL TIPS GRPH RCRD

(1개의 센서 고정화면)

1.2 센서출력

*	산소센서(B1/S1)	4.4	V
*	엔진회전수	711	rpm
*	에어컨스위치	OFF	
*	연료분사시간(B1)	3.0	mS
	스로틀포지션센서	0.0	°
	스로틀포지션보정값	8.0	°
	배터리전압	13.7	V
	흡기온센서	43.5	℃

FIX SCRN FULL TIPS GRPH RCRD

(4개의 센서 고정화면)

FIX 키를 사용하여 1개 이상의 항목이 선택되어 있을 경우 GRPH 를 누르면 고정된 항목의 데이터가 아래 좌측 그림과 같이 그래프로 나타난다.

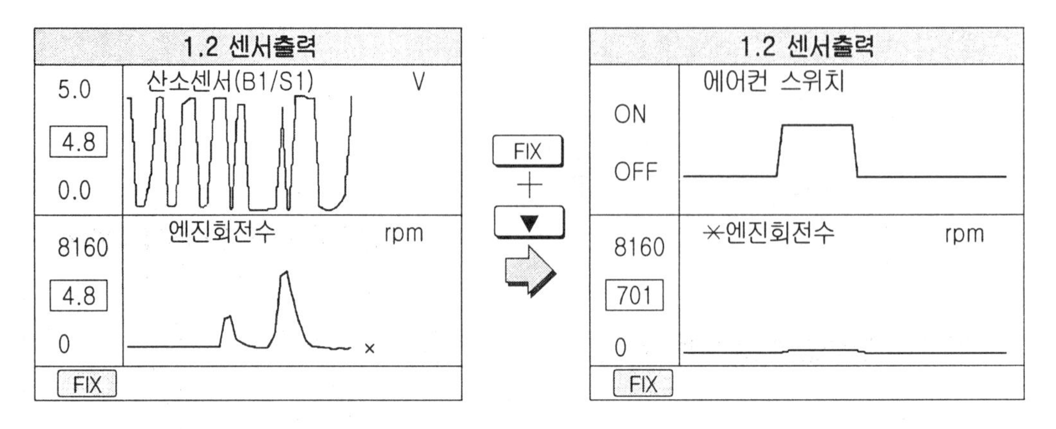

이때 FIX 키를 사용하여 2개 이상의 항목이 선택되어 있으면 *표시가 되어 있는 항목은 고정되고 ▲ , ▼ 키를 사용하여 다른 고정 항목의 센서 출력 값을 그래프로 볼 수 있다. 이때 *로 고정되어 있는 항목을 바꾸려면 화면 하단의 FIX 키를 누르면 고정항목이 위아래로 바뀌게 된다.

2) SCRN 키의 기능

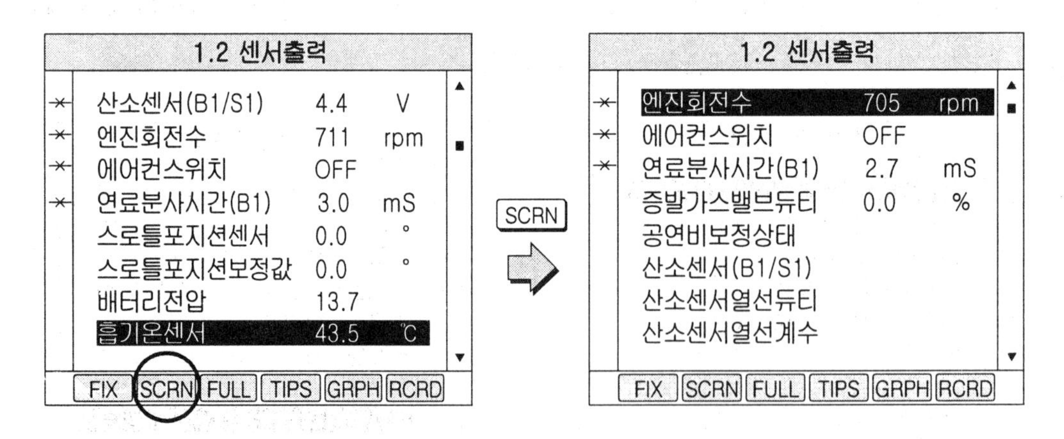

위의 좌측 센서 출력 화면에서 화면 하단의 SCRN 키를 누르면 화면에 표시되는 센서 출력값, 스위치 상태의 수가 4개로 바뀌게 되며 다시 한번 SCRN 키를 누르면 2개로 바뀌게 되어 8개의 많은 센서 출력값을 볼 때 보다 빠르게 변화하는 센서 출력값의 자세한 변화를

볼 수 있다. 다시 8개의 센서 출력값을 보려면 다시 한번 [SCRN] 키를 누르면 원래 화면으로 되돌아온다.

3) [FULL] 키의 기능

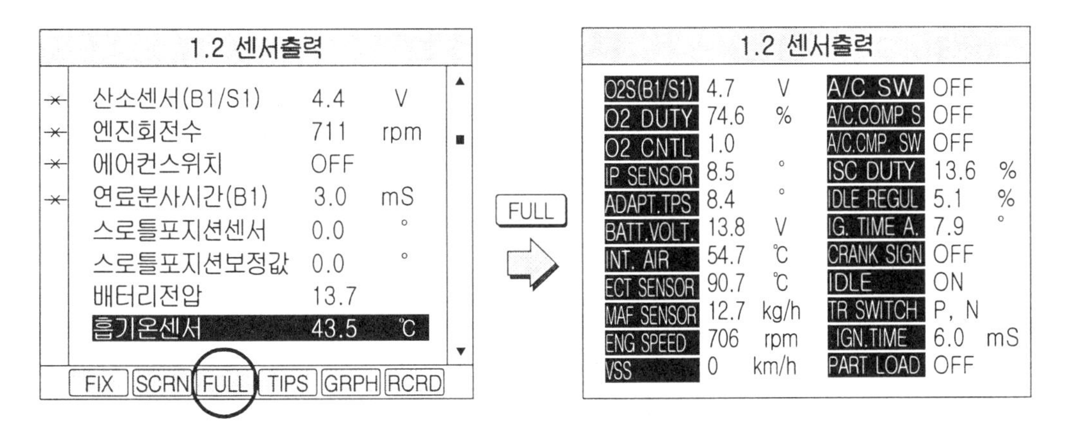

위의 좌측 센서 출력 화면에서 화면 하단의 [FULL] 키를 누르면 한 화면에 최대 22개까지 센서 출력 항목을 한꺼번에 보여준다. 이때 더 이상의 센서 출력 항목이 있는 경우에는 [▲], [▼] 키를 사용하여 다음 화면을 볼 수 있으며 이 모드에서는 각 센서 출력 값과 스위치 상태가 약자로 표시된다.

4) [TIPS] 키의 기능

1.2 센서출력

*	산소센서(B1/S1)	4.4	V
*	엔진회전수	711	rpm
*	에어컨스위치	OFF	
*	연료분사시간(B1)	3.0	mS
	스로틀포지션센서	0.0	°
	스로틀포지션보정값	0.0	°
	배터리전압	13.7	
	흡기온센서	43.5	℃

FIX SCRN FULL TIPS GRPH RCRD

위의 좌측 센서 출력 화면에서 [FIX] 키를 눌러 센서 출력 값을 고정한 후 화면 하단의 [TIPS] 키를 누르면 각 선택항목의 참고 데이터가 있을 경우에는 화면에 참고 데이터가 나타나고 없으면 "정비 안내가 지워지지 않습니다."라는 메시지가 나타난다.

(5) 주행검사

이 단계에서는 각종 전자제어시스템의 데이터를 장시간 기록하고, 표시하는 것이 가능하다.

1) RCRD 키의 사용

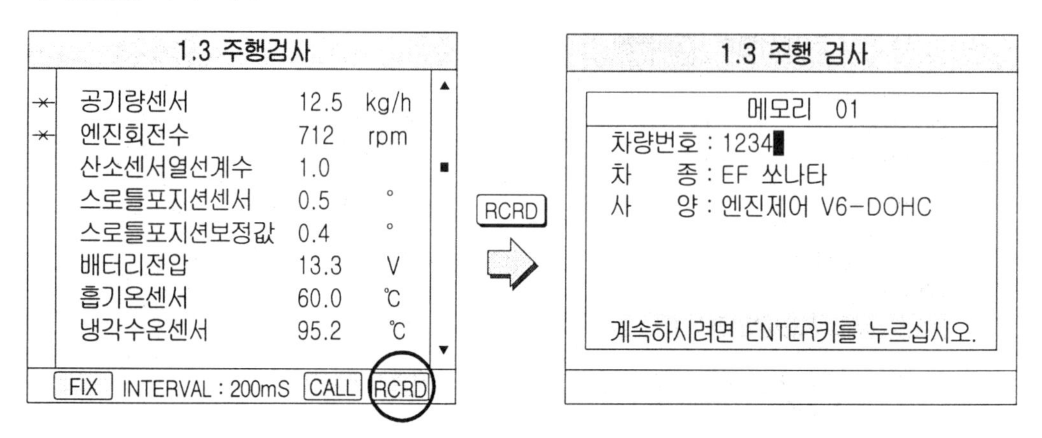

위의 좌측 센서 출력 화면에서 RCRD 키를 누르게 되면 위의 오른쪽 화면처럼 주행검사 화면으로 바뀌게 되며 FIX 키를 사용하여 검사하려는 항목을 고정하여야 하며 고정된 항목은 화면 좌측에 *표시가 되며 선택할 수 있는 최대 센서의 수는 8개이며 화면 하단 중간에는 데이터를 측정하는 시간의 간격(차종에 따라 틀림)이 표시된다.

주행 검사를 하고자 하는 항목을 선택하였다면 RCRD 키를 사용하여 주행검사를 시작한다. RCRD 키를 누르게 되면 아래 좌측과 같은 화면이 나타난다.

만일 주행검사 항목을 선택하지 않고 RCRD 키를 선택하면 "FIX 키로 항목을 선택하십시오"라는 에러 메시지가 나타난다.

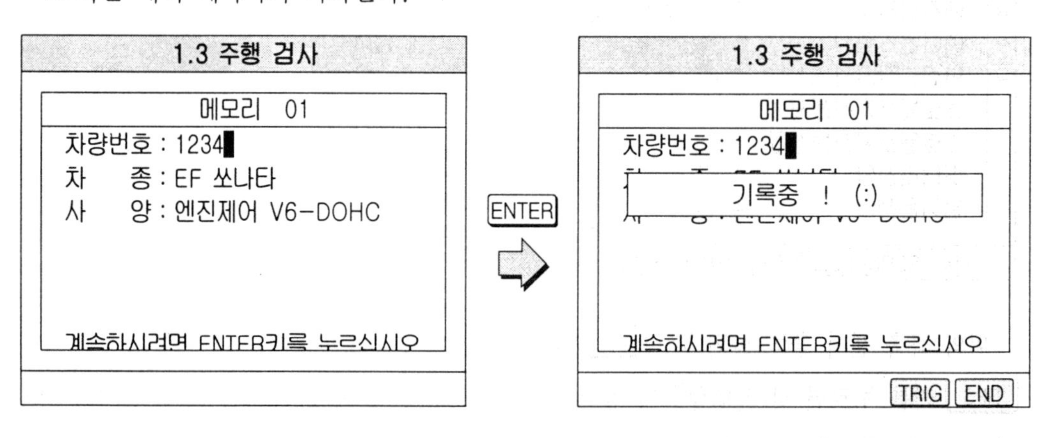

위의 좌측 주행검사 화면에서 ▲ , ▼ 키를 이용하여 메모리 번호를 선택할 수

있으며 기록을 원하는 메모리 페이지를 선택한 후에 [ENTER] 키를 누르면 차량번호를 입력하는 부분으로 커서가 이동한다. 차량 번호 입력을 원하는 경우에는 숫자 키를 이용하여 차량번호를 입력하고 입력을 원하지 않는 경우에는 그냥 [ENTER] 키를 누르면 주행검사 기록이 시작된다.

저장하는 동안에는 위의 우측 화면과 같이 "기록중 !"이라는 메시지가 화면에 표시되며 [END], [ESC] 키를 누르게 되면 저장을 종료한다.

2) [TRIG] 키의 사용

주행검사 저장화면 하단에 [TRIG] 키는 주행 데이터 기록 과정 중 트리거 시점(정비사가 어떤 이상현상 발생시나 또는 특별히 어떠한 시점에서 보고자 하는 데이터가 있을 시 선택하는 시점)을 설정하는데 사용된다. [TRIG] 키가 두 번 이상 눌려 졌다면 나중에 눌려졌을 때가 트리거 시점이 된다. 만일 [TRIG] 키를 누르지 않은 채 [END] 또는 [ESC] 키를 눌렀다면 종료 시점이 트리거 시점이 되며 저장을 종료한다.

데이터 저장을 끝낸 후 주행 데이터를 보고자 하면 [CALL] 키를 사용하면 아래와 같은 화면이 나타난다.

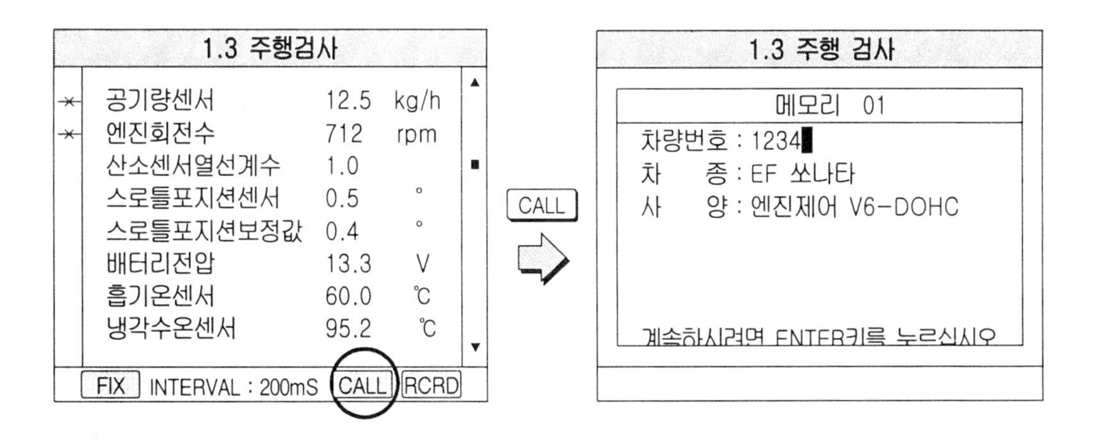

저장된 데이터가 있으면 위의 오른쪽 화면이 출력되며 [▲], [▼] 키를 이용하여 메모리 번호를 불러올 수 있으며 기록된 데이터가 없는 번호는 지나친다. 저장 기록을 보기 원하는 번호를 선택하여 [ENTER] 키를 누르면 아래의 좌측 화면이 출력되어 주행 기록 분석이 가능하다.

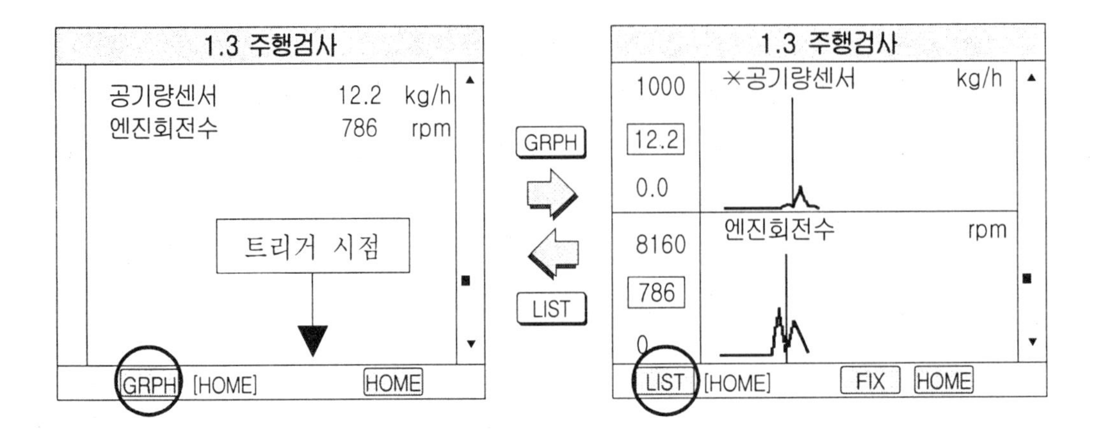

위의 좌측 화면에서처럼 화면하단의 [GRPH] 키를 누르면 저장된 데이터를 그래프로 볼 수 있으며 다시 복귀하려면 [LIST] 키를 누르면 데이터를 숫자 형태로 볼 수 있다. 위의 화면 하단의 〔HOME〕이라는 표시는 주행 검사 중 정비사가 [TRIG] 키를 누른 시점 또는 [TRIG] 키를 누르지 않고 종료하였다면 종료 시점을 보여주며 [FIX] 키는 그래프로 보여주는 센서 값이 2개 이상일 때 어느 데이터 값을 고정하고 [▲], [▼] 키를 이용하여 다른 데이터 값의 그래프를 볼 때 사용한다.

또 위의 화면에서 [◀], [▶] 키를 이용하여 트리거 시점의 이전 또는 이후의 데이터를 볼 수 있다.

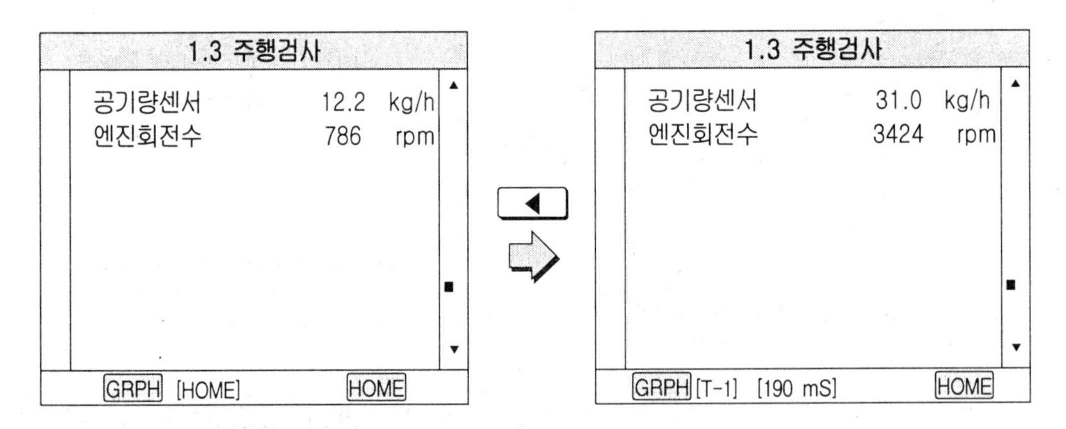

위의 좌측 화면에서처럼 정비사가 [TRIG] 키를 누른 시점에서 [◀] 키를 누르면 위의 우측 화면에서처럼 [TRIG] 시점 바로 전 데이터를 보여주며 계속해서 누르게 되면 하이스캔이 샘플링한 순서대로 차례로 전 데이터를 보여주게 된다. 반대로 [▶] 키를 누르면 아래의 우측 화면에서처럼 트리거 시점의 P데이터를 보여준다.

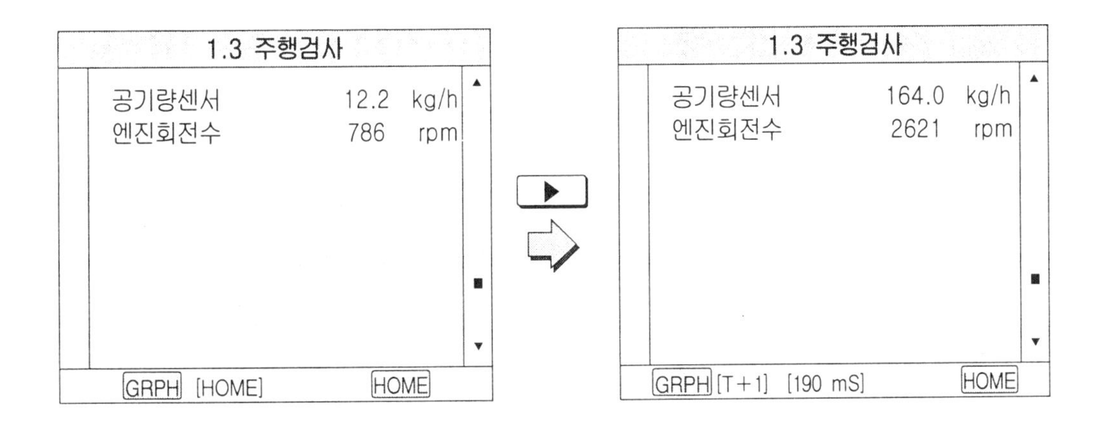

(6) 액추에이터 검사

이 단계에서는 액추에이터를 하이스캔을 사용하여 강제로 구동 또는 정지시키는 모드이다.

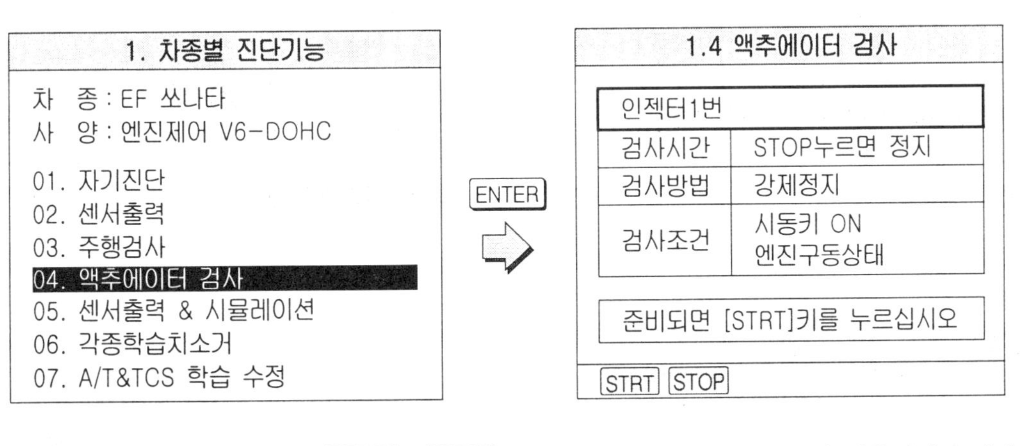

액추에이터의 검사 항목은 ▲ , ▼ 키를 사용하여 바꿀 수 있으며 액추에이터 검사는 반드시 화면의 시험 조건에 명기된 차량의 상태하에서 실시해야 한다. 위의 화면에서는 그 예로 시동키는 반드시 ON 상태이며, 엔진이 구동상태에서 시험할 수 있다는 뜻이다.

검사 시간이 미리 저장된 경우는 화면에 구체적으로 검사시간이 표시되며 위의 화면과 같이 없는 경우에는 화면하단의 STRT 키를 누르면 검사를 시작하고 STOP 키를 누르면 검사가 멈춘다. 액추에이터 검사를 시작하기 위해서는 화면하단의 STRT 키를 눌러야 하며 검사 시간이 정해져 있는 경우에는 차량으로부터 완료통보를 받은 후 "검사완료" 라는 메시지가 나타난다. 또는 검사 시간이 정해져 있는 경우와 검사 시간이 정해져 있지 않을 경우에는 STOP 키를 누르기 전까지 "검사중" 이라는 메시지가 표시되며 검사 중 차량으로부터 응답 코드를 받지 못했다면 "검사실패" 라는 메시지가 표시된다.

(7) 센서출력 & 시뮬레이션

이 단계에서는 하이스캔을 사용하여 데이터 분석을 할 수 있는 기능이며 멀티메타를 이용하여 전압, 주파수, 듀티비를 측정할 수 있고 센서 시뮬레이션(정비사가 임의로 각 조건을 설정하여 차량으로 입력시키는 모의 시험 기능)을 할 수 있으며 공구상자의 센서 출력 & 시뮬레이션과 동일한 기능이므로 설명은 공구상자에서 자세히 하겠으며 공구상자와 다른 점은 센서 출력 & 시뮬레이션 기능을 수행하면서 같은 화면상에서 정비사가 센서 출력값 분석을 동시에 할 수 있는 것이 장점이다.

1. 차종별 진단기능

차 종 : EF 쏘나타
사 양 : 엔진제어 V6-DOHC

01. 자기진단
02. 센서출력
03. 주행검사
04. 액추에이터 검사
05. 센서출력 & 시뮬레이션
06. 각종학습치소거
07. A/T&TCS 학습 수정

ENTER

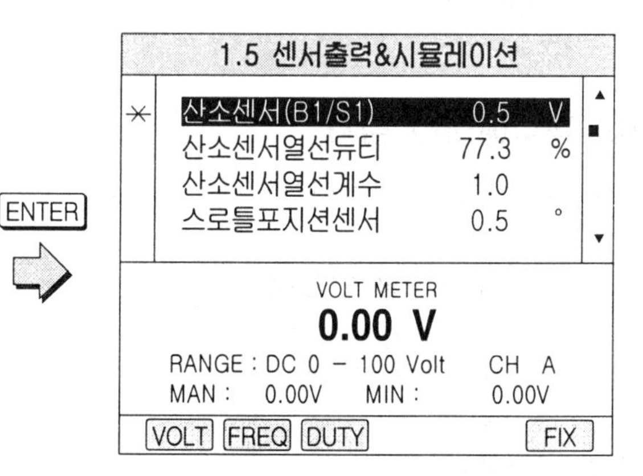

CARB OBD-II 진단기능

CARB(California Air Resource Board) OBD-II(On-Board Diagnostics Version-II)의 약자로, 즉 수출용 차량의 자기진단 및 센서 출력 점검시 사용하는 기능이다.

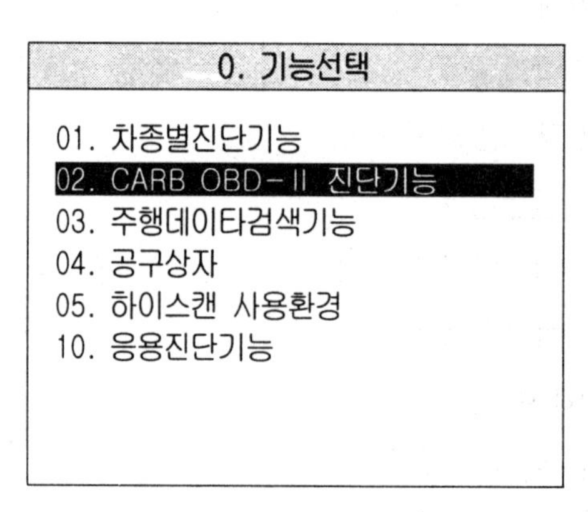

주행데이터 검색기능

이 기능은 차종별 진단기능의 엔진제어 중 주행검사와 같은 기능으로 저장되어 있는 주행데이터를 불러내어 검색할 수 있는 기능이다.

0. 기능선택
01. 차종별진단기능
02. CARB OBD-II 진단기능
03. 주행데이타검색기능
04. 공구상자
05. 하이스캔 사용환경
10. 응용진단기능

공구 상자

공구상자 내에는 각종 센서의 파형을 측정 및 점검 할 수 있는 오실로스코프 기능과 액추에이터를 하이스캔으로 직접 구동할 수 있는 액추에이터 구동시험 및 여러 가지 방법으로 데이터 분석을 할 수 있는 멀티메타 & 시뮬레이션 기능이 있다.

0. 기능선택
01. 차종별진단기능
02. CARB OBD-II 진단기능
03. 주행데이타검색기능
04. 공구상자
05. 하이스캔 사용환경
10. 응용진단기능

(1) 오실로스코프

이 단계에서는 하이스캔의 채널 A, 채널 B에 파형 측정용 검침 봉을 연결하여 각종 전자 제어 시스템의 센서 출력값을 파형으로 출력하여 점검 및 분석 할 수 있는 기능이다.

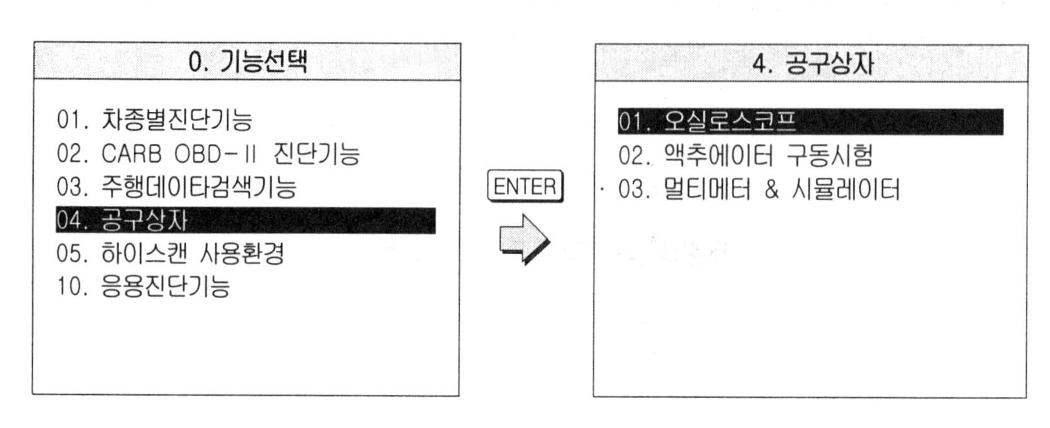

1) 오실로스코프의 동작 모드

① HOLD 키의 기능

아래 화면에서 HOLD 키를 누르면 화면에 표시된 파형을 고정할 수 있으며 다시 한번 누르면 고정된 화면이 해제된다.

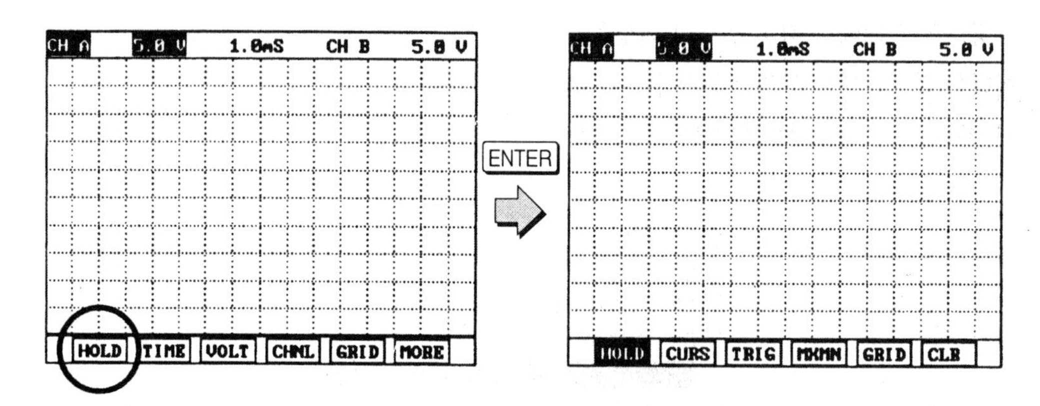

② TIME 키의 기능

오실로스코프 화면에서 TIME 키를 누르면 화면 상단의 시간분할을 사용자 임의로 선택할 수 있다. 이 시간 표시는 화면의 한 칸만을 볼 때의 가로측을 나타내며 사용자가 TIME 키를 누른 상태에서 ▲ 키나 ▶ 키를 누르면 시간분할이 증가하고 ▼

키나 [◀] 키를 누르면 시간분할이 감소하며 조정 범위는 0.2mSec부터 5Sec까지이다.

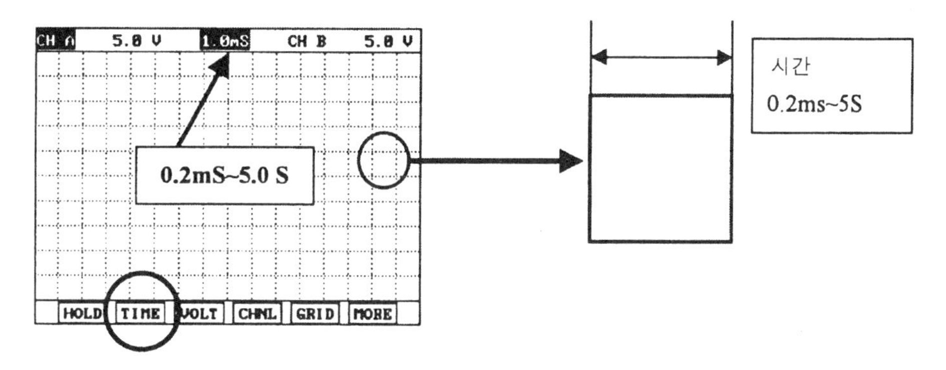

③ [VOLT] 키의 기능

오실로스코프 화면에서 [VOLT] 키를 누르면 화면 상단의 전압분할을 사용자 임의로 선택할 수 있다. 이 전압 표시는 화면의 한 칸만을 볼 때의 세로측을 나타내며 사용자가 [VOLT] 키를 누른 상태에서 [▲] 키나 [▶] 키를 누르면 전압분할이 증가하고 [▼] 키나 [◀] 키를 누르면 전압분할이 감소하며 조정 범위는 0.2V부터 10.0V까지이다.

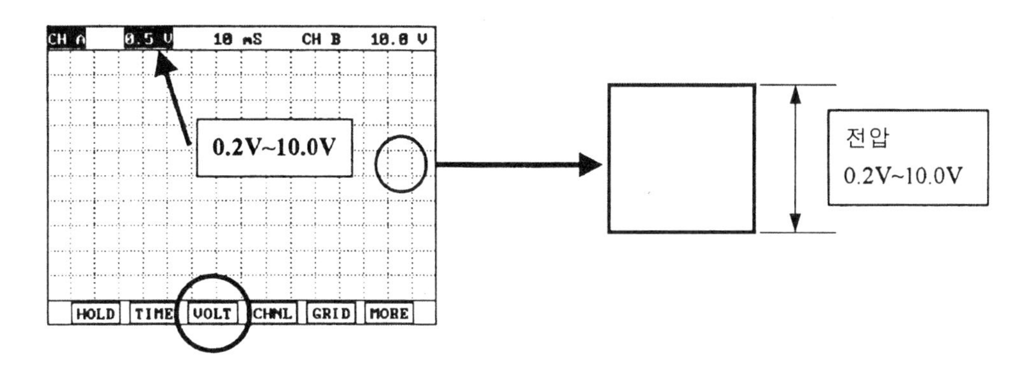

④ [CHNL] 키의 기능

오실로스코프 화면에서 [CHNL] 키를 누르면 CH A(왼쪽 검침 봉), CH B(오른쪽 검침 봉), CH AB순으로 선택된 채널을 표시하며 선택된 채널은 검정색으로 표시된다. 다만 시간분할이 0.2mSec로 선택되어 있을 경우에는 CH A, CH B 양 채널을 같이 선택할 수 없다.

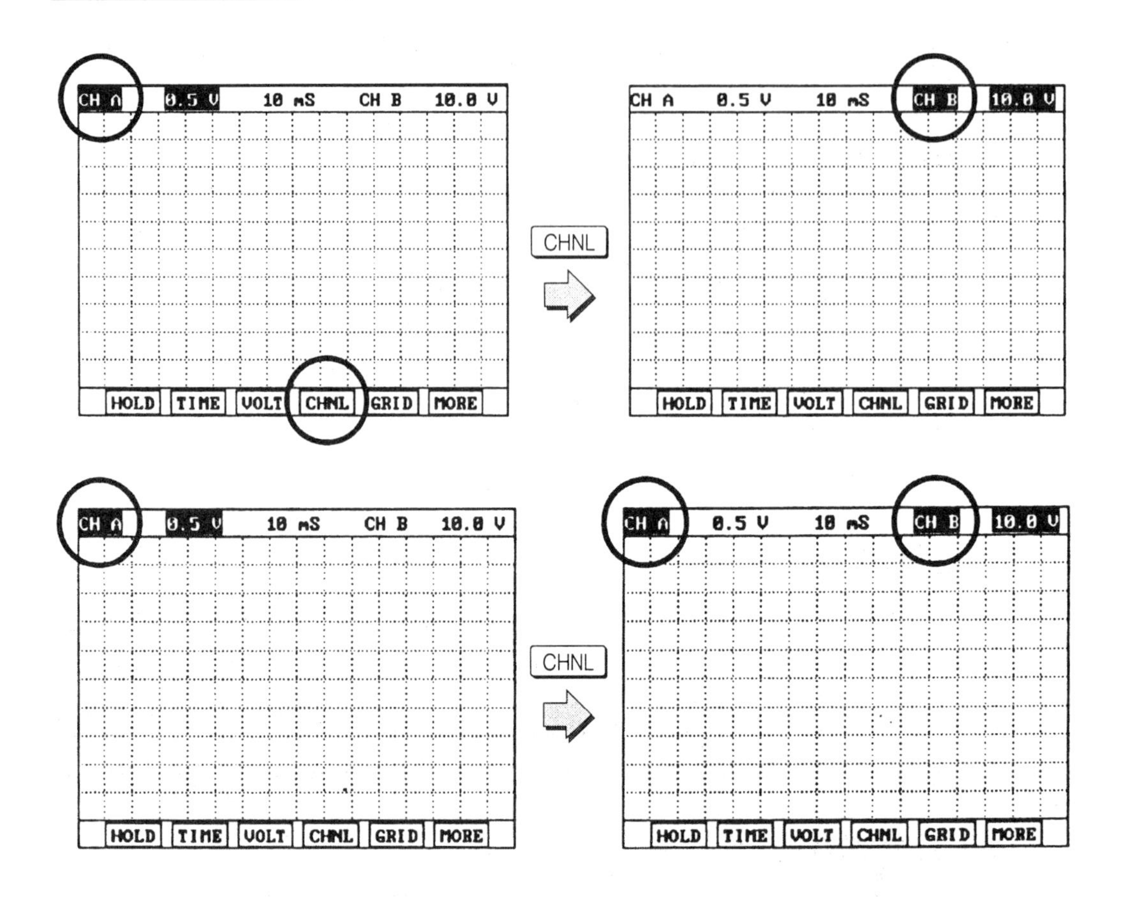

⑤ GRID 키의 기능

오실로스코프 화면에서 GRID 키를 누르면 화면상의 눈금선이 없어지고 다시 한번 누르면 눈금선이 있는 원래 화면으로 돌아오게 된다.

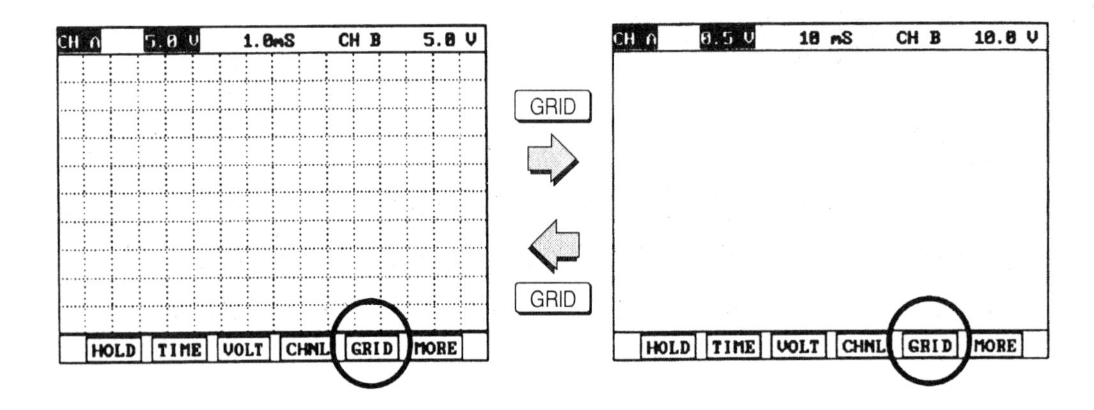

⑥ MORE 키의 기능

오실로스코프 화면에서 MORE 키를 누르면 4가지 정도의 메뉴 키가 새로 표시되며 다시 한번 누르게 되면 원래 화면으로 돌아오게 된다.

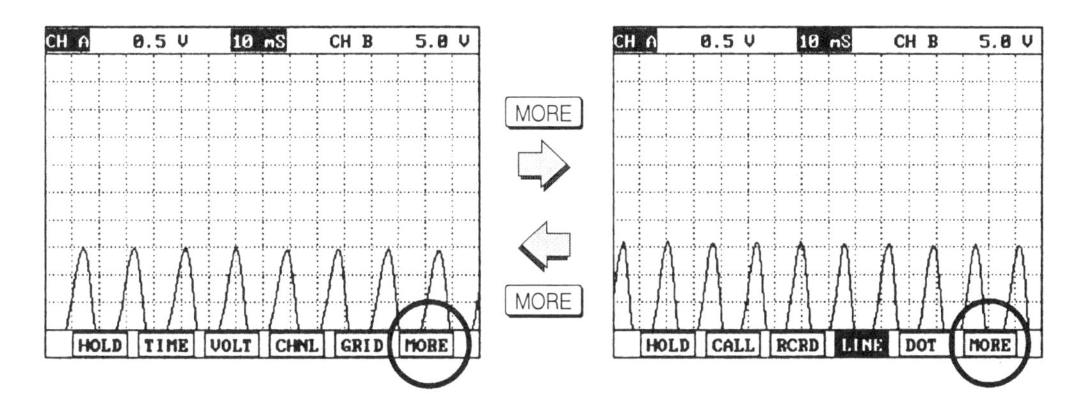

MORE 키를 누른 상태에서 LINE 키를 누르게 되면 아래 좌측 화면과 같이 화면상에 표시되는 파형이 라인 형태로 연결되어 나오며 DOT 키를 누르게 되면 화면상에 표시되는 파형이 점 형태로 표시된다.

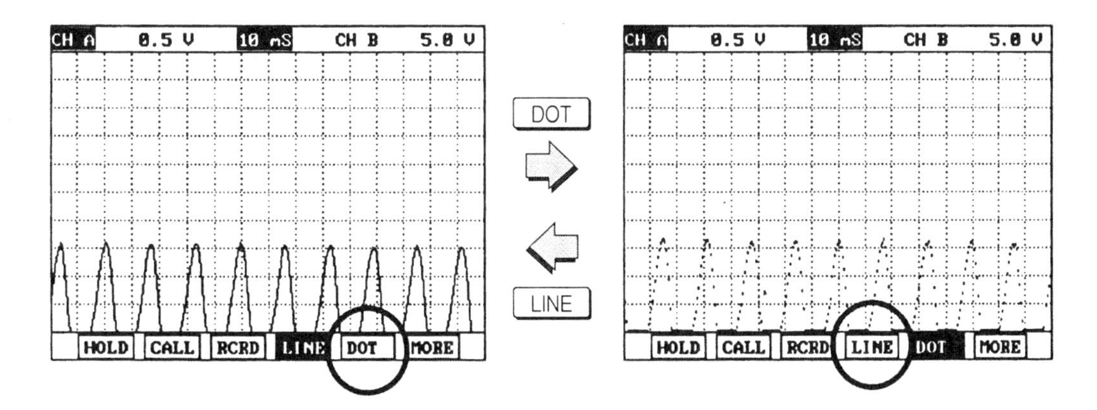

MORE 키를 누른 상태에서 화면하단의 RCRD 키를 누르면 현재 측정중인 파형이 저장된다.(단, "소프트웨어 카드" 아래쪽에 "메모리 확장카드"라는 또 하나의 카드를 설치해야 하며 설치가 안되어 있다면 "메모리 확장 카드를 설치 하십시요."라는 메시지가 출력되며 파형 저장이 되지 않는다.)

메모리 확장카드를 설치하고 RCRD 키를 누르면 파형이 저장된다.

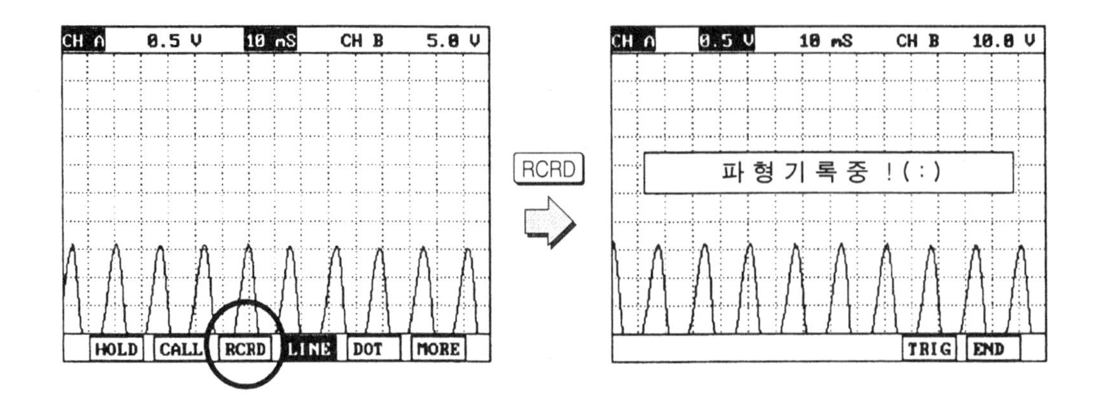

위의 "파형기록중"의 화면에서 TRIG 키는 정비사가 이상현상 발생시나 또는 특별히 어떠한 시점에서 보고자 하는 데이터가 있을 시 선택하는 키이고 END 키를 누르면 파형 저장기능이 종료된다.

MORE 키를 누른 상태에서의 화면하단의 CALL 키는 저장된 파형을 불러내어 표시할 때 사용된다.

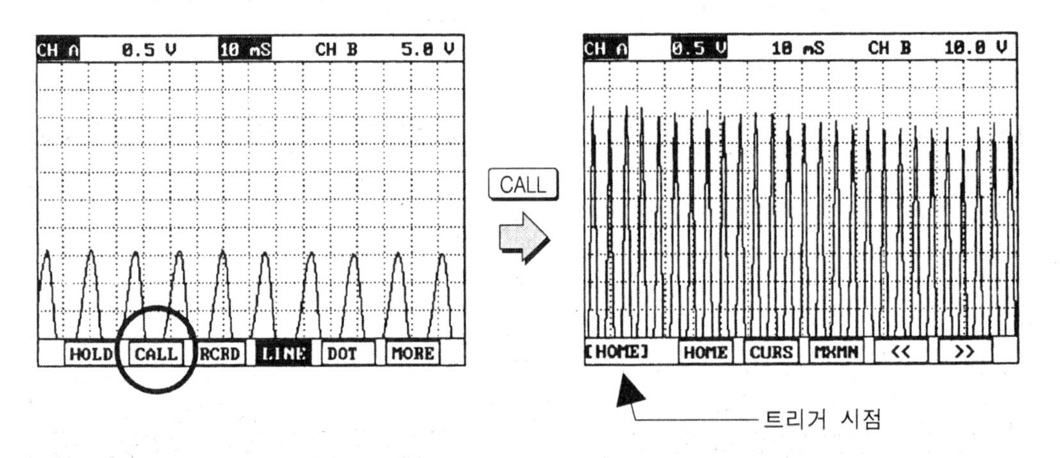

CALL 키를 누르면(물론 메모리 확장카드가 설치되어 있는 경우이어야 하고 메모리 확장카드에 저장된 파형이 없으면 "저장된 파형 데이터가 없습니다."하는 메시지가 표시된다.)메모리 확장카드에 저장되어 있는 파형 데이터가 나타난다. 화면하단의 CURS 키와 MXMN 키는 다음에 설명할 정지 모드에서와 같고 HOME 키를 누르면 TRIG 키를 누른 상태이면 트리거 시점을 화면에 보여주며 TRIG 키를 사용하지 않은 상태이면 종료 시점을 화면에 보여준다.

CALL 키는 눌러 저장된 화면을 불러낸 상태에서의 화면 하단에 있는 화살표키 ≪, ≫를 사용하여 트리거 시점(TRIG키를 사용하지 않았다면 종료시점)을 기준으로 트리거 시점 전, 후의 저장된 파형 데이터를 불러내어 분석이 가능하다.

CALL 키를 누른 상태에서 화살표키를 이용하여 트리거 시점 이전의 파형 데이터를 불러낸 화면은 다음과 같다.

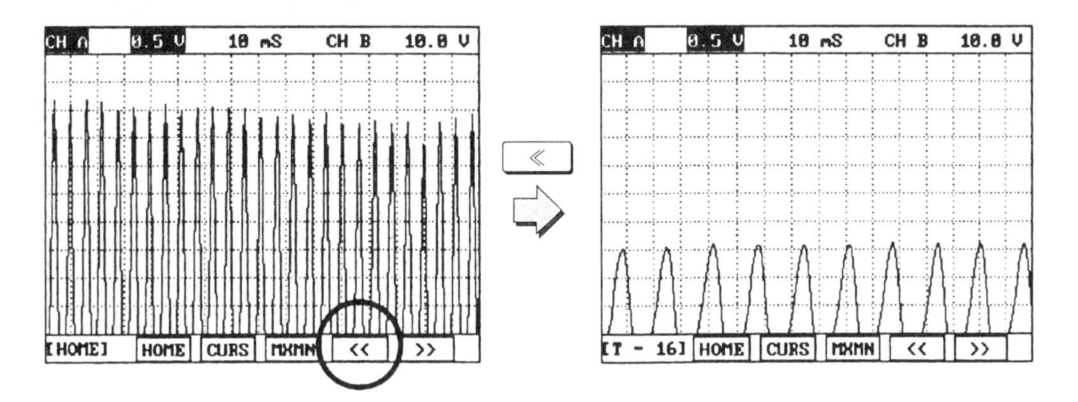

2) 오실로스코프의 정지 모드

① HOLD 키의 기능

오실로스코프의 정지 모드에서는 파형 데이터를 정지 화면으로 하여 파형의 전압과 시간 또는 최대값과 최소값 등을 쉽게 알아볼 수 있도록 하는 기능이다. 오실로스코프 초기 화면에서 화면 하단의 HOLD 키를 누르면 정지 화면으로 되며 동시에 화면 하단에는 새로운 메뉴가 나타나게 된다.

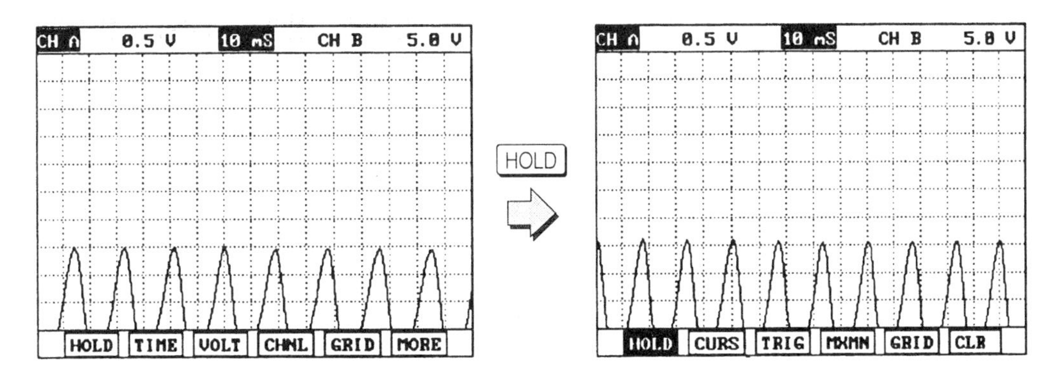

② CURS 키의 기능

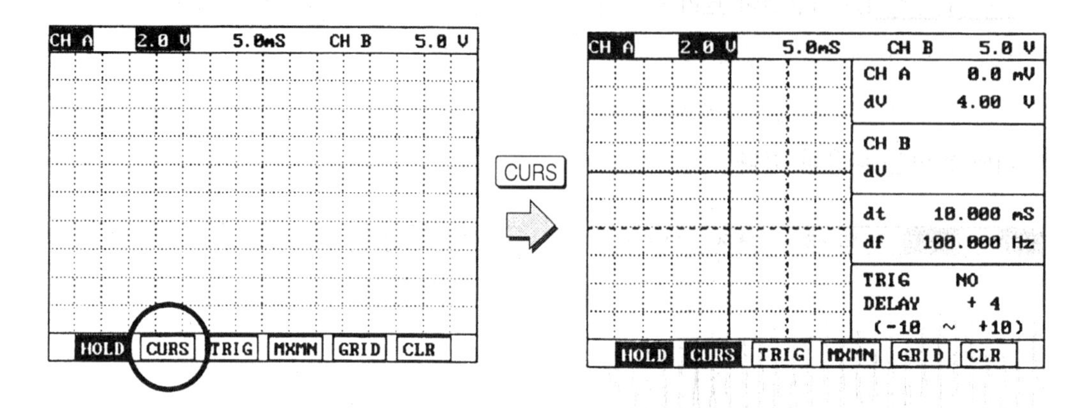

위의 화면에서처럼 HOLD 키를 누르게 정지 화면으로 바뀌게 되면 새로운 파형을 잡으려면 HOLD 키를 한번 더 누르면 다시 파형이 그려진다. 그런 다음 다시 HOLD 키를 누르면 다시 정지 모드로 돌아간다.

위의 화면 하단의 CURS(커서)키의 기능은 전압과 시간을 쉽게 알아볼 수 있도록 하는 기능이다. CURS 키를 누르면 다음화면과 같은 수직, 수평선이 나타난다.

정지 화면에서 CURS 키를 한번 누르게 되면 위쪽 수평선과 왼쪽 수직선은 실선으로 나타나며 아래쪽 수평선과 오른쪽 수평선은 점선으로 나타난다. 여기서 실선과 점선의 차이는 실선만 화살표키 ▲ , ▶ 를 가지고 움직일 수 있다.

즉 위쪽 수평선 실선음 ▲ , ▼ 키를 사용하여 위, 아래로 움직일 수 있으며 왼쪽 수직선은 ◀ , ▶ 키를 사용하여 왼쪽, 오른쪽으로 움직일 수 있다.

이 상태에서 CURS 키를 한번 더 누르게 되면 반대로 아래쪽 수평선과 오른쪽 수평선이 실선으로 되며 다시 한번 더 누르면 모든 수평, 수직선이 실선으로 바뀌어 화살표키를 누르면 모든 실선이 일체로 같이 움직이게 된다.

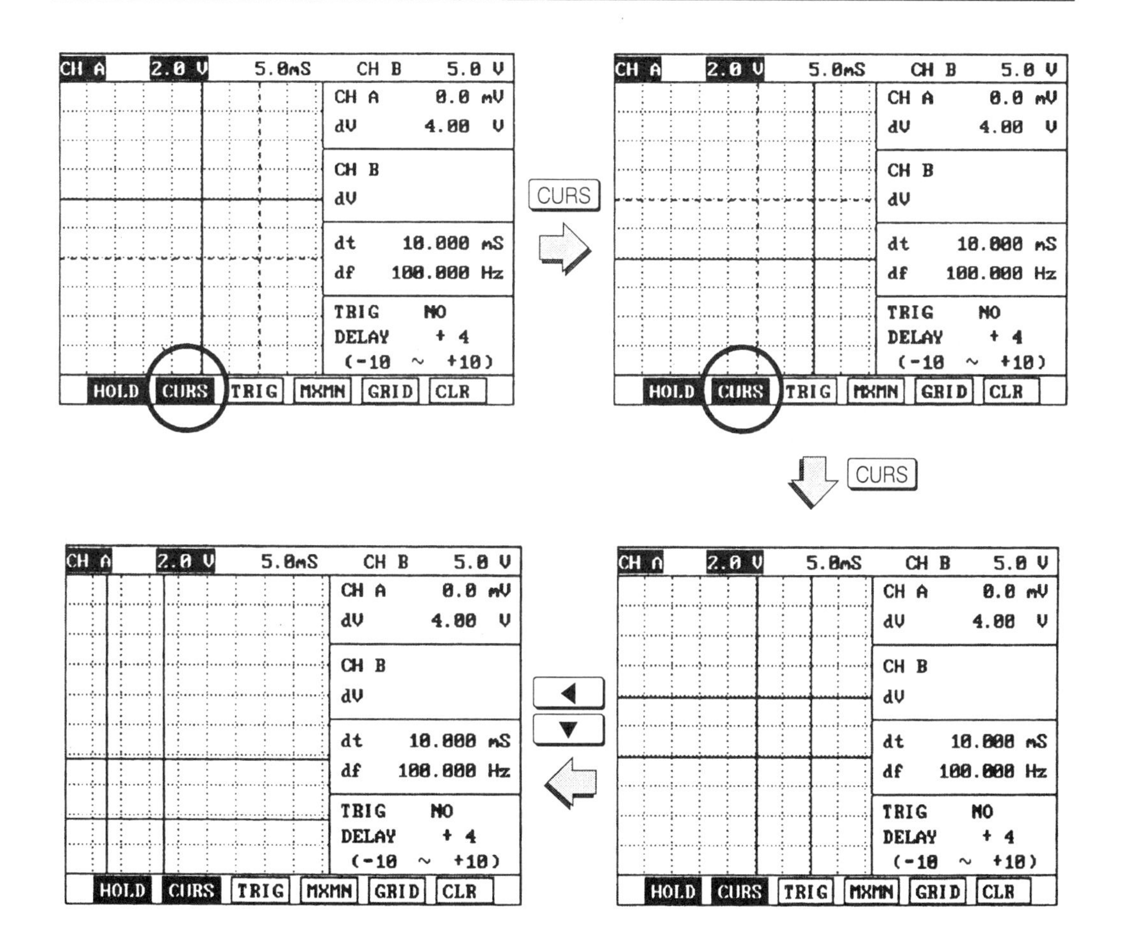

커서가 나와 있는 화면에서 커서를 없애려면 CURS 키를 다시 한번 누르거나 화면하단의 CLR 키를 누르면 원래 화면으로 돌아간다.

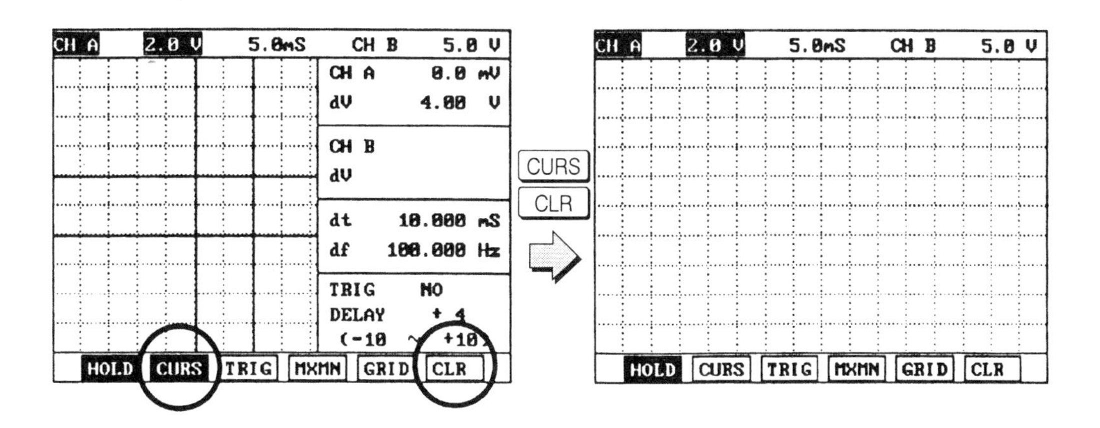

③ dV와 dT값의 의미

정지모드에서 CURS 키를 누르면 화면의 오른쪽에 커서에 대한 전압과 시간이 데이터 값으로 표시되어 정비사가 참조할 수 있다. 즉, 데이터 값 중에 dV는 커서의 전압값(수직선의 값)을 나타내며 dT는 시간 값(수평선의 값)을 나타내며 그리고 df는 주파수를 나타낸다.

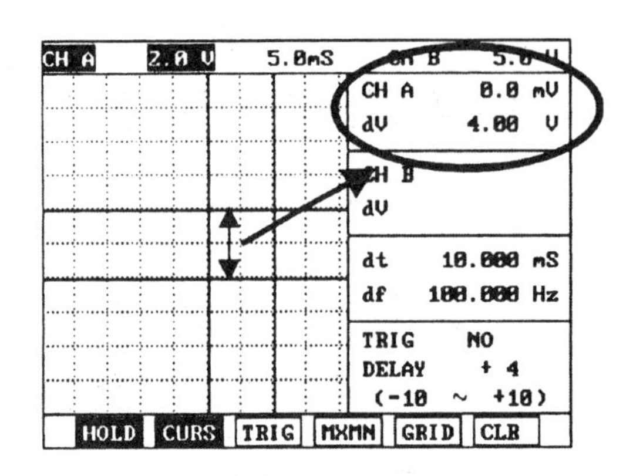

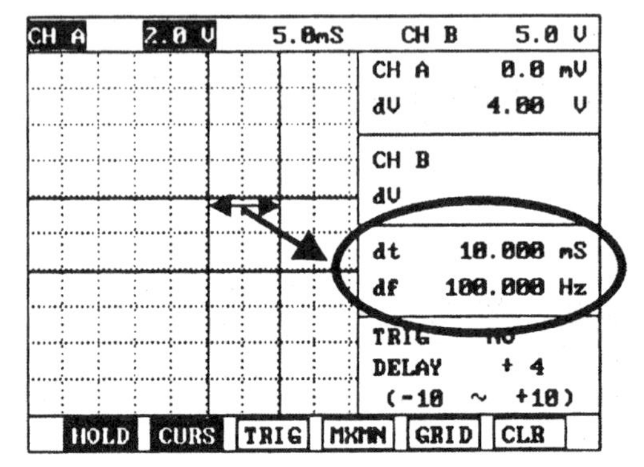

위의 좌측 화면에서 한 칸 당 전압은 2.0V이므로 커서 안의 값은 화면에 표시된 것처럼 dV값은 4.00V로 표시되며 위의 우측 화면에서 한 칸 당 시간은 5.0mS이므로 커서 안이 값은 화면에 표시된 것처럼 dT값은 10.00mS로 표시된다.

④ TRIG 키의 기능

정지모드에서 화면 하단의 TRIG 키를 누르게 되면 파형을 측정할 때 정비사가 임의로 트리거 시점을 정할 수 있다. 트리거 시점을 설정하면 트리거 설정 시점의 전압 값을 기준으로 하여 트리거 시점의 전압 값과 비교하여 변화되는 전압 값이 파형으로 출력되게 되며 트리거 시점을 기준으로 변화하는 전압 값이 없다면 파형은 출력되지 않는다.

정지모드 화면 하단의 TRIG 키를 누르면 TRIG NO(즉, 트리거 시점을 설정하지 않았다는 뜻)화면이 처음에 나타나며 TRIG키를 한번씩 누를 때마다 TRIG A 올라가는 시점(즉, 정비사가 임으로 설정해 놓은 시점을 기준으로 하여 파형변화가 A채널에서 측정했을 때 트리거 시점 아래쪽에서 위쪽으로 변화할 때), TRIG A 내려가는 시점, TRIG B 올라가는 시점, TRIG B 내려가는 시점으로 바뀌게 되며 한번 더 누르거나 화면하단의 CRLL 키를 누르게 되면 원래 화면으로 되돌아간다.

또한 트리거 설정 아랫부분의 DELAY라는 데이터 표시는 화면에 파형이 출력될 때 화면 좌측부터 몇 번째 칸부터 파형이 출력될 것이나 하는 것을 정비사가 임의로 설정할 수 있다. 즉, DELAY + 4 라는 표시는 좌측부터 4번째 칸부터 트리거 시점을 기준으로 변화하는 파형이 출력되기 시작한다.

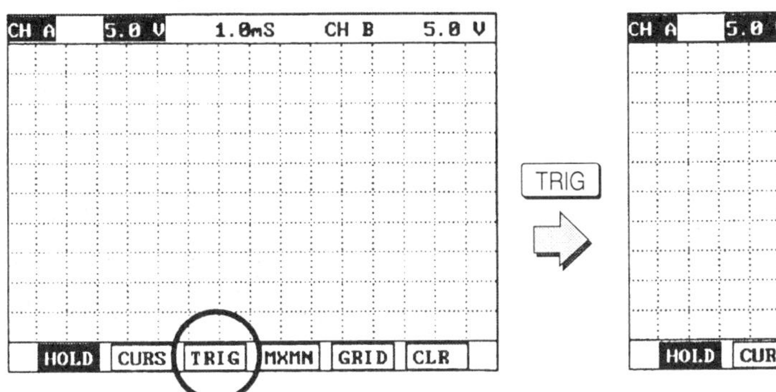

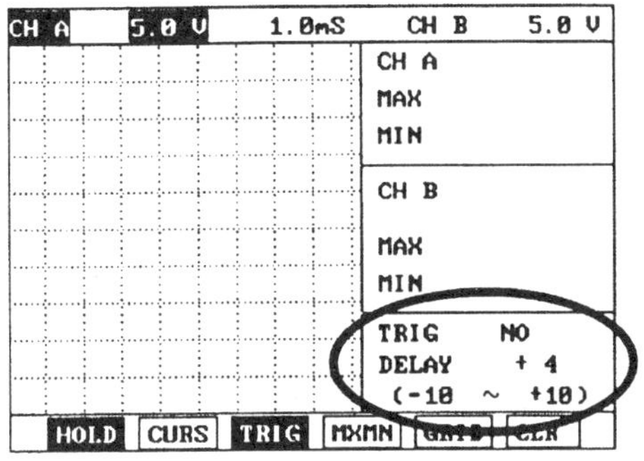

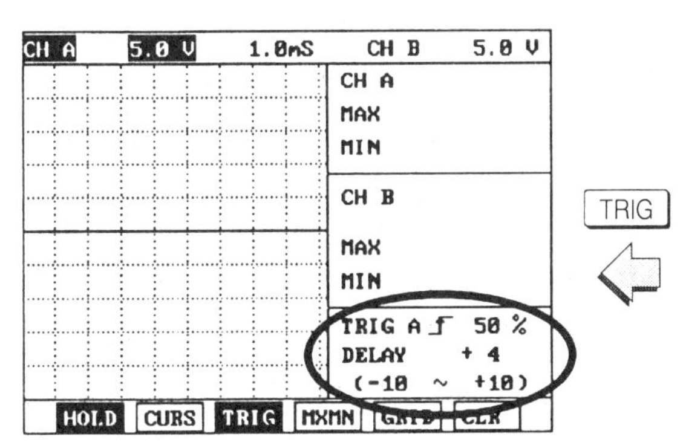

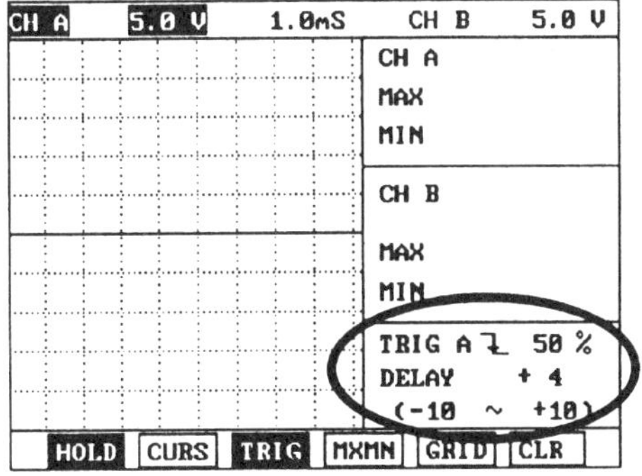

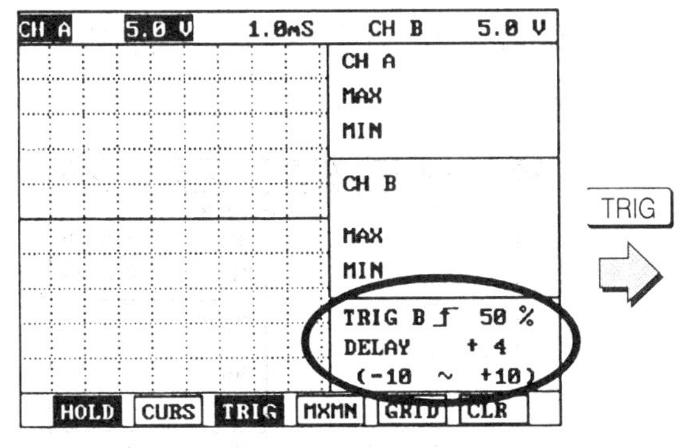

⑤ 트리거와 DELAY 키의 실제 사용 예

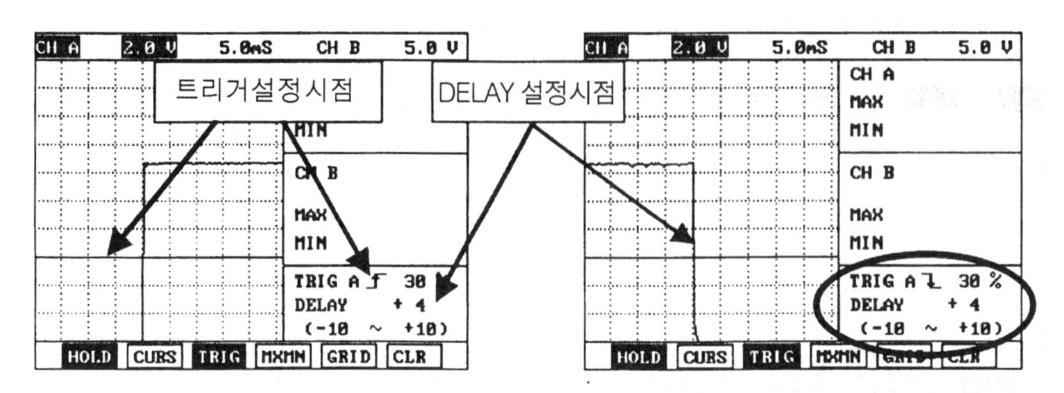

위의 좌측 화면은 TRIG A 올라가는 시점의 실제 사용 예입니다. TRIG A 30%라는 것은 한 칸 당 전압이 2.0V로 설정되어 있기 때문에 전체의 전압 20V의 30%라는 뜻이다. 즉, 트리거가 설정되어 있는 전압이 6.0V라는 뜻이며 화살표 키 ▲, ▼를 이용하여 정비사가 임의로 설정을 할 수가 있다. 트리거 설정 데이터 아래의 DELAY + 4라는 데이터 설정은 화살표키 ◀, ▶를 이용하여 정비사가 임의로 설정할 수 있으며 위의 화면에서와 같이 트리거 설정 전압이 변화는 파형이 좌측으로부터 4번째 칸에서부터 시작되었다. 즉, 위의 좌측 화면은 트리거 설정 전압을 기준으로 아래쪽에서 위쪽으로 변화하는 전압 값을 측정한 화면이며 위의 우측 화면은 트리거 설정 전압을 기준으로 위쪽에서 아래쪽으로 변화하는 전압 값을 측정한 화면이다(단, DELAY 기능은 시간조정이 5mS 이상에서만 작동한다.).

6) MXMN 키의 기능

오실로스코프 정지모드에서의 MXMN 키는 최대값과 최소값을 측정할 때 사용하는 키이다.

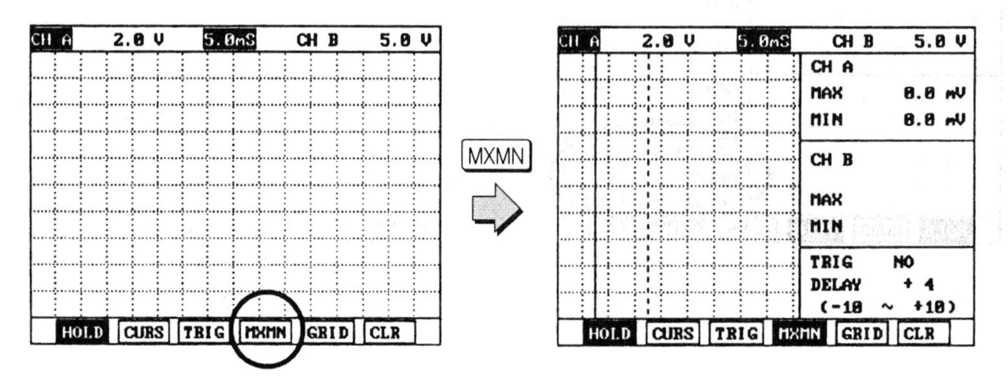

정지모드에서 MXMN 키를 누르면 왼쪽 실선과 오른쪽 점선이 나타나게 된다. 커서의 사용법과 마찬가지로 화살표키를 사용하여 왼쪽 실선을 좌우로 움직일 수 있으며 MXMN 키를 다시 한번 누르면 왼쪽은 점선 오른쪽은 실선으로 바뀌어 화살표키를 사용하여 오른쪽 실선을 좌우로 움직일 수 있다. MXMN 키를 다시 한번 누르면 모두 실선으로 바뀌어 화살표키로 같이 움직이며 실선안의 파형데이터의 최대, 최소값이 화면 우측에 데이터 값으로 나타나게 된다.

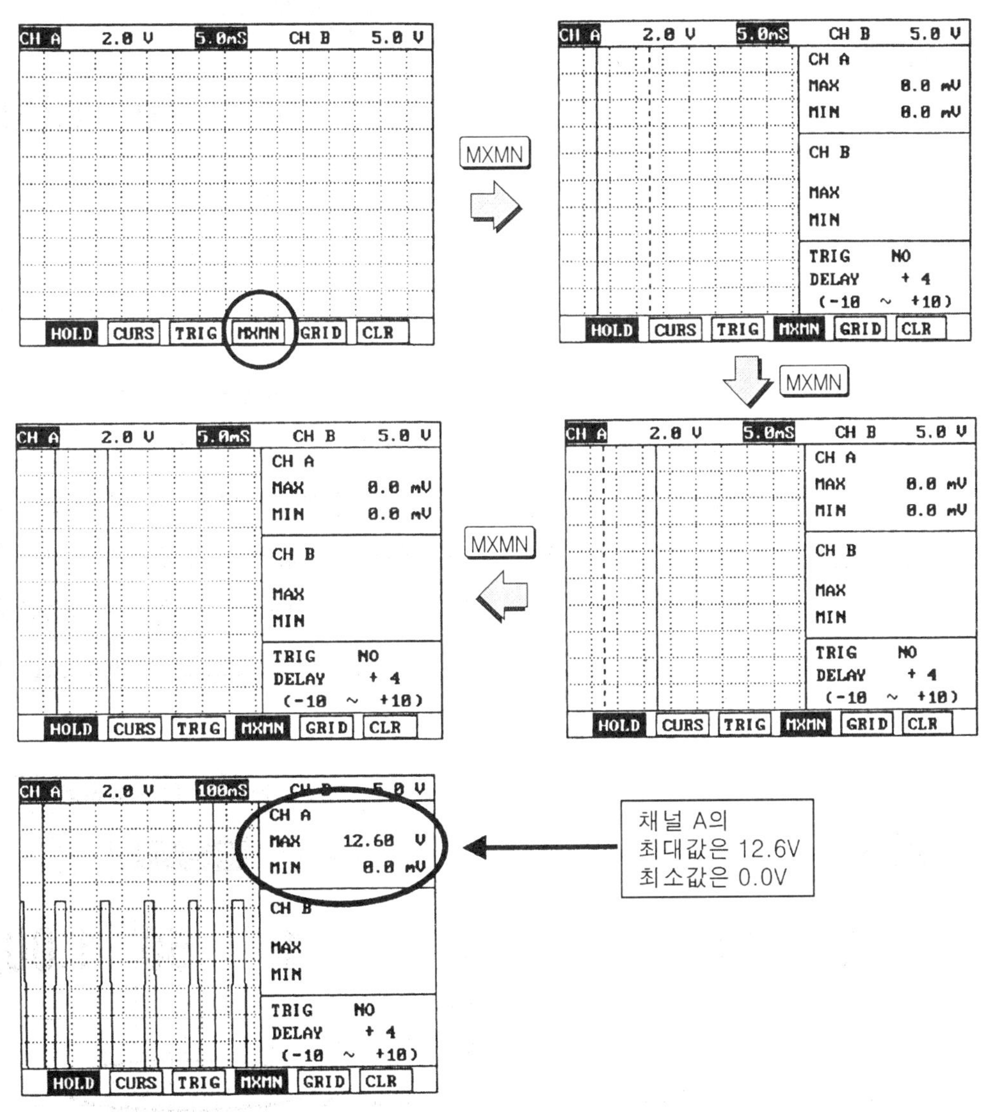

위의 화면은 MXMN 키의 실제 사용 예이다. 실선 안쪽의 파형 데이터의 최대 최소값을 화면 우측에 데이터 값으로 표시해 보여주게 된다.

(2) 액추에이터 구동시험

이 단계에서는 액추에이터를 수동으로 즉, 하이스캔을 이용하여 강제로 구동할 수 있으며 인젝터나 아이들 스피드 액추에이터와 같이 ECU내에서 TR로 구동하는 액추에이터를 하이스캔으로 구동하여 단품의 작동상태를 검사할 수 있는 기능이다.

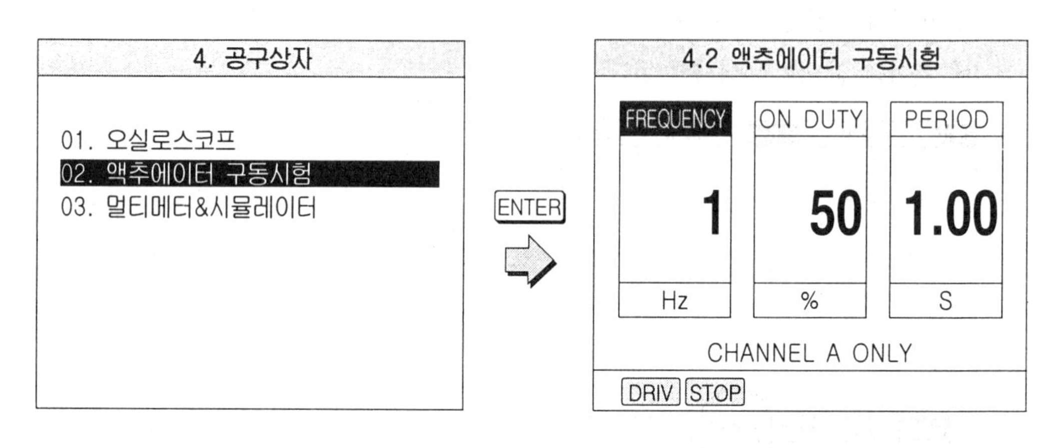

위의 우측화면에서와 같이 FREQUENCY는 액추에이터를 구동하고자 하는 주파수를 ON DUTY는 듀티 값을 PERIOD는 시험하는데 걸리는 하나의 주기(주기=1초/주파수)값을 나타내며 주파수와 듀티 값은 화살표키 [◀], [▶] 를 사용하여 선택할 수 있으며 화살표키 [▲], [▼] 를 사용하여 주파수는 1~1000Hz까지 듀티 값은 1~100%까지 정비사가 임의로 설정할 수 있으며 주기는 주파수 값에 따라 자동으로 나타내준다. 위의 우측화면에서와 같이 액추에이터 구동은 채널 A로만 구동 가능하며 화면하단의 [DRIV] 키와 [STOP] 키는 구동시작 할 때와 구동을 멈추고자 할 때 사용한다.

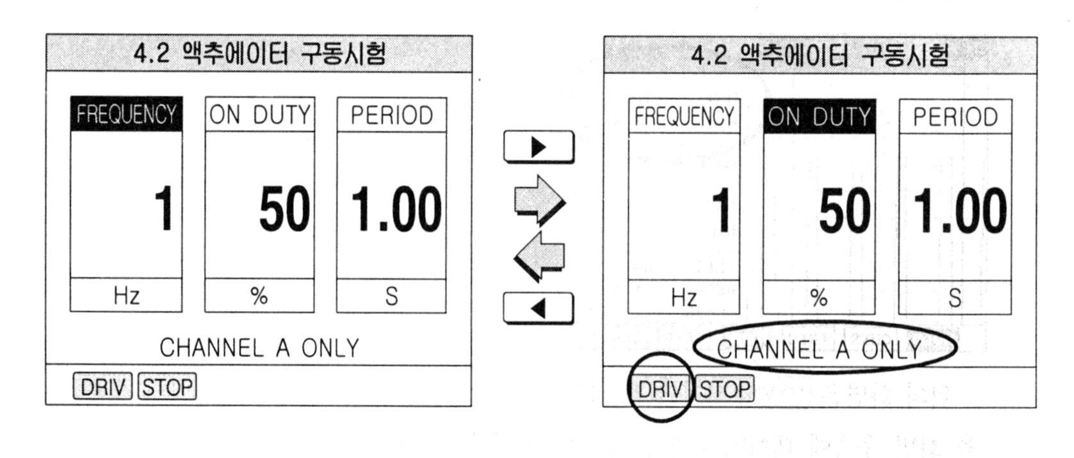

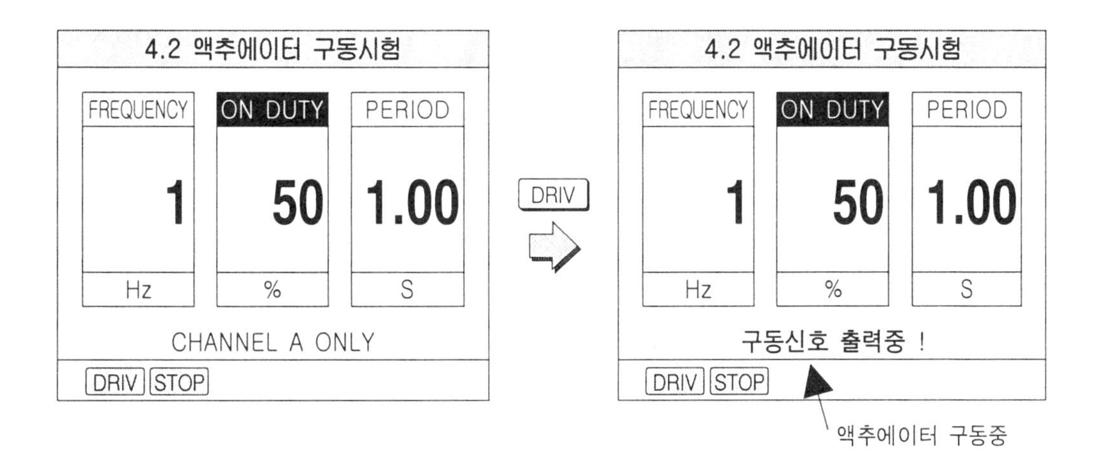

(3) 멀티메터 & 시뮬레이터

이 단계에서는 하이스캔을 이용하여 여러 방법으로 데이터 분석을 할 수 있는 기능이다. 즉, 멀티메터를 이용하여 전압 측정, 주파수 측정, 듀티비를 측정할 수 있으며 센서 시뮬레이션(모의 시험)을 이용하여 전압, 주파수, 듀티비를 발생시킬 수 있는 기능이며 자기진단 기능의 멀티메터 & 시뮬레이터와 동일한 기능이며 단지, 센서 출력 값을 화면에 나타내지 않는다.

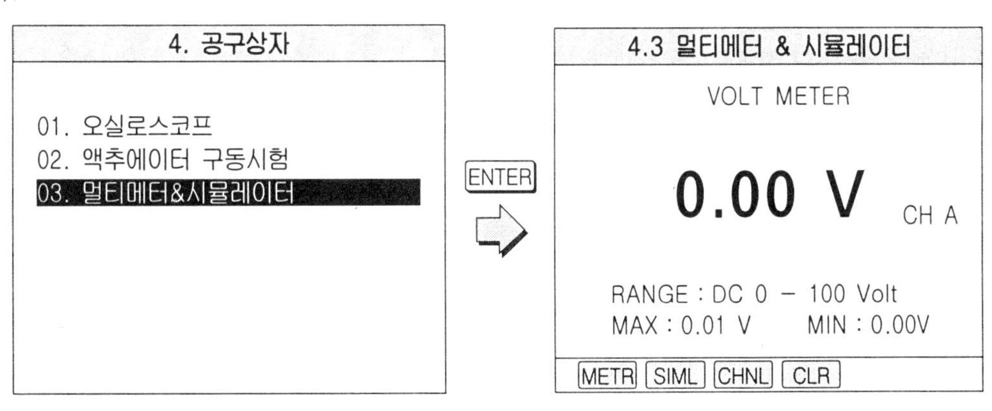

위의 우측 화면이 멀티메타 & 시뮬레이터 기능의 초기 화면이며 화면 하단의 각종 기능키를 이용하여 각 기능을 수행한다.

1) 멀티메터 기능

① VOLT METER(전압측정) 기능

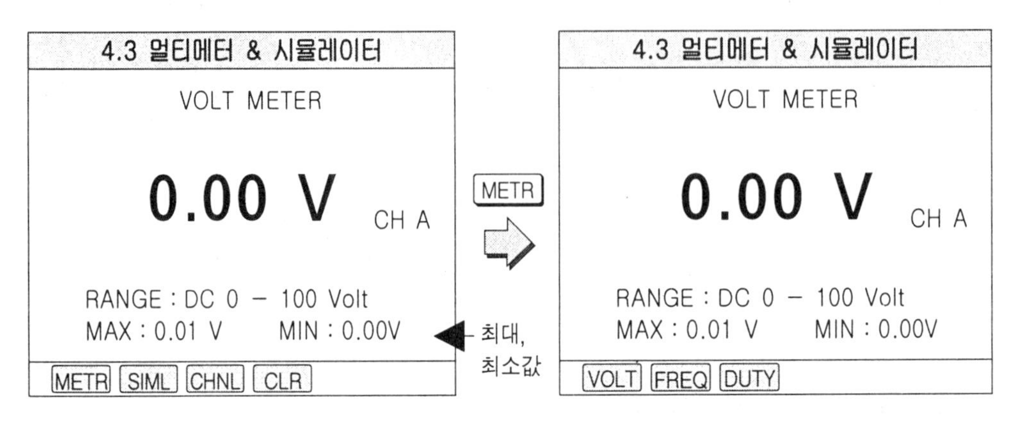

위의 좌측 초기 화면에서 화면하단 CHNL 키는 기존의 기능과 동일하며 CLR 키는 측정하고자 하는 단자의 최대, 최소값을 소거하고 새로운 값의 측정을 시작하는 키이다. METR 키를 누르면 우측 화면으로 바뀌며 화면하단에 새로운 기능키가 3개 표시된다. 즉, 우측 화면은 멀티메터의 초기화면이며 화면하단의 VOLT 키는 전압을 측정할 때 FREO 키는 주파수를 측정할 때 DUTY 키는 듀티비의 측정에 사용되며 각 기능키를 누를 때마다 화면 상단에 선택한 기능이 표시되게 된다.

② FREQUENCY METER(주파수 측정)기능

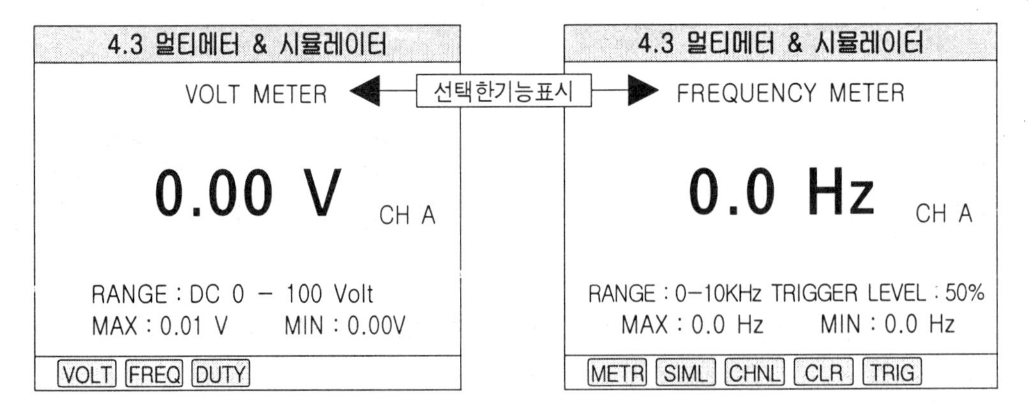

위의 좌측 화면에서 FREQ 키를 누르면 주파수메타 기능으로 바뀌게 되며 화면하단의 기능키 중에서 CHNL 키와 CLR 키는 기존과 동일하며 SIML 키는 다음에 설명할 시

뮬레이션 기능으로 전환하는 기능키이다. [TRIG] 키는 트리거 레벨을 설정하는 기능키이며 [TRIG] 키를 누른 후 화살표키 [▲], [▼] 를 이용하여 정비사가 임의로 설정할 수 있으며 화면에 %단위로 표시된다.

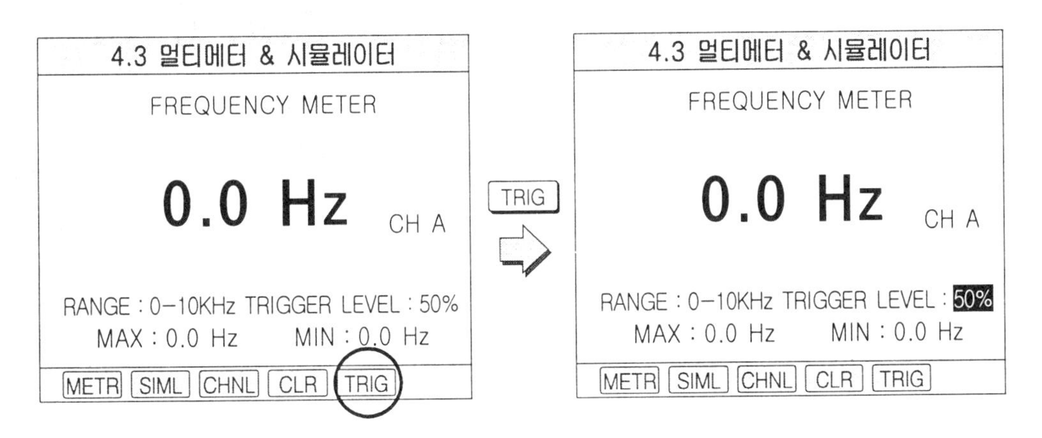

③ DUTY METER(듀티비 측정) 기능

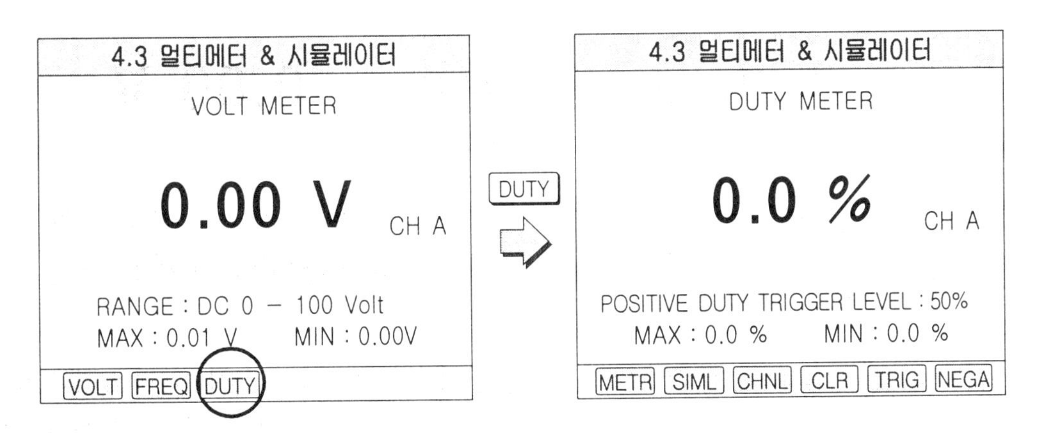

위의 좌측 화면에서 [DUTY] 키를 누르면 듀티메타 기능으로 바뀌게 되며 화면 하단의 기능키 중에서 [CHNL] 키와 [CLR] 키와 [SIML] 키와 [TRIG] 키는 기존과 동일하며 NEGA키는 양(플러스, POSITIVE)의 듀티값을 측정하는 화면을 음(마이너스, NEGATIVE)의 듀티값을 측정하는 화면으로 전환하는 기능키이다.

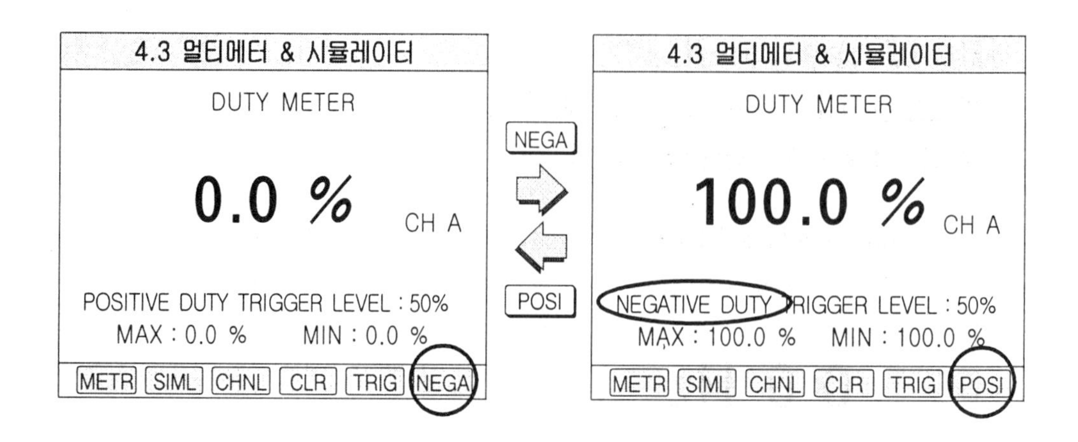

2) 시뮬레이터 기능

이 단계에서는 센서 시뮬레이션 기능 수행시에 사용하며 전압, 주파수, 전압 입출력, 주파수 입출력 모의 시험 및 차속 모의 시험에 사용된다.

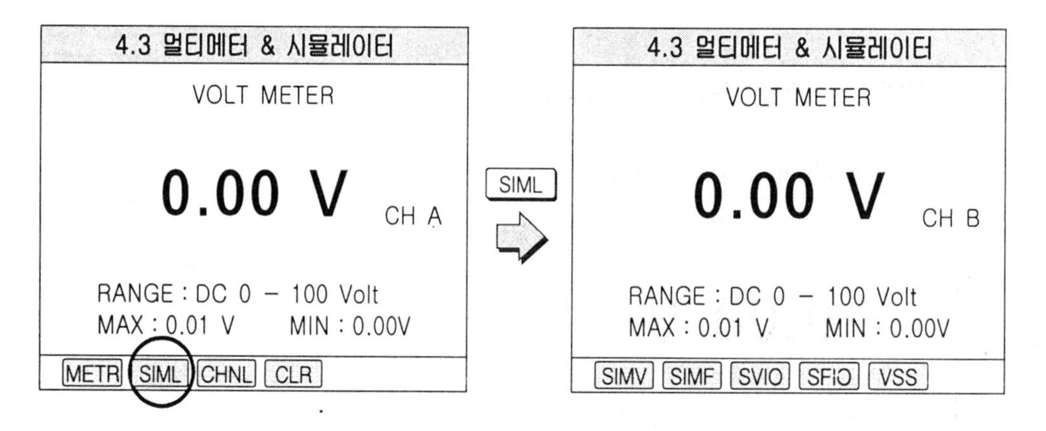

위의 좌측 초기 화면에서 화면하단의 [SIML] 키를 누르면 우측의 시뮬레이션 기능 초기 화면으로 변환되며 우측 화면 하단의 각 기능키를 사용하여 각 시뮬레이션 기능을 사용할 수 있다.

① 전압 시뮬레이션 기능

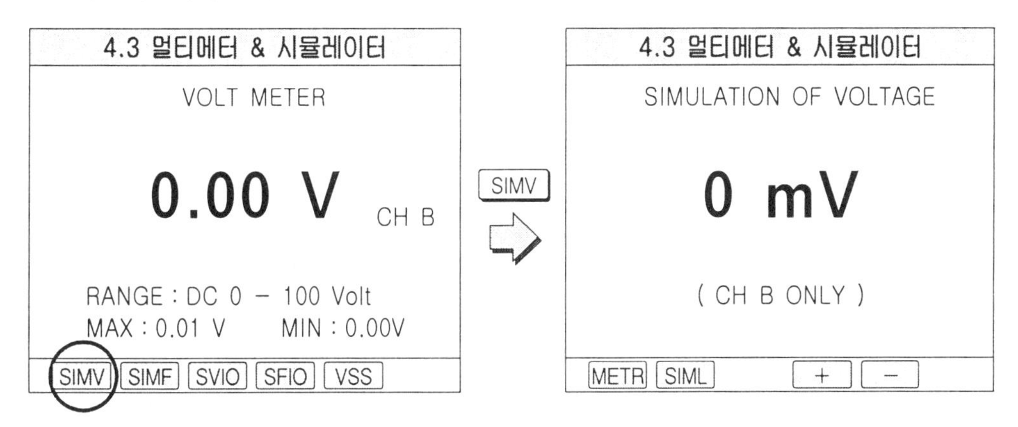

위의 좌측 화면 하단의 [SIML] 키를 누르면 위의 우측 전압 시뮬레이션 기능으로 변환되며 화면하단의 [+], [−] 키를 이용하여 시뮬레이션 전압을 0~5V 까지 20mV단위로 정비사가 임의로 설정할 수 있으며 화면 하단의 [METR] 키는 멀티메타로 돌아갈 때 사용하는 기능키이고 [SIML] 키는 시뮬레이션 기능 초기화면인 좌측으로 되돌아간다. 단, 전압 시뮬레이션 기능에서는 CH B쪽으로만 시뮬레이션 전압이 출력된다.

② 주파수 시뮬레이션 기능

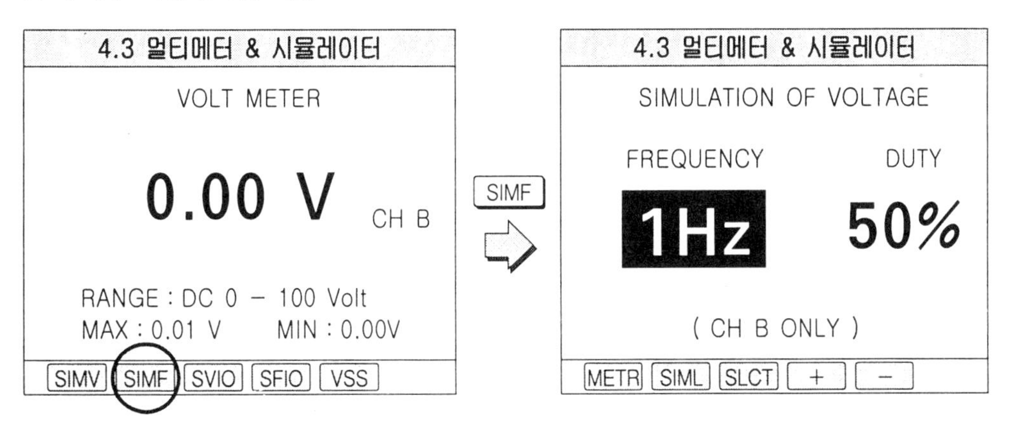

위의 좌측 화면 하단의 [SIMF] 키를 누르면 위의 우측 주파수 시뮬레이션 기능으로 변환되며 [METR] 키와 [SIML] 키는 전압 시뮬레이션 기능과 동일하며 [SLCT] 키를 누르면 커서가 주파수가 듀티 사이를 움직이게 되며 정비사가 커서가 있는 부분을 [+], [−] 키를 가지고 주파수의 경우 1Hz~1kHz까지 5Hz단위로, 듀티의 경우 1~99%까지 1%단위로 정비사가 임의로 설정할 수 있다.

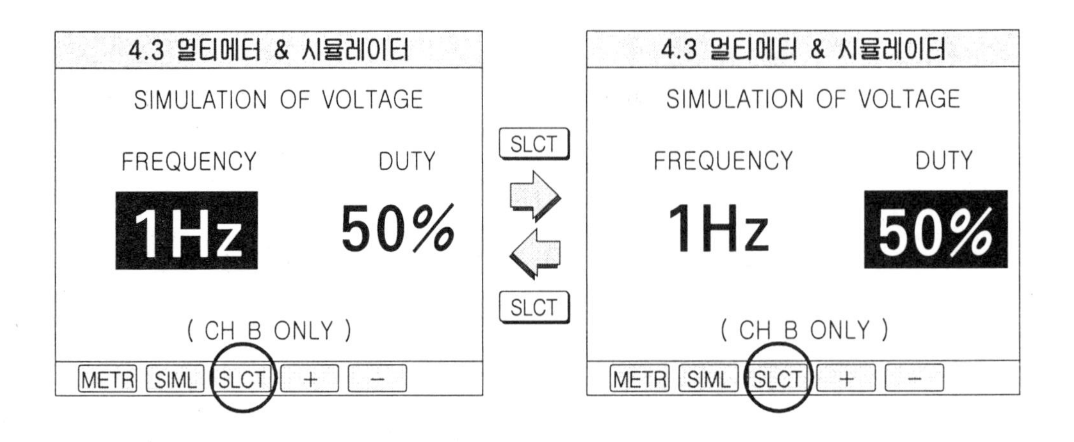

③ 전압 입, 출력 시뮬레이션 기능

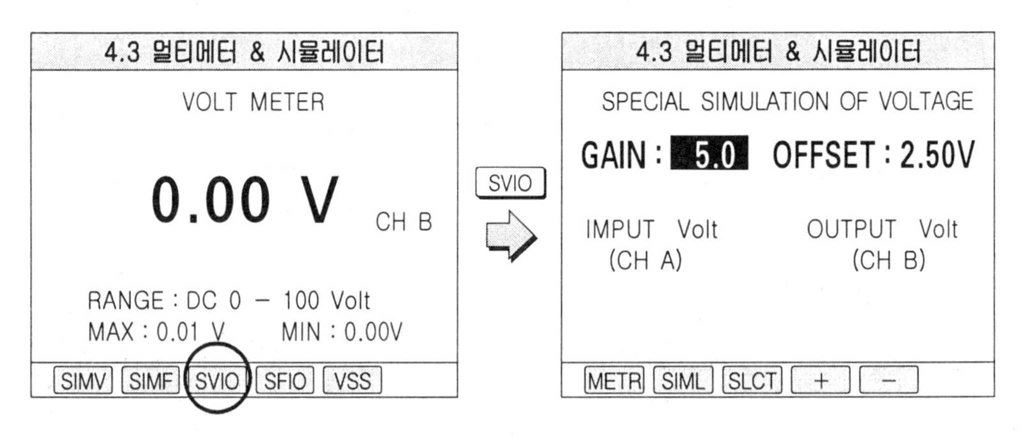

위의 좌측 화면 하단의 SVIO 키를 누르면 우측 전압 입, 출력 시뮬레이션 기능으로 변환되며 이 기능은 전자제어 컴퓨터에 가해지는 전압을 조작하여 그때의 차량상태를 알아보기 위한 기능이며 센서로부터 전압 입력을 받아 컴퓨터 쪽으로 전압을 출력하는 특별한 모의시험이다. SLCT 키를 이용하여 커서를 게인과 오프셋 사이를 움직일 수 있으며 + , − 키를 사용하여 GAIN의 경우 0.0~10까지 0.1단위로, OFFSET의 경우 -5~5V까지 0.01mV 단위로 정비사가 임의로 설정할 수 있으며 CH A쪽으로 들어오는 센서 값을 받아서 하이스캔으로 임의로 설정한 센서 값을 CH B 쪽으로 출력하는 기능이다.

이때 GAIN값은 입력된 센서 값에 곱하는 값이고 OFFSET 값은 입력된 센서 값에 더하는 기능이다. (예 : 1.5V의 센서 값이 입력됐을 때 GAIN이 1이고 OFFSET이 2.5V라고 하면 입력된 값 1×1(GAIN) + 2.5(OFFSET) = 4V 즉, 입력된 값은 1.5V이지만 하이스캔으로 출력되는 값는 4V가 된다.) 단, 출력되는 전압의 최대치는 5V를 넘지 못한다. 즉, 이 기능은 시험하는 센서와 부속 회로의 성능을 점검할 수 있는 방법이다.

④ **주파수 입, 출력 시뮬레이션 기능**

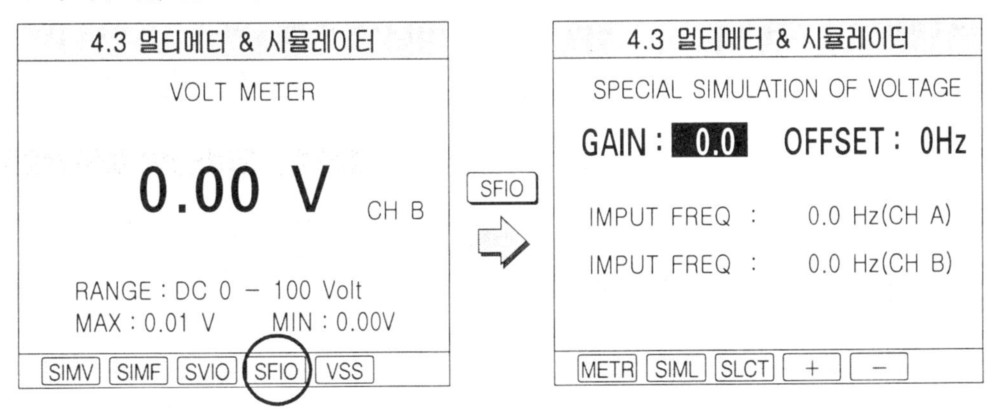

위의 좌측 화면 하단의 [SFIO] 키를 누르면 위의 우측 주파수 입, 출력 시뮬레이션 기능으로 변환되며 이 기능은 주파수를 입, 출력하는 특별한 모의시험입니다. 시행하는 방법은 전압 입, 출력 시뮬레이션 기능과 동일하며 단지 [+], [–]키를 사용하는 GAINDML 경우 0.0~10까지 0.1가지 0.1단위로, OFFSET의 경우 0~1KHz까지 5Hz단위로 설정이 가능하며 출력되는 주파수의 최대치는 1KHz를 넘지 못한다.

⑤ **차속 시뮬레이션 기능(차속 모의 시험)**

이 기능은 실제 차량은 주행하지 않지만 즉, 정지된 상태에서 하이스캔을 가지고 차속을 임의로 설정하여 DLC(데이터 링크 케이블)을 통해 출력하여 차량의 상태를 알아보기 위한 기능이다. 화면하단의 [+], [–]키를 이용하여 0~255km/h까지 1km/h 간격으로 정비사가 임의로 설정할 수 있다.

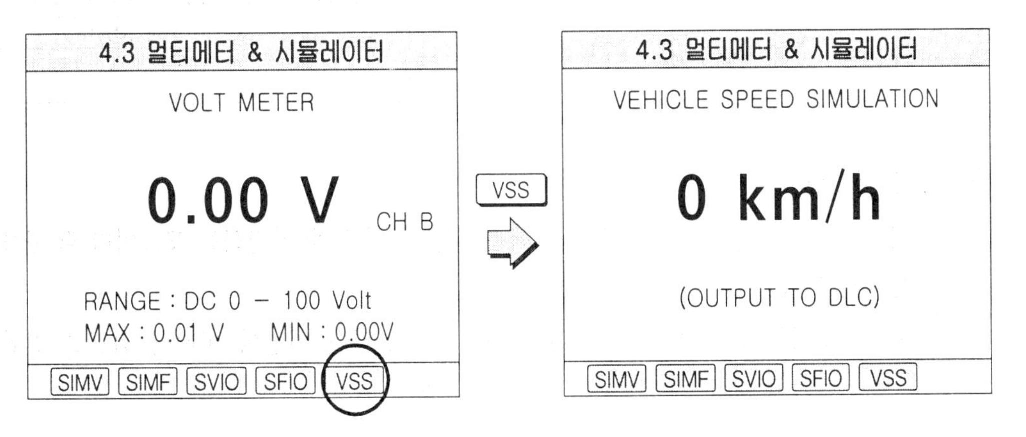

하이스캔의 사용환경

(1) 시스템 환경

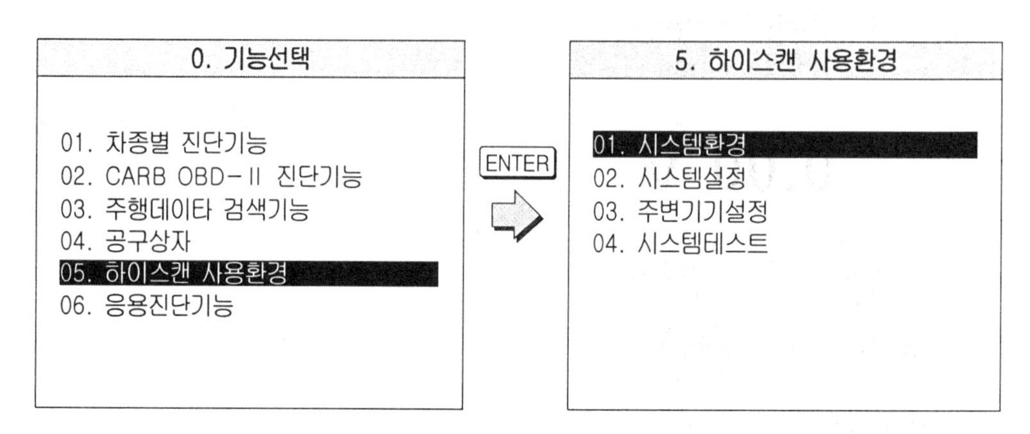

위의 좌측 화면에서 하이스캔 사용환경을 선택하면 우측 화면으로 바뀌게 되며 시스템환경에서는 하이스캔의 일련번호, 소프트웨어카드의 버전, 소프트웨어카드의 용량, 메모리 확장카드의 설치여부를 볼 수 있다.

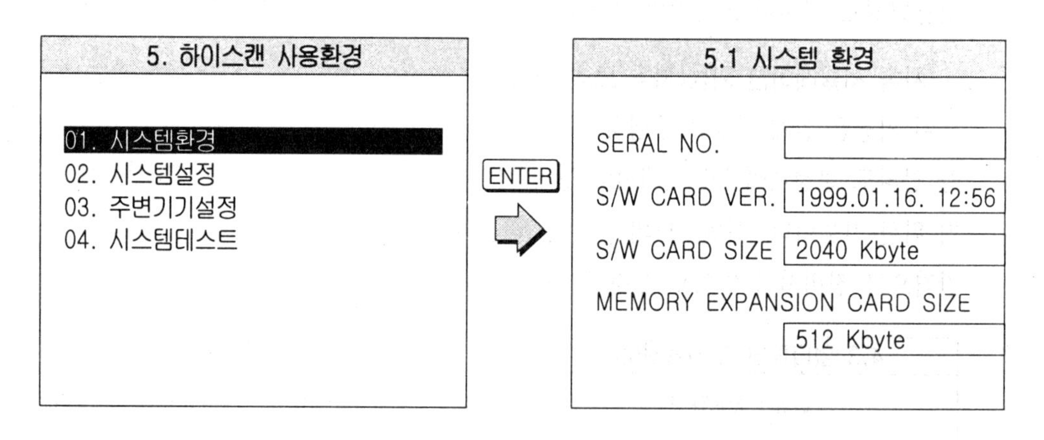

(2) 시스템 설정

이 기능은 하이스캔을 사용할 때 사용하는 기능, 단위 등을 설정하는 모드이며 각 항목은 사용자가 선택하여 구성할 수 있다.

① **공구상자 설정값 기억** : 공구상자 기능에서 사용하던 기능의 마지막 화면을 전원을 OFF하기 전에 저장할 것인가를 선택하는 기능.

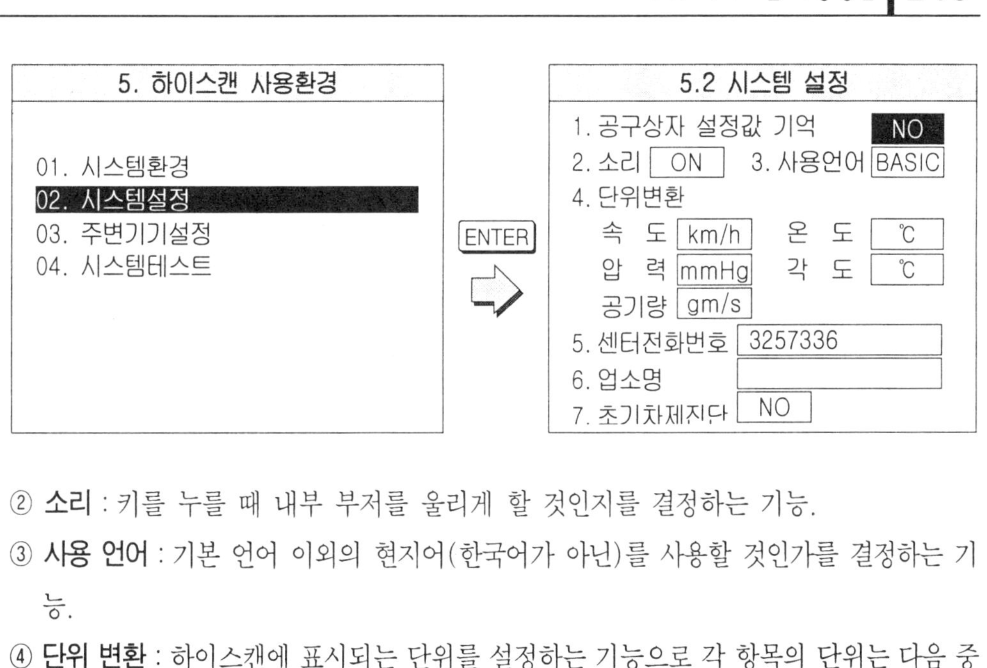

② **소리** : 키를 누를 때 내부 부저를 울리게 할 것인지를 결정하는 기능.

③ **사용 언어** : 기본 언어 이외의 현지어(한국어가 아닌)를 사용할 것인가를 결정하는 기능.

④ **단위 변환** : 하이스캔에 표시되는 단위를 설정하는 기능으로 각 항목의 단위는 다음 중 하나를 선택할 수 있다.

- 속도 : km/h, MPH
- 온도 : ℃ , ℉
- 압력 : kpa, mmHg, inHg, psi, mbar
- 공기량 : gm/s, lb/m

⑤ **센터전화번호** : 모뎀을 이용하여 데이터를 송수신할 센터의 전화번호.

⑥ **업소명** : 사용자 이름

⑦ **초기 자체진단** : 전원을 넣을 때 자기 테스트를 할 것인가를 설정하는 기능.

항목선택은 화살표키 [◀], [▶]로 선택할 수 있고 [▲], [▼]를 이용하여 선택된 항목을 변경할 수 있다.

(3) 주변기기 설정

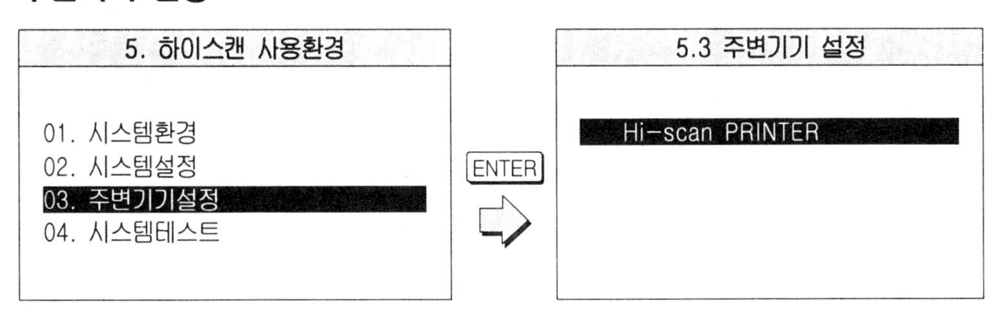

하이스캔의 주변기기로 하이스캔의 프린터가 설정되어 있는 것을 보여준다.

(4) 시스템 테스트

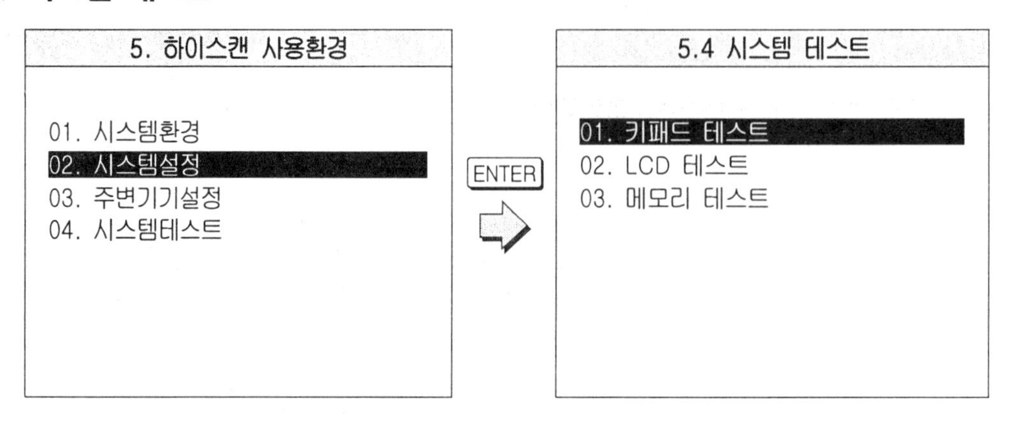

이 기능은 하이스캔이 정상적으로 작동하는지를 확인하는 모드이다.

① **키패트 테스트** : 키패드를 누르면 화면에 눌려진 키가 표시되어 키패드의 정상 작동여부를 판단할 수 있다.

② **LCD 테스트** : 액정화면이 손상되었는지 육안 검사를 통해 확인할 수 있다.

③ **메모리 테스트** : 메모리의 손상 여부를 확인할 수 있는 시험을 수행한다.

응용진단기능

이 기능은 오실로스코프의 파형데이터 분석 중 인젝터나 점화 1차파형을 보다 자세히 측정 및 분석할 수 있으며 그 외의 기능으로 배터리 성능 검사, 공연비 검사, 파워 밸런스 검사를 할 수 있다(단, 전원 연결시 배터리에 직접 연결하여야 한다.).

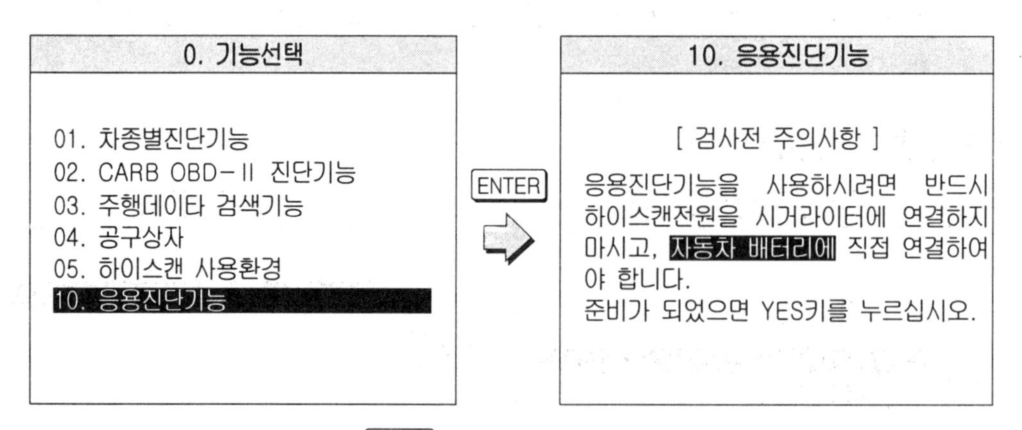

위의 초기 기능선택 화면에서 ENTER 키를 누르면 위의 우측 주의사항 화면이 나온 후 YES 키를 누르면 각 기능 선택화면이 나타난다.

(1) 배터리 성능 검사

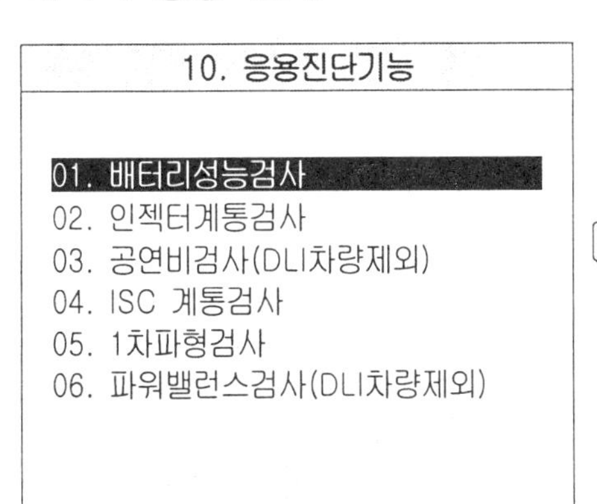

정 비

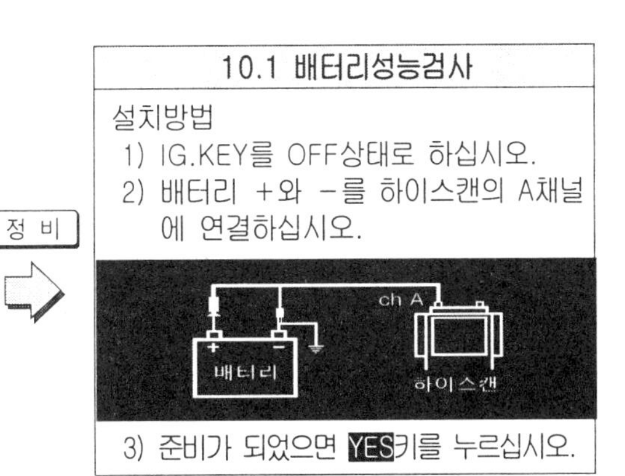

배터리 성능검사를 선택하게 되면 위의 우측 설치방법 화면이 나오게 되며 설치 후 [YES] 키를 누르면 검사가 시작된다.

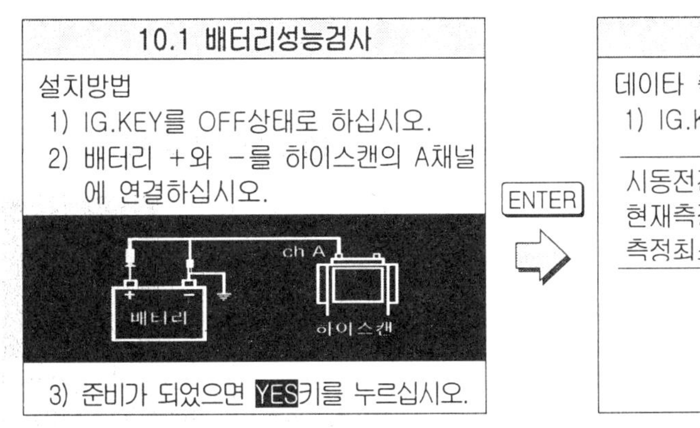

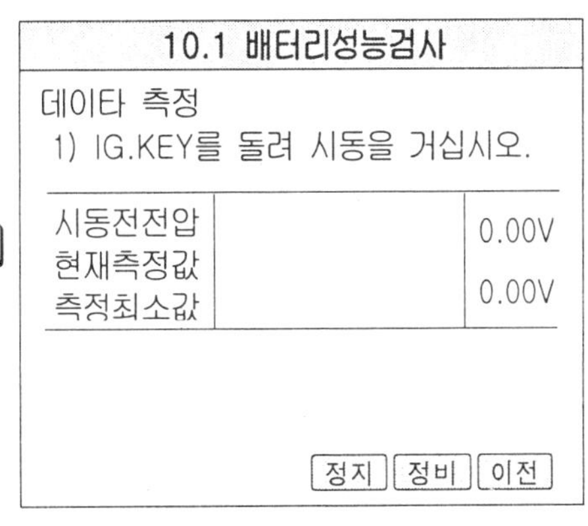

데이터 측정화면에서 시동을 걸면 측정값이 나타나게 되며 정비키를 누르게 되면 정비안내 화면이 나타나며 이전 키를 누르게 되면 이전화면으로 돌아간다.

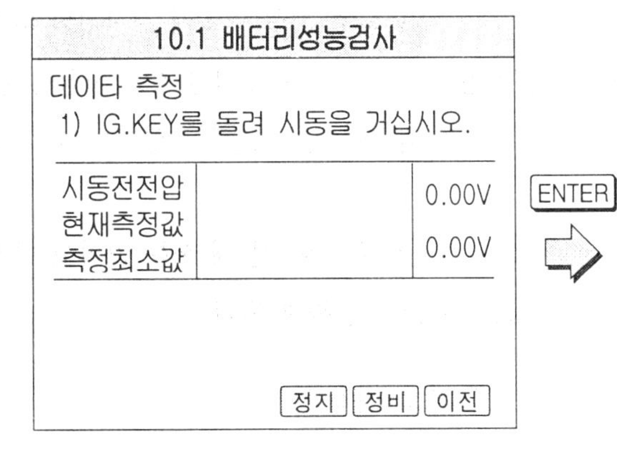

10.1 배터리성능검사

성능판정

시동전전압	0.00V
현재측정값	0.00V
측정최소값	0.00V

ECU의 최소작동전원이 약 7−8V이상임을 감안하면 측정된 최소값은 7V이상이어야 배터리를 정상적으로 사용할 수 있습니다. 그러나 엔진상태, 기후조건등에 따라 측정값의 변동이 심할 수 있으므로 여러번 실험하여 종합판단하시기 바랍니다.

이전

(2) 인젝터 계통검사

인젝터 파형의 dV와 최대 PEAK 값을 보다 자세히 측정할 수 있는 기능이다.

10. 응용진단기능

01. 배터리성능검사
02. 인젝터계통검사
03. 공연비검사(DLI차량제외)
04. ISC 계통검사
05. 1차파형검사
06. 파워밸런스검사(DLI차량제외)

10.2 인젝터 계통 검사

설치방법
1) 시동을 거십시오.
2) 하이스캔 A채널을 검사코자 하는 인젝너의 배선중 ECU측에 연결되는 배선에 연결하십시오.설치방법을 그림으로 보고 싶으시면 F1 키를 누르십시오.
3) 준비완료 되었으면 YES 키를 누르십시오.

인젝터 계통검사를 선택하게 되면 위의 우측 설치방법 화면이 나오게 되며 설치 후 YES 키를 누르면 검사화면이 나타나며 설치방법을 그림으로 보고자 하면 F1 키를 누르면 그림으로 나타난다.

10.2 인젝터 계통 검사

설치방법
1) 시동을 거십시오.
2) 하이스캔 A채널을 검사코자 하는 인젝너의 배선중 ECU측에 연결되는 배선에 연결하십시오.설치방법을 그림으로 보고 싶으시면 F1 키를 누르십시오.
3) 준비완료 되었으면 YES 키를 누르십시오.

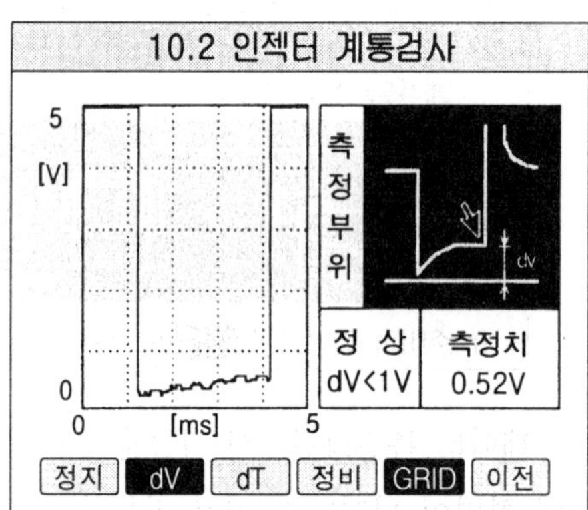

인젝터의 파형을 측정하면 위의 우측화면에 파형이 출력되며 파형 옆쪽에 정상치와 비교한 측정치가 데이터로 나타난다. 화면 하단에 dV 가 검정색으로 표시된 것은 지금 dv값을 측정하고 있는 것을 나타내며 GRID 도 마찬가지로 화면에 점선 표시를 했다는 것을 나타낸다.

정비키는 정비안내 화면을 보여주며 이전키는 전 화면으로 돌아 갈 때 쓰는 키이고 화면 하단의 PEAK 키를 누르면 인젝터 파형 중 PEAK 값을 측정하게 된다.

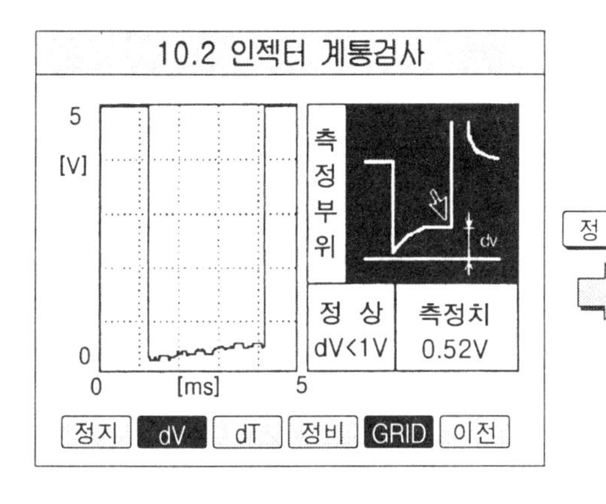

정 비

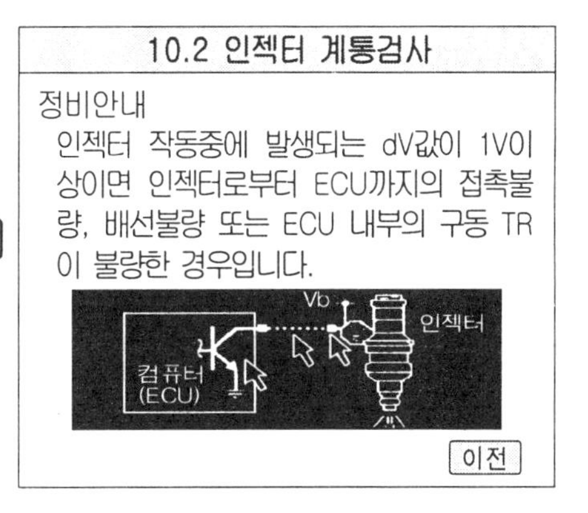

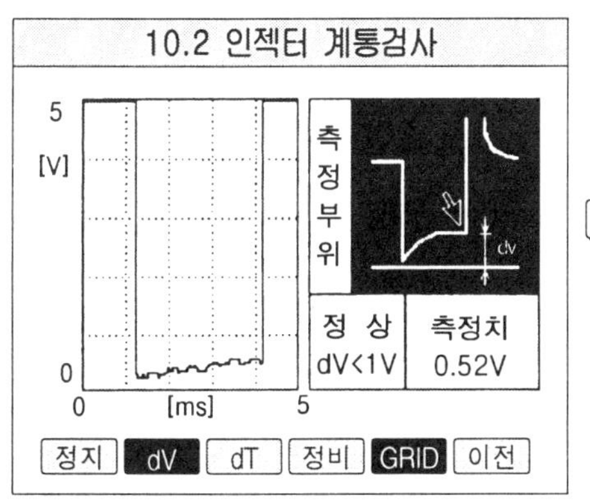

PEAK

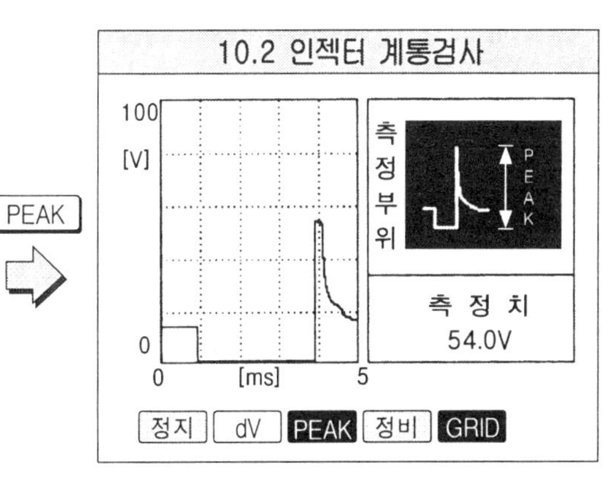

위의 좌측 화면하단의 PEAK 키를 누르게 되면 우측 화면으로 바뀌게 되며 인젝터 파형의 PEAK 값을 측정할 수 있으며 파형 옆쪽에 측정치가 데이터로 표시된다. 화면 하단의 정비 키를 누르면 정비안내 화면이 나타난다.

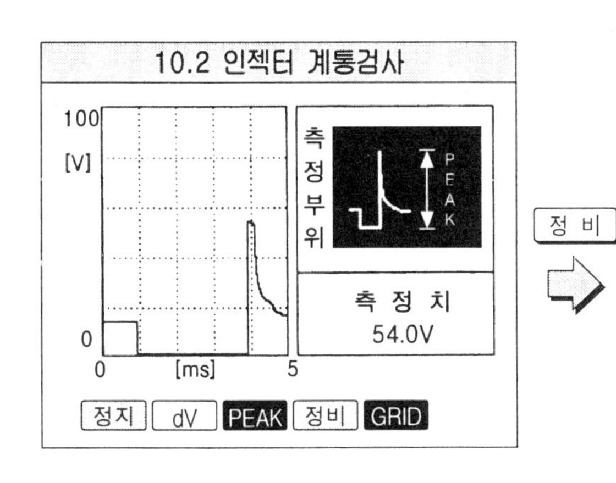

정 비

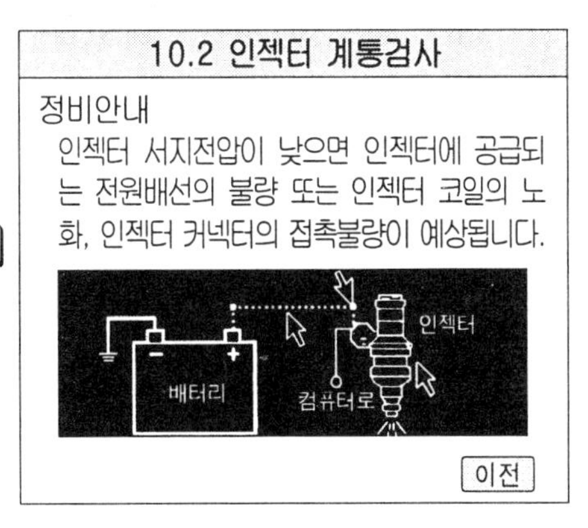

(3) 공연비 검사(DLI 차량제외)

10. 응용진단기능

01. 배터리성능검사
02. 인젝터계통검사
03. 공연비검사(DLI차량제외)
04. ISC 계통검사
05. 1차파형검사
06. 파워밸런스검사(DLI차량제외)

ENTER ⇨

10.3 공연비검사(DLI 차량제외)

설치방법
1) 엔진을 충분히 워밍업하십시오.(엔진온도 00도 이상)
2) 하이스캔의 A채널에는 트리거픽업을 2차코일과 디스트리뷰터 사이 고압 선상에 물려 연결하고, B채널은 산소센서에 연결하십시오. 설치방법을 그림으로 보고 싶으시면 F1 키를 누르십시오.
3) 준비완료 되었으면 YES 키를 누르십시오.

공연비 검사(DLI 차량제외)를 선택하게 되면 위의 우측 설치방법 화면이 나오게 되며 YES 키를 누르면 검사가 시작된다. 이 기능은 RPM대비 산소센서의 값으로 공연비를 검사하는 기능이다.

(4) ISC 계통검사

TPS값 대비 MPS 값의 변화(응답성)를 그래프로 측정 및 분석할 수 있는 기능이다.

10. 응용진단기능

01. 배터리성능검사
02. 인젝터계통검사
03. 공연비검사(DLI차량제외)
04. ISC 계통검사
05. 1차파형검사
06. 파워밸런스검사(DLI차량제외)

ENTER

10.4 ISC 계통검사

설치방법
1) 설치전에 하이스캔의 통신기능을 이용하여 공회전스위치와 엔진회전수, 모터위치센서값이 정상범위에 있는지 검사하여 비정상시 조정하십시오.
2) 엔진을 충분히 워밍업하십시오.
3) A채널을 TPS신호선에 연결하십시오. B채널은 MPS신호선에 연결하십시오.
4) 준비완료 되었으면 YES 키를 누르십시오.

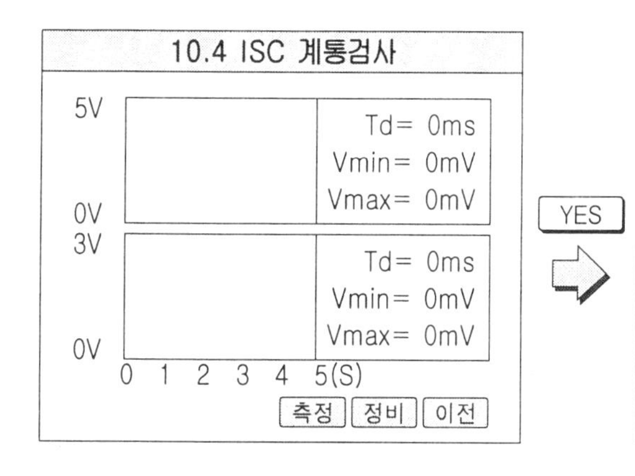

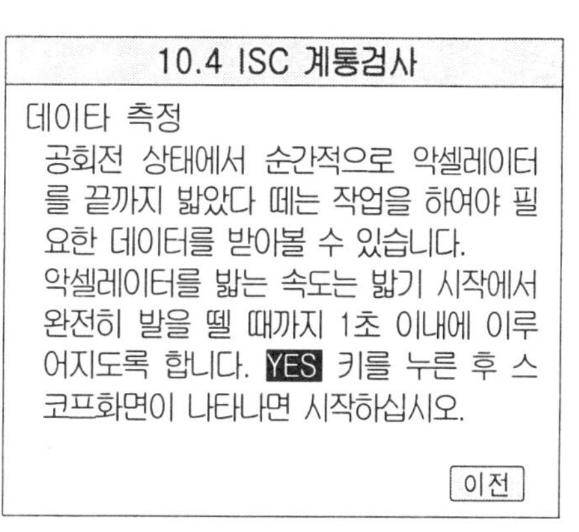

그래프가 출력되는 화면 하단의 측정 키를 누르면 측정이 가능하며 정비 키를 누르면 정비안내 화면이 출력된다.

10.4 ISC 계통검사
판정방법 1/2
TPS값이 순간적으로 증가하는 동안 MPS값 또한 증가하여야 대쉬포트기능이 정상적으로 이루어지고 있는 것입니다. TPS값이 순각적으로 증가할 때 MPS값의 증가가 작거나 오히려 감소하면 정비지침서를 참조하여 드로틀바디 청소 및 MPS 조정을 실시하십시오. 정상적인 차량의 변화파형은 F5키를 눌러 확인하십시오.
다음 이전

정비안내 화면

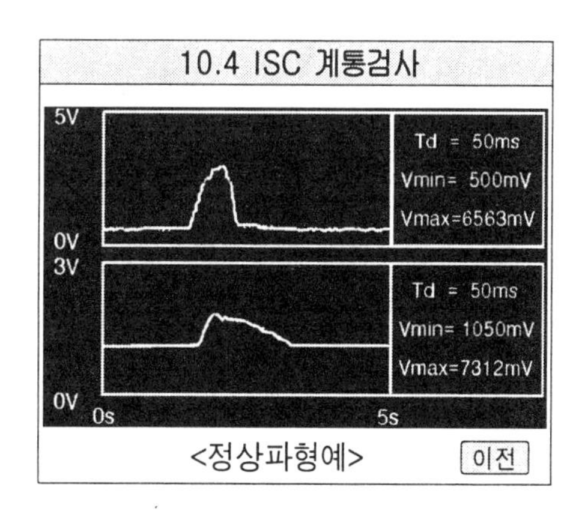

정상파형의 예

(5) 1차 파형검사

점화 1차 파형 데이터를 보다 자세히 분석할 수 있는 기능이다.

오른쪽 페이지의 좌측화면은 점화 1차 파형의 dV값을 측정하는 기능이며 파형 옆쪽에 데이터로 측정값이 표시된다. 정비키를 누르면 정비안내를 볼 수 있고 [dT] 키를 누르면 dT값을 측정할 수 있는 화면으로 전환된다.

10. 응용진단기능

01. 배터리성능검사
02. 인젝터계통검사
03. 공연비검사(DLI차량제외)
04. ISC 계통검사
05. 1차파형검사
06. 파워밸런스검사(DLI차량제외)

ENTER

10.4 ISC 계통검사

설치방법
1) 시동불능차와 정상시동차 모두 검사 가능합니다.
2) 하이스캔 A채널을 1차코일(-) 또는 파워 TR컬렉터에 연결하십시오. 설치방법을 그림으로 보고 싶으시면 F1 키를 누르십시오.
3) 준비완료 되었으면 YES 키를 누르십시오.

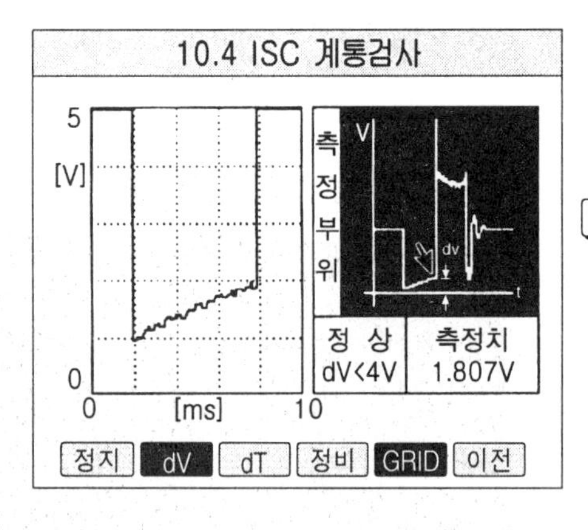

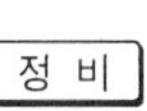

10.4 ISC 계통검사

정비안내
파워 TR 작동중에 발생되는 dV값이 4V 이상이면 파워 TR 커넥터의 접촉불량 또는 파워 TR 불량, 접지불량이 예상됩니다.

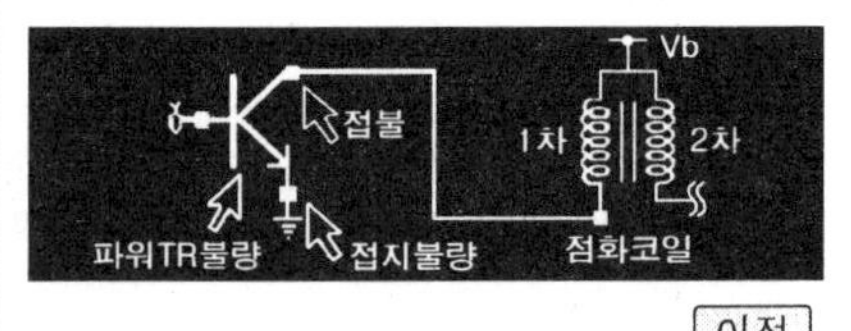

이전

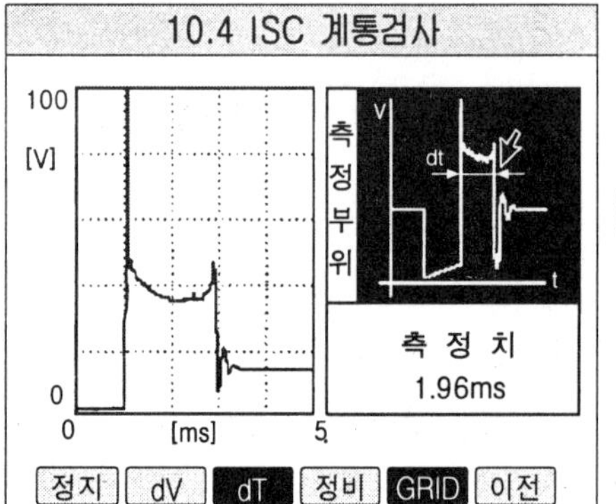

10.4 ISC 계통검사

정비안내
파워 TR 작동중에 발생되는 dT값이 일정하게 유지되어야 정상입니다. 변동이 심하면 점화계통의 이상을 확인하십시오.

이전

(6) 파워밸런스 검사(DLI 차량 제외)

이 기능은 각 기통의 파워밸런스를 검사하는 기능이다.

10. 응용진단기능

01. 배터리성능검사
02. 인젝터계통검사
03. 공연비검사(DLI차량제외)
04. ISC 계통검사
05. 1차파형검사
06. 파워밸런스검사(DLI차량제외)

ENTER ⇨

10.6 파워밸런스검사(DLI 차량제외)

설치방법
1) 엔진을 충분히 워밍업하십시오.
2) 2차코일과 디스트리뷰터 사이의 고압선상에 트리거픽업을 물려 하이스캔 A채널에 연결하십시오.
3) 엔진 실린더수를 입력하십시오.
(4기통 → 4번키 / 6기통 → 6번키)?
4) ISC모터(스텝모터, ISA)컨넥터를 탈거하십시오.(ECU의 RPM보상 방지)
5) 준비완료 되었으면 YES 키를 누르십시오.

파워밸런스 검사(DLI 차량제외)를 선택하게 되면 위의 우측 설치방법 화면이 나오게 되며 설치방법 화면이 나오게 되며 설치 후 YES 키를 누르게 되면 측정하는 화면이 나타난다.

10.6 파워밸런스검사(DLI 차량제외)

설치방법
1) 엔진을 충분히 워밍업하십시오.
2) 2차코일과 디스트리뷰터 사이의 고압선상에 트리거픽업을 물려 하이스캔 A채널에 연결하십시오.
3) 엔진 실린더수를 입력하십시오.
(4기통 → 4번키 / 6기통 → 6번키)?
4) ISC모터(스텝모터, ISA)컨넥터를 탈거하십시오.(ECU의 RPM보상 방지)
5) 준비완료 되었으면 YES 키를 누르십시오.

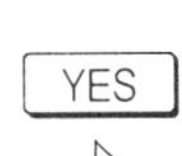

10.6 파워밸런스검사(DLI 차량제외)

데이터측정- 정상공회전 RPM 측정

조건	RPM	감소치
정상시		
#1 CYL		
#2 CYL		
#3 CYL		
#4 CYL		

1) 모든 부하를 OFF 상태로 하십시오.
2) 엔진은 공회전 상태로 하십시오.
3) 측정을 시작할까요?
(YES..........?)

재측 이전

◈ 이 용 주 (現) 두원공업대학 교수
◈ 성 백 규 (現) 주성대학 교수
◈ 이 종 춘 (現) 경남정보대학 교수

◈ 자동차 센서백과 정가 17,000원

2004년 1월 13일 초 판 발 행
2019년 1월 20일 재 판 발 행

저 자 : 이용주 · 성백규 · 이종춘
발 행 인 : 김 길 현
발 행 처 :(주) 골든벨
등 록 : 제1987-00018호
© 2005 *Golden Bell*
ISBN : 89-7971-496-3-93550

㊐ 04316 서울특별시 용산구 원효로 245 (원효로1가 53-1) 골든벨 빌딩
TEL : 영업부 (02) 713-4135／편집부 (02) 713-7452 • FAX : (02) 718-5510
E-mail : 7134135@naver.com • http : // www.gbbook.co.kr
※ 파본은 구입하신 서점에서 교환해 드립니다.